中国竹子主要害虫

图书在版编目（CIP）数据

中国竹子主要害虫／徐天森，王浩杰著. －北京：中国林业出版社，2004.11
ISBN 7-5038-3872-8

Ⅰ. 中… Ⅱ. ①徐…②王… Ⅲ. 竹亚科－植物害虫－中国 Ⅳ. S763.75

中国版本图书馆 CIP 数据核字(2004)第 099750 号

出版 中国林业出版社（北京西城区刘海胡同 7 号 邮编 100009）
E-mail:cfphz@public.bta.net.cn 电话：66184477
发行 新华书店北京发行所
印刷 北京画中画印刷有限公司
版次 2004 年 11 月第 1 版
印次 2004 年 11 月第 1 次
开本 210mm × 285mm 1/16
印张 10
字数 330 千字
印数 1～3000 册

定价 **120.00 元**

Main Pests of Bamboo in China

中国竹子主要害虫

徐天森 王浩杰／著

中国林业出版社

前言 Preface

竹子种类多，分布广，栽培易，生长快，成林速，产量高，采伐周期短，属于年年择伐、永续作业的优良植物，也是绿化国土、改善生态环境、净化空气、涵养水源的优良植物。全球已知有竹子1200余种，我国约有35属400余种。

我国现有竹林面积$720 \times 10^4 hm^2$，其中纯竹林$420 \times 10^4 hm^2$，而毛竹林面积为$300 \times 10^4 hm^2$。毛竹用途广，与竹产区人民生活息息相关，是竹产区政府地方财政和农民收入的重要支柱，很多竹产区政府把竹子作为脱贫致富的优良植物。在竹林中，竹子昆虫一直伴随着竹子的生长发育，有的昆虫严重危害竹子，并能导致竹子枯死，少者数万株、数十万株，多者数百万株，造成重大经济损失，致使竹林荒芜，数年难以恢复；有的昆虫能在竹林中长期、稳定地保持较高的虫口密度，使竹林长期产量较低下；也有的昆虫在竹林中虽然有一定数量，但并不造成危害。

笔者1996年退休以来，仍不断受到各竹区生产单位的邀请，赴竹区考察和解决竹子害虫防治问题。在工作中发现，竹产区非常缺乏有关竹子昆虫的文献，因而无法及时对重要害虫采取合理控制措施，造成了比较大的经济损失。我国的竹子昆虫资料多分散在各种林业昆虫书籍和期刊中，且资料上无图或仅有黑白图，在生产中很难应用。基层单位迫切需要一本以图为主、生态写实、文字简明、使用方便的竹子昆虫的书籍。于是笔者踏入竹林，经过3年的努力，拍摄了60多种害虫600余张生态照片，真实地反映了竹子昆虫的形态、生态、拟态、危害状、天敌状况。需要说明的是书中有3种害虫，标本存放在中国科学院昆虫研究所多年，因资料局限，一直无法确定种名。因这几种害虫经济意义较大，所以仍然收录在书中。

笔者在进行竹子昆虫研究时，特别困难的是昆虫的种类鉴定，所幸得到国内昆虫分类专家的帮助，在此特别感谢蔡邦华、张广学、周尧、萧采瑜、萧刚柔、李传隆、杨平澜、杨集昆、赵养昌、王平远、范滋德、郑乐怡、刘友樵、虞佩玉、何俊华、蒲富基、王子清、蔡荣权、陈一心、赵仲苓、侯陶谦、李鸿兴、白九维、钟铁森、胡金林、宋士美、丁锦华、彩万志、张润志、徐志宏、马云、乔格侠等诸位先生，在百忙中帮助鉴定竹子昆虫及天敌标本，介绍资料及有关研究概况，使笔者增长了知识，少走了很多弯路。浙江余杭南山林场吕若清工程师20余年从未间断协助我们观察、饲养竹子害虫，积累了大量的第一手资料。今天在本书即将出版之时，再次向各位先生深表谢意。

本书得到国家科学技术学术著作出版基金的资助。中国科学院邱式邦院士、张广学院士、中国林业科学研究院萧刚柔研究员，在基金申请书中对本书给予了高度评价，在此真诚地感谢！

在本书写作及拍摄过程中得到萧刚柔先生鼓励，广东省林业科学研究院黄焕华先生、广西壮族自治区林业科学研究院戴启惠先生、浙江省衢州市林业局华正媛、安吉县林业局吴志勇、德清县林业局周云娥、杭州市余杭区林业局黄照岗、陈建国等先生给予了大力协助。广东省广宁县林业局程明月两次特快专递寄送竹蝗卵及竹象幼虫，广东省怀集林业局陈拓特快寄送笋夜蛾幼虫，使笔者能够进行室内饲养，在此特别表示感谢。本书还得到同行先生的关心，提供了一些很好的彩色照片，均在照片下署名，在此深表谢意。

由于作者水平有限，书中不妥之处在所难免，敬请各位专家、教授、科技和生产工作者及广大读者批评、指正。

2000年7月，作者在广东仁化，与县林业局负责同志探讨毛竹上枯叶蛾的习性及防治（黄焕华摄）

2000年6月，作者在广东肇庆，与县林业局负责同志在茶秆竹林中探讨茶秆竹笋期害虫的防治（黄焕华摄）

徐天森

于古稀之年　2004年8月

目录 Contents

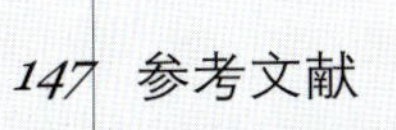

一、概述

中 国 竹 子 主 要 害 虫

1. 中国的竹子资源

中国是竹子生产大国。竹子种类多、面积大、分布广、利用率高。因种类多，分类性状不显，分类系统各有多家说法，有说中国竹子植物有35属近400种，有说39属500余种，也有说48属500多种。也因分类性状不明显，出现很多似是而非的种类，种间较为混乱。为便于利用、方便生产，也为便于生产者掌握，南京林业大学赵奇僧教授提出，我国竹类植物应为31属300余种为宜。基本上均约占世界竹子属、种的1/3强。

中国现有竹林面积约为720 × 10^4hm^2，占全球竹林面积1/3，其中纯竹林面积420 × 10^4hm^2，高山原始竹丛、杂混竹林面积300 × 10^4hm^2。在经营管理较好、栽培较为集中的420 × 10^4hm^{2}纯竹林中，毛竹林面积约有300 × 10^4hm^2。

中国竹子分布区北自辽宁，南迄海南，东起台湾，西达西藏，主要分布在北纬40°以南地区，除新疆、内蒙古、黑龙江外，其他各地多多少少均有竹子的生长，其中北京、辽宁、西藏、青海、宁夏、甘肃、河北等北部和西部地区有少量竹子分布或引种。竹子集中生长区是安徽、浙江、福建、台湾、江西、湖北、

湖南、重庆、四川、广东、广西、贵州、云南等地。由于分布地域广，在不同的纬度与海拔高度，受地形、土壤、气候的影响，使竹子产生明显的生物学差异，在分布上形成明显的区域性，可以将其粗分为4个分布区：

黄河—长江竹区：位于北纬30°～40°，年平均气温12～17℃，降水量600～1200mm。有刚竹属、苦竹属、箭竹属、赤竹属、青篱竹属、巴山木竹属竹种。

长江—南岭竹区：位于北纬25°～30°，年平均气温15～20℃，降水量1200～2000mm。有刚竹属、苦竹属、短穗竹属、慈竹属、方竹属竹种。是中国竹林面积最大的竹区，仅毛竹林面积就有280 × 10^4hm^2。

华南竹区：位于北纬10°～20°，年平均气温15～22℃，降水量1200～2000mm以上。有刚竹属、苦竹属、短穗竹属、慈竹属、方竹属竹种。

西南高山竹区：位于华西海拔1000～3000m之间的高山地带，年平均气温8～12℃，年降水量800～1000mm以上。有方竹属、箭竹属、筇竹属、玉山竹属、慈竹属竹种。

2. 竹子植物学

竹子属单子叶植物纲Monocotyledoneae禾本目Graminales禾本科Gramineae竹亚科Bambusoideae。它具有单子叶植物的共同特征：胚具1片子叶；无主根，为须根系；在茎内维管束全面呈星状散布，无形成层，都为初生组织，无增粗生长；叶为平行脉或弧形脉，有叶柄。为便于介绍昆虫取食竹子部位，下面简单介绍竹子的形态。

（1）竹子的地下部分

竹子地下部分统称为地下茎，它是竹类植物在土壤中生长的茎，俗称为竹鞭，茎多节，每节均有1对互生的侧芽，侧芽萌发生长，在土下成为新鞭，出土生长成为竹。由于竹子种类不同，竹鞭的长向、形状也不一，如果将主茎视为中轴，则有几种轴型（图1）。

单轴散生型：竹子地下茎细长，在土壤下横向生长。茎的顶端称为鞭笋，是竹子在地下的生长尖。鞭笋很尖、很嫩，是夏日餐桌上的美味佳肴。地下茎有较密的节，环绕节一周密生细根，称鞭根。每节在前侧方生有一芽，称鞭芽。鞭芽又称潜芽，互生。未萌动前鞭芽很小，生于鞭侧方的凹陷内，被笋箨包裹得很紧、很硬。有的鞭芽在夏日能萌动，在土壤中横向蔓延生长，成为新鞭；有的芽在秋后萌动、膨大成笋，称为冬笋，春天出土，称为春笋。春笋因营养、气候、病虫的关系，有50%左右不能生长成竹而死，此笋称为退笋。因而，春笋生长成竹，均稀疏地散生在老竹之间，这样繁殖的竹林，俗称散生竹林。如刚竹属、唐竹属的竹种。

合轴丛生型：地下茎不是在地下横向生长的、细长的竹鞭，主茎中轴秆基几节有大型芽，能萌动为笋，生长成竹。新竹秆基的侧芽又萌动向上生长成竹，新竹竹秆多靠近老竹秆，形成密集丛生的竹丛，俗称丛生竹。如簕竹属中的一些种类。

合轴散生型：侧芽萌发成地下茎，也可以在地下横向生长一段距离，侧芽再出土生长成竹。两竹之间的地下茎为假茎，或称假鞭，即茎上有节，没有芽与须根，因而立竹在地面也是散生的，如箭竹。

复轴混生型：有真正的地下茎，地下茎节上有鞭芽和须根，鞭芽萌发出土成竹。有两种类型，即有的竹笋萌发出土生长为单株散生形竹；有的竹笋萌发出土成竹，在竹秆基部的侧芽又可萌发生长为竹，竹秆在地面成为丛生竹林，此种竹子又称混生竹林，如茶秆竹属、苦竹属。

（2）竹子的地上部分

竹子的枝、秆：竹秆就是竹子的地上茎，是竹的主体，从竹林来说，竹秆是地下茎的一级分枝。竹秆大者可高20～30m、粗30cm，小者仅粗几毫米。竹秆中空有节，也有的竹种竹秆是实心的，如木竹。竹秆可分3段。秆柄是竹秆最下面部分，即竹秆与竹鞭相连的一段，很细、短缩，俗称螺丝钉。秆基在秆柄以上到竹秆土下生根部分，有数节到10余节。此段粗大，节间短缩。在散生竹中，秆基各节环绕一周密生竹根，形成单株

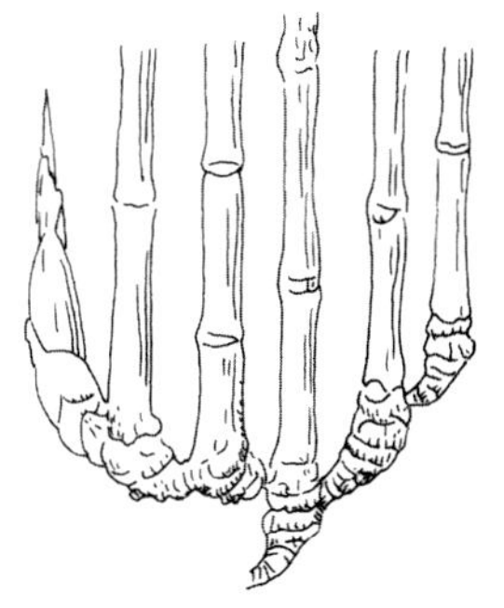

合轴丛生型

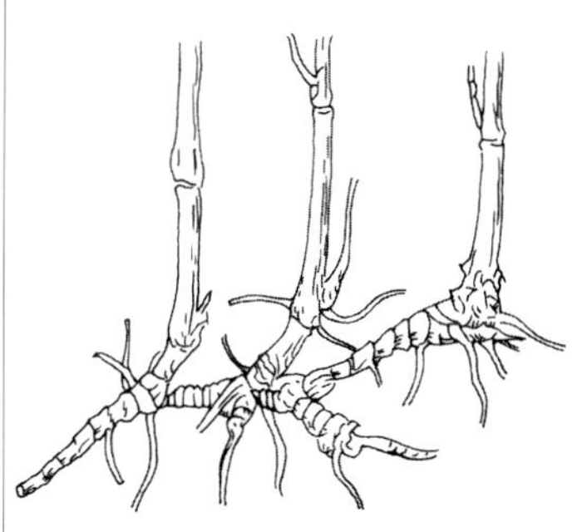

合轴散生型

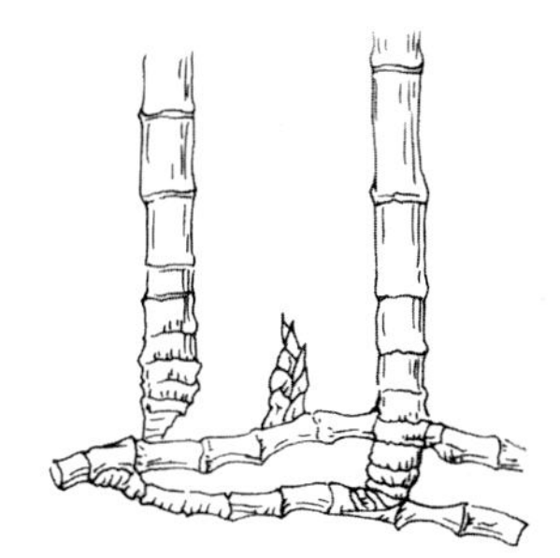

单轴散生型

复轴混生型

图1 地下茎的类型（图1～4均引自邹惠渝《邵武竹类》）

竹独立的根系，有吸收和固定作用。秆柄和秆基包括根系合称为竹蔸，俗称竹蒲头。在丛生竹中，秆基通常有互生的大型芽，又称芽眼，一般在10枚以下，可以萌动为笋，生长成竹。秆茎即竹秆的地上部分，圆形、中空、有节，每节有秆环、箨环，两环之间称为节内，竹腔内在此处有一木质的横隔，称为节隔，两节之间称为节间（图2）。

竹枝又称竹子的分枝，相当于竹子主茎的第二级分枝。竹枝中空、有节，每节有枝环和箨环组成，节内处有木质的横隔。竹枝芽是在竹笋原始体时已经分化形成的侧芽，当竹笋萌动生长时，枝芽一起生长，竹笋成竹时，枝芽也抽出成枝。长附在竹秆上的竹枝称为一级枝或称大枝，长附在大枝上的称二级枝或称小枝，以下类推。一级枝的多寡是竹子分类的重要特征。

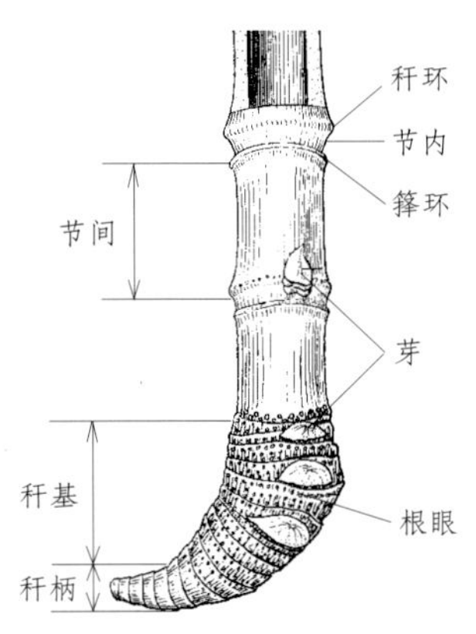

图2 秆的构造

竹叶：竹叶分为3部分，即叶片、叶柄和叶鞘。叶片和叶柄是相连的，着生在叶鞘上。因各种原因，叶柄与叶鞘间产生离层，叶片即可脱落。每个叶鞘裹着小枝节间，着生于节上，故每节1叶，互生交错排列成2行。叶柄与叶鞘连接处内侧有1个突起称叶舌，两侧有叶耳等。依据植物形态学观点，竹笋外面包裹的笋箨的尖端，也称叶，叫箨叶，同时也有箨舌和箨耳（图3）。

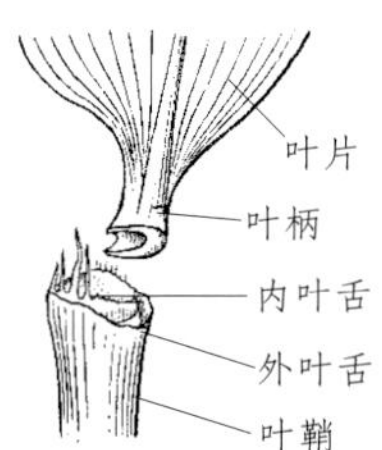

图3 叶的构造

竹子的花、实：竹子的花与禾本科植物的花基本相同，以小穗为单位，1个小穗具1朵或数朵花。花的结构由内向外为：最里面是雌蕊1个，花柱1～3枚，柱头2～3裂。雄蕊大多为3枚或6枚或更多，花丝细长，花药2室；雄蕊外有3片鳞被；最外有稃片2枚，外稃多脉（图4）。竹子的果实多为颖果，也有坚果或浆果的类型。竹子是禾本科植物，以无性繁殖，长年生长于土地上，又以择伐收获。无性繁殖若干代后，竹子必然退化，需以有性繁殖来复壮，保护物种的抗逆性。开花结实是竹子老熟的象征。开花结实后，以种子繁衍后代，立竹枯死。所以竹子是不易开花的，开花被传为不祥的预兆。

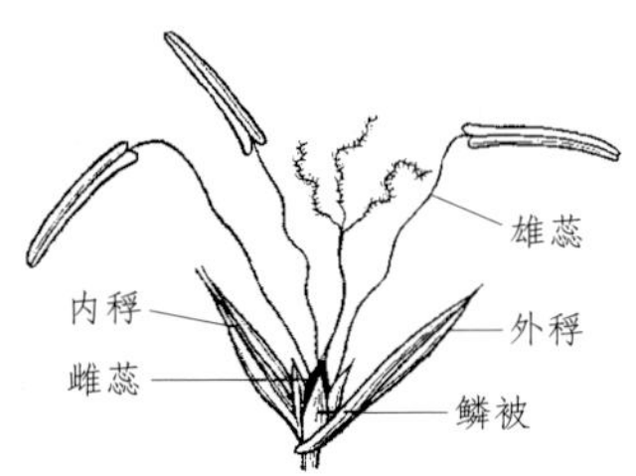

图4 花的构造

（3）竹材

竹材是指砍伐后的竹类植物地上茎的主秆，俗称竹秆。

3. 竹子害虫发生概况

（1）竹林昆虫

以往人们只要发现竹子上有昆虫，就认为是竹子害虫。实际上，在竹林中，昆虫与竹子不纯粹是危害和被危害的关系。竹林昆虫是指在竹林中生活的昆虫，昆虫与竹子有直接关系，也有间接关系。有直接关系的昆虫是指直接取食竹子的各个部位或器官的昆虫，这类昆虫也不完全是害虫。有些在竹子上取食的昆虫，虫口密度总是很低，取食量也很少，对于竹子而言，谈不上有害。这些昆虫取食后，促进了竹子的生长，增强了竹子对不良环境的抵御能力，排泄的粪便改良了土壤，从这点来说，它应该是有益的。有些在竹子上取食的昆虫，其虫体、粪便或其副产品，可做食品、药品、饮料、工业原料或工艺品，如竹蝉的蝉花、竹象虫的幼虫、蝶的成虫。这些昆虫是有益的，还是有害的，还是利害参半，要看人们对竹林经营的目的而定。对这类昆虫迄今研究或利用的不多。还有一类在竹子上取食的昆虫，在竹林中虫口密度常常变化较大，有时虫口密度很低，有时虫口密度会突然增加，在竹林中大发生，严重影响竹子生长发育和竹子的产量、质量，甚至导致竹子枯死，少者数万株、数十万株，多者达数百万株，造成重大经济损失，致竹林荒芜，数年难以恢复，如竹蝗、竹织叶野螟；也有的昆虫能长期、稳定地在竹林中保持较高的虫口密度，使竹林长期处于产量、质量低下的状况，如竹笋夜蛾、竹笋象虫，这些昆虫应是我们所称的竹子害虫。

在竹林中生活的另一类昆虫与竹林是间接关系，那就是竹林害虫的天敌，它们捕食竹林害虫或寄生在竹林害虫上，抑制竹林中害虫虫口密度，使害虫不致猖獗成灾，或延长猖獗成灾的周期，有益于竹子生长发育，保护竹林正常经营生产。

（2）中国竹子害虫发生与危害概况

中国竹子种类多，面积大，分布广，竹子生产以无性繁殖，又以择伐形式收获，生态环境相对比较稳定，因而在竹子上生活的各种生物相对也比较稳定，其中以在竹子上生活与危害的昆虫比较多。可以说，在竹子上各个部位都有昆虫取食，从地下笋根到竹子待抽的嫩叶，从花、果实到砍伐运出竹林的竹材、甚至加工的产品，均有昆虫光顾。据笔者1993年初步统计，在竹子上生活、危害的昆虫约有10目75科683种，尚不包括天敌昆虫在内。此统计尚有不少资料、待定标本未能收入。10年了，据吴钜文先生告之，在笔者名录的基础上，经搜集统计，在竹子上取食生活的昆虫不少于1000种，可惜尚未公布于世。为应用方便，笔者曾根据昆虫危害竹子部位，将取食竹子昆虫排列成一个顺序，即：竹笋害虫，竹叶害虫，竹枝、秆害虫，竹花、实害虫，竹材及制品害虫。在生产上造成损失的，主要是取食竹笋、竹叶和枝秆的害虫。

竹子地下部分昆虫：取食竹子地下部分的昆虫约100余种，有蝉科、象虫科、叩甲科、花蝇科、茎蝇科、夜蛾科及蝙蝠蛾科等科昆虫。在生产上造成损失者仅10余种，以笋象、金针虫、笋夜蛾为主，其他还有竹蝉、笋绒茎蝇、浙江笋栉蝠蛾等在局部地区或小范围危害。

取食竹笋的象虫科昆虫有10种多，以笋横锥大象虫 *Cyrtotrachelus buqueti* Guerin-Meneville、笋直锥大象虫 *Cyrtotrachelus thompsoni* Alonso-Zarazaga et Lyal、一字竹笋象 *Otidognathus davidis* (Fairmaire)、三星竹笋象 *Otidognathus* sp.、竹笋万纹象 *Otidognathus rubriceps* Chenrolot 危害最重，前2种主要危害丛生竹，后3种主要危害散生竹。据20世纪70年代广东肇庆地区调查，全区 $5 \times 10^4 hm^2$ 竹林，竹笋被2种大象虫危害率一般为20%～40%，严重者被害率可高达95%以上，年损失竹材 $5 \times 10^4 t$，在广西造成不少竹林荒芜。一字竹笋象可危害竹子6属60余种竹笋。在20世纪60年代江苏省句容县磨盘山林场的桂竹（五月季竹）林被害，全部断头折梢，没有一株竹高超过1.5m，群众称桂竹为"烂头桂"。80年代在浙江省安吉县常年有约3333 hm^2 毛竹林、667 hm^2 篌竹林被一字竹笋象危害，严重被害株率80%以上，经1988～1991年治理控制该虫后，4年即增加收入1044.7万元。龙游有6667hm^2 以上毛竹林被一字竹笋象危害，一直保持低产量，毛竹、红壳竹竹笋被害率高达95%以上。三星竹笋象主要危害早竹笋用林，危害重，减产明显。由于早竹林的面积日益扩大，此虫的危害范围日益扩大。

在竹子上取食的夜蛾科昆虫有15种，其中8种取食竹笋，其余取食竹叶。取食竹笋的昆虫中，从河南的南部到广东的肇庆，以竹笋禾夜蛾 *Oligia vulgaris* (Buter)、淡竹笋夜蛾 *Apamea kumaso* Suqi、笋秀夜蛾 *Apamea apameoides* (Draudt)、笋连秀夜蛾 *Apamea repetita conjuncta* (Leech)等4种昆虫危害最严重。竹笋禾夜蛾可以取食60余种竹笋，毛竹竹笋被害率高达95%以上。江苏江浦老山林场每年因此虫危害损失淡竹约 $10 \times 10^4 kg$，1960年成竹率不到30%。浙江安吉红竹笋被害率95%左右。此虫在管理较差、有杂草的竹林，危害率仍很高，特别是毛竹林改隔年出笋为年年出笋后，竹笋禾夜蛾危害逐年加重，如龙游县部分毛竹林被害率由12%上升到57%。笋秀夜蛾在刚竹属较细的竹上普遍危害严重，河南光县在20世纪70年代对全县约733hm^2 淡竹林调查，该虫对竹笋的危害率为60%～100%，每年使竹材减少 $220 \times 10^4 kg$，价值44万元。淡竹笋夜蛾是发现较迟的一种夜蛾，80年代，上海市几个公园内不多的几株观赏淡竹及竹笋均有此虫危害；上海郊区的畲山林场，淡竹林中竹笋90%以上被幼虫危害，能生长成竹者寥寥无几。淡竹笋夜蛾在茶秆竹上多危害较粗的竹笋，迄今广东肇庆的茶秆竹竹笋受害仍较严重。淡竹笋夜蛾与另几种笋夜蛾同时危害，平均危害率在60%以上。

在竹笋地下部取食的叩甲科昆虫有5种，其中以筛胸梳爪叩甲 *Melanotus cribricollis* (Faldermann)、沟胸重脊叩甲 *Chiagosnius suecicolls* (Candeze) 危害较重。这两种叩甲原是竹林中取食竹笋的一般性昆虫，由于近年来食用笋竹林的开发，施用了大量未腐熟的有机肥，特别是为更早出笋，在早竹笋林中大量地用谷糠覆盖，使这两种叩甲的危害逐年加重。有的竹农曾用呋喃丹防治，造成竹笋食用中毒事故。现在这两种叩甲已成为竹林重要害虫，并被浙江省列入重点研究项目。

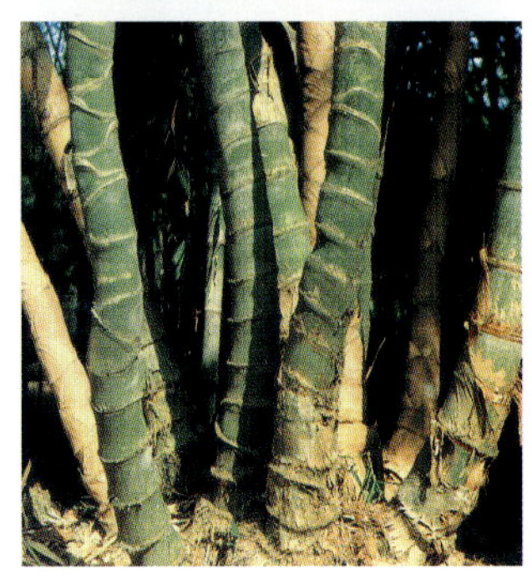

竹子地上部分昆虫：在竹子地上部分取食的昆虫种类更多，可以取食竹子的各个部位，如叶、枝、秆、花、实，以取食竹叶的昆虫最多，约占在竹林中生活的昆虫一半。随着国家建设对竹林产品特别是竹材用量日益增加，对竹林索取量也随之加重。由于经营、抚育不当，特别是深挖山，使竹林植物种类大为减少，土壤被严重冲刷，竹林生态环境遭到破坏，竹叶害虫不断发生，而且是突发性大发生，危害严重，往往造成比较大的经济损失。在竹子枝、秆上取食的昆虫大多为刺吸式口器的昆虫及蜂类。在竹叶害虫发生后，通常都用农药控制。有的地方因农药使用不当，在消灭害虫的同时，也杀灭了竹林内捕食性、寄生性的天敌，使在竹枝、秆上取食的刺吸式口器昆虫和钻入枝、秆中取食的蜂类失去天敌的控制，近年来虫情不断加重。由于枝、秆被食害不如竹叶被害症状明显，一般不为生产者重视，致使害虫逐渐蔓延或虫口猛增，所造成的损失往往不比竹叶害虫危害的损失轻。

① **取食竹叶的昆虫**：危害较重的昆虫有咀嚼式口器的蝗、刺蛾、尖蛾、斑蛾、螟蛾、枯叶蛾、舟蛾、夜蛾、毒蛾、眼蝶、环蝶、弄蝶及叶蜂等各科，刺吸式口器的蚜、蚧、蝽类。

取食竹叶的蝗科昆虫约有30余种，以黄脊竹蝗 *Ceracris kiangsu* Tsai、青脊竹蝗 *Ceracris nigricornis* Walker、异歧蔗蝗 *Hieroglyphus tonkinensis* I.BOL、短翅佛蝗 *Phlaeoba angustidorsis* BOL.危害较重。其中危害时间最长、危害最重的要算黄脊竹蝗。如湖南省，据《昆虫与植病》1935年曾记载，"湖南益阳、常德、汉寿从1919～1920年蝗蔓延，至1934年达21600方里、长80里、宽120里，益阳、安化两县捕蝗74000斤，每平方尺有蝗卵56块。又：益阳去夏，官民协力捕蝗24000余斤，全县损失银2000元以上。"又据《昆虫与植病》1936年曾记载，"湖南益阳等县蝗患……仅二十四年益阳四、五区防治中收到跳蝻568斤、飞蝗60750斤、干蝗13760斤（约5斤鲜蝗折1斤干蝗）。"可见蝗灾之重，延续时间之长。在20世纪50年代前后，中国南方几省、自治区每年竹林被害面积均在$10 \times 10^4hm^2$以上，仅湖南省1952年在益阳、桃江等9个县统计产卵面积达$7000hm^2$。黄脊竹蝗被称为"中国森林第二大害虫"。50年代末，黄脊竹蝗在全国曾被控制，60～70年代，黄脊竹蝗危害又有抬头，危害面积逐年扩大；80年代，竹蝗严重危害时面积仍有$10 \times 10^4hm^2$。以前有分布记载，未严重发生蝗害的浙江省，近年竹林中黄脊竹蝗危害亦逐年加重，台州市、衢州市常有小面积或数百公顷竹林竹叶被吃光。据广东省、重庆市森林病虫害防治检疫站2001年3、4月预测，当年黄脊竹蝗发生面积分别为$6700hm^2$和$6400hm^2$。据潇湘晨报2002年7月19日报道："湖南浏阳市13个乡竹蝗危害面积$1400hm^2$，林业部门投入10万元灭蝗。"黄脊竹蝗仍是竹林主要害虫。异歧蔗蝗是近年发现在竹子上危害的，在1992～1994年是浙江温州竹林中主要害虫，1992年在温州的瑞安平阳坑调查，竹林中$1m^2$有若虫50头，多达200头，当年竹叶被食去30%左右，第二年全镇竹笋减产50%，竹农减少收入15万元。1999年浙江台州毛竹、刚竹被害，竹叶被吃光，可使被害竹子枯死，被害竹林下年出笋减少，新竹质量下降。短翅竹蝗在浙江西北部竹产区普遍发生；1983年在湖南岳阳地区有13 hm^2（200亩）刚竹林竹叶被吃光。

在竹子上取食竹叶的斑蛾科昆虫已知有6种，以竹斑蛾 *Artona funeralis* (Butler)发生最普遍。1964～1965年广东省怀集县的茶秆竹林发生面积约$700hm^2$，损失较大。黄纹竹斑蛾 *Allobremeria plurilineata* Alberti的模式标本采于浙江天目山，在竹林中少见。李志轩1979年报道70年代湖南的常德、益阳、安化、桃源突然大发生成灾，仅桃江发生面积达$8600hm^2$，成灾面积$4000hm^2$，造成重大经济损失，以后未再大发生。

在竹子上取食的螟科昆虫有10余种，最常见或危害严重的有竹织叶野螟 *Algedonia coclesalis* Walker、竹绒野螟 *Crocidophora evenoralis* Walker、竹云纹野螟 *Demobotys pervulgalis* (Hampson)、竹金黄镰翅野螟 *Circobotys aurealis* (Leech)、赭翅双叉端环野螟 *Eumorphobotys obscuralis* (Caradja)等5种。竹织叶野螟可以在60余种竹子上取食，

一般危害不重，1960年在浙江省安吉县初次大发生，取食刚竹竹叶，竹叶被食殆尽；1970年在浙江湖州再次大发生，被害毛竹、刚竹林面积约2.3 × 10^4hm²；1976年在江苏、浙江、安徽三省毗邻地区又暴发成灾，危害毛竹林、刚竹林面积约4.7 × 10^4hm²，竹叶被食殆尽，远看一片枯白，竹秆下部数节积水枯死。仅浙江省原嘉兴地区所属4个县被害枯死毛竹即达500万株，为减轻竹农损失供销社收购被害枯死嫩竹达420万余株。随后浙江宁波、衢州及福建、江西、湖南等省均有竹织叶野螟发生。被害竹林下年度出笋减少或不出笋，所出的笋很细，新竹眉围下降，5年后砍伐，与同等围径毛竹相比，重量要轻35%～50%，利用率大为下降。竹绒野螟在浙江奉化1960年初见大发生，1973年浙江省上虞县下管陈溪有超过700 hm²毛竹林被严重危害。1973年竹云纹野螟在浙江余姚四明山大发生，危害毛竹林700 hm²。竹螟是竹上的重要害虫。

取食竹叶的舟蛾科昆虫10余种，以拟皮竹舟蛾*Besaia anaemica*（Leech）、竹旋茎舟蛾*Liccana terminicana*（Kiriakoff）、竹窗舟蛾*Norraca retrofusca* de Joannis、竹篦舟蛾*Besaia goddrica*（Schaus）、竹箩舟蛾*Ceira retrofusca* de（Joannis）、竹镂舟蛾 *Periergos dispar*（Kiriakoff）危害较重。1935年竹篦舟蛾在浙江富阳曾大发生，竹林损失数万元。1972年湖南桃江、株洲曾与竹镂舟蛾同时大发生，1973～1976年浙江省西北部先后发生危害，1979年安徽南部被害竹林约1.3 × 10^4hm²，竹叶几乎被吃光，严重被害者毛竹枯死，下年新竹减少30%，新竹胸径下降40%。1963年竹镂舟蛾在湖南省耒阳县仅小面积竹林成灾，次年波及到益阳、祁阳、桃江等7个县，仅耒阳2个公社被害竹林2700hm²，严重被害竹林死竹20%以上；同年衡山被害竹林5400hm²，成灾面积2700hm²，被害枯死毛竹约400余万株。1972年湖南省桃江、株洲再次大发生，严重被害竹林枯死毛竹约30%以上。1972年、1980年在浙江省余杭、安吉、长兴等县分别大发生，被害竹林损失较重。其他几种舟蛾于20世纪80年代均较大面积发生过危害。

取食竹叶的毒蛾科昆虫10余种，其中以刚竹毒蛾*Pantana phyllostachysae* Chao、华竹毒蛾*Pantana sinica* Moore、淡竹毒蛾*Pantana simlpex* Leech、暗竹毒蛾*Pantana pluto*（Leech）危害较重。1973年华竹毒蛾在湖南桃源、桃江、常德、汉寿、益阳、株洲等地先后暴发成灾，危害面积4000 hm²多。1974年江苏宜兴阳羡林场50 hm²多毛竹林被害，30 hm²多竹叶被食尽；同年浙江上虞长塘30 hm²毛竹林竹叶被食尽；1978年浙江嵊县约130 hm²毛竹林被严重危害，造成竹枯死；安徽徽州、休宁近200 hm²竹林发生华竹毒蛾，株有虫率30%，重者每竹有虫300～500条（江淮晨报，2002-08-28）。此虫危害严重时每竹有虫多达2000条，少则500条。20世纪70年代刚竹毒蛾在毛竹上危害。该虫1973年在浙江、江西省初见，江西大茅山被害竹林面积近200hm²，被害致死毛竹2万余株，1976年浙江庆元等县被害毛竹林面积超过1.6 × 10^4hm²，1981年江西上饶被害毛竹林面积超过6667hm²，1999年浙江江山、2001年浙江衢县、2002年浙江龙游毛竹林均发生不同程度危害，1977年赵仲苓先生将该虫定名为新种，现在福建南平每年仍有近667hm²至上万公顷（上万亩到数十万亩）竹林被害。

取食竹叶的夜蛾有竹叶俚夜蛾*Lithacodia idiostygia* Suqi、竹污俚夜蛾*Lithacodia squalida* Leech、竹叶涓夜蛾*Rivula* sp.多种。竹叶涓夜蛾以往未见危害，1996年在浙江慈溪初次发现，1997年在浙江余姚发现被害毛竹林约66hm²，1999年危害面积扩大近2000hm²，造成经济损失1000余万元。1998年在浙江湖州毛竹林发现危害，2000年在杭州植物园、富阳毛竹被此虫危害较重。一般此虫发生后一二年虫口会自然下降。

以往在竹子上没有发现叶蜂科昆虫取食，到20世纪80年代，偶见竹子上有叶蜂取食，80年代中期发生面积增大，危害加重，请萧刚柔先生鉴定，两种均为新种，即毛竹黑叶蜂*Eutomostethus nigritus* Xiao、德清真片胸叶蜂*Eutomostethus deqingensis* Xiao。毛竹黑叶蜂于1985年在浙江德清戴河口乡发生面积较大，严重被害竹林27hm²，被害枯死毛竹1300余株，被害未死新竹减少竹材97000 kg。1991年德清真片胸叶蜂在

浙江德清筏头乡发生面积较大，严重被害竹林超过66 hm^2，被害枯死竹较多，被害竹林下年出笋减少，数年才得以恢复。

在竹叶上刺吸式口器取食的昆虫主要有蚜科和蚧类，而蚜和蚧除在竹叶取食外，有不少种类还在幼枝、嫩秆上取食。

危害竹子蚜科昆虫有40余种。过去人们认为蚜虫是竹子上的常见昆虫，对竹子生长无太大妨碍。近年来随着竹子生产趋于科学化、管理精细，才发现蚜虫的危害对竹子生长发育、产量、质量影响也很大。在竹子上最常见的的蚜虫有竹黛蚜 *Melanaphis bambusae* (Fullaway)、青篱竹黛蚜 *Melanaphis arundinariae* (Takahashi)、竹纵斑蚜 *Takecallis arundinariae* (Essig)、竹拟叶蚜 *Phyllaphoides bambusicola* Takahashi、竹梢凸唇斑蚜 *Takecallis taiwanus* (Takecallis)、竹叶舞蚜 *Astegopteryx bambusifoliae* (Takahashi)、居竹伪角蚜 *Pseudoregma bambusicola* (Takahashi)近10种。几种蚜虫常同时混生危害，1975年浙江临海有近700hm^2毛竹林被以竹黛蚜为主的几种蚜虫取食，造成大面积竹林竹叶萎缩、发黄，以及煤污病的发生，严重影响光合作用，造成下年出笋数量减少、质量下降。现在特别是笋用竹林上、早春嫩叶上发生竹梢凸唇斑蚜等蚜虫的危害，造成竹叶萎缩、发黄，竹笋减产。

在竹子上取食的蚧类昆虫有6科160余种，常见危害的有粉蚧科的竹白尾安粉蚧 *Antonina crawii* Cockerell、竹皱绒粉蚧 *Eriococcus rugosus* Wang、竹丝球绒粉蚧 *Eriococcus nematorphaerus* Hu et Xie、马蹄囊粉蚧 *Eriococcus transversus* Green、竹巢粉蚧 *Nesticoccus sinensis* Tang，链蚧科的透体竹链蚧 *Bambusaspis delicatus* (Green)、半球竹链蚧 *Bambusaspis hemisphaerica* (Kuwana)，盾蚧科的浙江竹丝盾蚧 *Greenaspis chekiangensis* Tang、竹拟白须盾蚧 *Kuwanaspis pseudoleucaspsis* (Kuwana)、竹釉盾蚧 *Unachionaspis bambusae* (Cockerell)。蚧虫大面积危害成灾者不多见，而小面积危害造成被害竹枯死者颇多。浙江富阳1989年统计，由于竹皱绒粉蚧发生危害，致死竹子约5万株，直接经济损失15万元。1990年浙江龙游半球竹链蚧大面积发生，造成立竹死亡。

在竹叶上取食的还有刺蛾、尖蛾、枯叶蛾、眼蝶、环蝶、弄蝶等，虽未见有大面积成灾，但局部发生从未间断。

② 取食竹枝、秆昆虫：取食竹枝、秆昆虫多为刺吸式口器，有沫蝉科昆虫、蚜、蚧、蝽类；咀嚼式口器有蜂类和仅有的木蠹蛾科昆虫的幼虫。常见危害较重的种类有竹尖胸沫蝉 *Aphrophora borizontalis* Kat、居竹伪角蚜 *Pseudoregma bambusicola* (Takahashi)、竹宽缘伊蝽 *Aeneria pinchii* Yang、竹薄蝽 *Brachymna tanuis* Stål、竹卵圆蝽 *Hippotiscus dorsalis* (Stål)、山竹缘蝽 *Notobitus montanus* Hsiao、黑竹缘蝽 *Notobitus meleagris* (Fabricius)、竹后刺长蝽 *Pirkimerus japonicus* (Hidaka)、竹瘿广肩小蜂 *Aiolomorphus rhopaloides* Walker、刚竹泰广肩小蜂 *Tetramesa phyllostachitis* Gahan等，竹秆木囊蛾学名待定。

居竹伪角蚜若蚜、成蚜群聚在当年出笋后已拔节的嫩竹竹梢、竹秆上取食，被害竹上近节处大小蚜密集，蚜虫分泌蜜露，致竹叶上感染煤污病。竹宽缘伊蝽、薄蝽以成虫、3龄以上若虫在竹秆、大枝的节上取食，3龄前小若虫在竹小枝的节上、竹嫩枝枝叉处及竹叶上吸取竹子汁液，造成竹子落叶，部分小枝、大枝枯死。虫口密度特别高时，亦能使被害竹子全株枯死。黑竹缘蝽、山竹缘蝽危害使新竹节间缩短、高度降低、竹材材质硬脆；虫口密度大时，嫩竹枯萎，竹子死亡。

竹后刺长蝽成虫从竹秆部被笋期害虫危害的虫孔及各种兽害、机械伤口的小孔洞钻入，在竹秆竹腔内产卵，若虫在竹腔内取食，直到羽化成虫，造成竹枯萎或死亡，1976年、1978年浙江余杭、仙居分别发生危害。1970～1985年浙江余杭秉氏蝽、扁体蝽曾大发生。1977年在浙江省莫干山风景区毛竹林初见竹卵圆蝽，1983年毛竹林受害面积扩大到13hm^2，当年被害致死1.2万株，4年间在40hm^2的毛林内被害致死毛竹7.2万株。据湖州市、杭州市的5县1区在1987年调查，被害毛竹林$1.24 \times 10^4 hm^2$，仅湖州市的安吉县被害严重的毛竹枯死率就高达76%，安吉、德清、余杭、富阳县被害竹林荒芜，枯死毛竹80万多株，被害竹林下年度出笋减少或不出笋，新竹减少，新竹眉围最多下降50.78%。

竹瘿广肩小蜂幼虫在叶柄中取食，被害叶柄受刺激逐渐增生，畸形膨大，幼虫在虫瘿中取食叶柄内壁。在虫口密度大时，毛竹叶柄大多被害，造成竹枝弯梢、落叶、竹枯，竹材利用率下降，竹林下年出笋减少。1974年福建省长汀县被害竹林面积3400hm²，严重影响纸业生产和竹农收入。刚竹泰广肩小蜂在早竹上危害，严重者竹笋减产达30%以上。

竹秆大草螟 *Eschata miranda* Bleszymsk 是近2年在浙江德清新发现危害竹子的枝、秆的昆虫，取食刚竹属内多个竹种。该虫为2年1代，以幼虫在竹子枝、秆内取食，被害竹断枝、断秆、折梢，被害竹失去利用价值，林相残败，而且危害程度不断加重。

③ **取食竹子伐倒物——竹材及加工产品昆虫：** 危害伐倒竹及竹材加工产品昆虫有白蚁科、鼻白蚁科、长蠹科、粉蠹科、天牛科、木蜂科、蚁科等7科50余种。最常见危害的是竹材堆集场下层竹材常被白蚁蛀食，失去利用价值；农家竹家具如竹椅、竹床、竹柜、竹凳等，农具如篙、柄等，竹隔篱墙，被竹长蠹、竹粉蠹、天牛危害蛀空不能再使用最为常见，竹架草屋式的农舍被竹木蜂蛀食蜂孔累累，寒冬雪压倒塌者也不鲜见；瓜、果、豆竹支架被危害倒塌，如1960年湖南怀化园艺场，数十亩（几公顷）瓜豆支架被竹拟吉丁天牛危害，在一场大风雨中倒塌10余亩（近0.6 hm²），造成瓜豆大幅度减产。20世纪80年代图们市从浙江平阳购进竹冰棒杆，生产出冰棒中发现竹长蠹，而走上法庭。在海上养殖用大毛竹作为浮子，施用1～2年被一种蛆蛀食失去浮力，使养殖失败，造成重大经济损失。郴州排球基地的竹建训练大厅被竹粉蠹危害，时时飘洒竹粉屑而改建。20世纪60～70年代，广交会竹工艺品展厅中的展品，被竹长蠹、竹粉蠹危害不断洒落竹粉屑，影响贸易，不得不临时拆走，造成外贸交易额大量减少。对竹材及制品害虫因研究少，其种类及危害程度、损失并不完全掌握。

(3) 竹子害虫研究概况

竹子昆虫是森林昆虫的重要内容之一。在萧刚柔先生1992年主编的《中国森林昆虫》增订本中，介绍了800余种森林昆虫，但纯粹以竹子为食的昆虫仅有38种，加上兼取食竹子的昆虫共有43种。由此可见，我们对竹子昆虫的研究还非常有限，即便是上述重要的竹子害虫，很多种类都没有研究。现就对有论文或简报发表的害虫作简单的介绍。

研究历史：中国竹子害虫最早的记载是湖南省益阳县志中记载："嘉庆二十二至二十四年（1817～1819）二里（今桃源县）蝗食竹叶殆尽"。竹子害虫研究工作以台湾省为早，仅《台湾林业试验场特别报告》第1号（1919）中，记载竹子害虫4篇。陈植1919著文谈笋夜蛾驱除法。20世纪30年代，浙江、福建、湖南、广东均对竹子害虫进行调查或研究，纷纷有研究论文发表，其中宋志坚（1934，1936）、吴启契（1935，1936）、冯桂一（1940）对湖南、福建的黄脊竹蝗形态、生活史及防治做过系统的研究。徐国栋（1922，1934）、马骏超（1934，1935）对竹笋象虫 *Otidognathus davidis* (Fairmaire)、笋直锥大象 *Cyrtotrachelus thompsoni* Alonso-Zarazaga *et* Lyal 的形态、生物学及防治也做了探讨。马骏超（1934）对笋蛀虫 *Oligia vulgaris*（Buter）生物学、防治进行研究。吴玉洲（1936）、金孟肖（1937）对竹斑蛾形态、生物学进行了较详细研究，因当时的研究是学院式的，接触生产较少，对生产出现的问题解决较少。

20世纪50年代后，成立了专门研究机构，增加了研究人员，为解决当时、当地生产问题，研究人员长期驻点开展研究工作，研究比较深入，但研究面仍较狭窄，初期以黄脊竹蝗和竹笋害虫为主。虽然在当时设备不全或落后，资料文献严重不足，但由于研究工作深入、细致，出现了一些高水平的论文。1966～1975年研究工作基本上为空白。科学的春天来到后，研究工作面扩大，基本上是围绕竹子生产上发生的害虫进行研究工作，以解决竹子生产中的虫害问题。先是解决竹叶害虫造成大量死竹问题，后对竹枝、秆害虫进行研究。由于科研体制改革，研究一般性生产上害虫经费出现困

难，致使解决生产问题的项目减少。

竹子害虫的研究在80年代后期有了一些大型项目，即以工程治理为中心的防治课题，主要措施是以营林为主综合防治，获得明显效益。如1991年完成的安吉县竹虫综合防治工程，其研究对象为竹笋夜蛾、一字竹笋象、竹织叶野螟、竹卵圆蝽，以营林技术为中心，对害虫测报及防治技术进行研究，获得产出投入比为12：1的效果，4年纯收2300多万元。1991年富阳县完成的竹子害虫综合防治工程，主要研究内容为竹织叶野螟、竹皱绒粉蚧、竹卵圆蝽生物学及防治。2000年龙游县完成的毛竹主要害虫工程治理，主要内容为竹笋夜蛾、一字竹笋象、竹卵圆蝽、竹小蜂生物学及防治技术。2002年衢州市完成的竹林主要害虫工程防治技术研究，研究对象为竹笋夜蛾、一字竹笋象、竹织叶野螟、竹卵圆蝽、竹篦舟蛾、竹小蜂、半球竹链蚧和叶螨，以营林技术为中心，对害虫生物学、测报及防治技术进行研究，获得以产出投入比为15：1的效果，6年净收益近5000万元。这些工程都是采取的以营林为主的综合防治措施，获得明显经济效益、社会效益、生态效益。

竹子害虫种类研究：竹子昆虫种类没有专门人员或专题进行系统研究，一般是研究人员在做课题时兼顾采集在竹子上各个部位取食的昆虫，或短期到各地竹区采集，或者将采集到的昆虫幼体带回室内饲养羽化成虫，分别制作标本，然后送各有关分类专家鉴定。也有在一个地区对在竹子上取食的昆虫进行短期调查，或对在竹子上取食的某个目、科昆虫进行调查，分别写成名录。马骏超1942年对福建森林昆虫调查时，将竹子昆虫单独列出，有12种。笔者于1975年在研究工作基础上，经参阅文献，按竹子昆虫以取食部位撰写成名录初报，共有116种。廖惠堂1976年发表博士论文，记述台湾竹子上蚜虫23种，其中有2个新种。笔者于1977年又写了名录增补，增加竹子昆虫121种。文定元等于1982年在广西3市调查后写成名录，共有昆虫7目24科47种。郑乐怡于1982年根据在云南多次考察时采集的竹子蝽类昆虫标本整理成名录，计5科17种，其中有2个新种、1个新记录。笔者于1984年将上两个名录汇总并增加种类，写成竹子害虫名录，共9目51科381种，其中蚧虫有5科116种，并接受王子清先生意见，将绒蚧科列入粉蚧科，成为1个属。严敖金于1985年发表蚧虫名录，为6科137种，绒蚧科仍单列。张玉珍等于1986年记述了台湾省竹子昆虫有6目26科113种，其中约有100余种在大陆有分布。丁锦华1987年在研究飞虱分类的基础上写竹子飞虱科名录，共11属31种。陈振耀于1989年将广东、海南竹子上的蝽、缘蝽整理成名录，共26种，其中有2个新种。笔者于1993年再次整理标本及资料，写成修订名录，共10目75科363属683种。

据从上述名录中统计，竹子昆虫中以同翅目昆虫为多，占36.6%，鳞翅目昆虫次之，占22.84%，鞘翅目昆虫排列第三，占17.13%。在竹子上取食的昆虫中新种数量也不少。从20世纪60年代起至今，发表新种70余个，约占取食竹子昆虫总数的12%。

竹笋害虫的研究：研究的竹笋害虫虫种主要为笋夜蛾、象虫、笋蝇及竹蝉。

竹笋象虫在江苏、浙江一带竹林中发生的是指一字竹笋象，在南方丛生竹林中发生的是指笋大竹象。笔者在赵养昌先生帮助下于1975年在《名录初报》中，首次分出笋直锥大象和笋横锥大象，报道主要是指笋直锥大象。故凡文献中写竹笋象虫的要先看文献的出处，才知真正的虫种。1928年H.T.Chen用英文撰写了笋大竹象的初步研究报告，刊于岭南大学的科学杂志上；马骏超 1935年对该虫在国内分布及其前胸背片色斑变异进行报道；周继虞(1960)、谭大林(1960)分别对广西、广东的笋直锥大象的形态生物学特性做了报道，防治方法研究不多。广宁县林业科学研究所(1975，1977)对该虫防治进行研究，刘永正 (1978) 对浙江温州笋直锥大象进行观察，吴世雄(1979)报道了两种竹大象虫初步观察并首次提出对笋横锥大象的观察。20世纪80年代有多篇该虫的防治文章报道，惟刘南欣 (1988，1989) 报道用病原线虫防治笋直锥大象颇有新意，也有效果，但未能深入下去及应用于生产，甚为可惜。由于丛生竹生长分散，该虫的成虫期特长，1株笋基本上只有1条虫取食，防治难度特大，虽提出不少方法，但迄今没有一个很好的有效控制方法。对一字竹笋象，徐国栋等1922年就谈该虫的防治，方法是捉成虫、挖虫笋。马骏超（1933）对该虫的形态、寄主进行初步观察。《昆虫与植病》（1937）介绍安吉水竹、篌竹被该虫危害，年损失万余元，当年5月10日召开防治竹象虫会议，决定"被害笋全挖、以绝食物。"此消息说明该虫危害严重，但防治无法，在当时能开会研究一个竹笋上的害虫的防治，实属不易。湖南林业厅1959年介绍怎样防治竹象鼻虫。笔者1964年对该虫形态、发生规律、习性进行详细报道，但防治方法不尽适用。江苏林业科学研究所1975、1982年分别介绍桂竹象鼻虫的防治、一字竹象甲防治研究，说明此虫仍无有效控制方法。杨国荣等1992年进行防治及回归预测技术研究。由于竹笋兼为食用蔬菜，用药特别慎重，虽然一字竹笋象危害竹笋时，笋已近成竹无食用价值，但提到竹笋仍有顾忌。为此王茂芝等1989年发表甲胺磷在竹笋中的残留动态研究，在竹笋上注射50%甲胺磷每株2mL后，5天残留量为0.285mg/kg，第10天达最高值为0.475mg/kg，第21天0.296mg/kg。用药后第10天竹笋中甲胺磷残留量稍高于稻米允许残留标准，只有莴苣、茄子允许残留量的47.5%，芹菜、番茄的23.8%，因此注射后10天的竹笋食用，人体是安全的，注射后半个月食用是绝对安全的。故笔者等1993、1995年分别研究该虫的寄主种类划分及对小径竹笋喷药、毛竹笋用内吸剂注射等防治成虫的方法，效果非常理想，推广近6667hm^2（10余万亩），增产效果明显，并有多年不再发生此虫危害的持效作用，将此虫在大面积的竹林中控制住。

竹笋夜蛾或笋夜蛾现在是代表取食竹笋的夜蛾科害虫的统称，以前各报道上所用的竹笋夜蛾或笋夜蛾就是现在的竹笋禾夜蛾。自陈植提出预防及驱除以来，40年间不断有研究论文、防治简报发表，此前材料多源于日本。马骏超（1934）对笋夜蛾成虫、幼虫、蛹进行了简单描述和成、幼虫发生期，并指出防治困难。其原因就是产卵地点、越冬场所未能见到。笔者等（1962）对该虫生物学习性方面进行了研究，发现该类夜蛾产卵于禾本科杂草卷叶中，早春初孵幼虫以10余种杂草为中间寄主，对竹林进行抚育是防治该虫的中心环节。同年郑汉业先生也发表了他的学生随笔者实习时的毕业论文，丰富了笔者的研究内容。到80年代，陈贻金（1980）介绍了该虫在小径竹上的习性，丰富了该虫的中间寄主。王克毅1981年在四川对竹笋禾夜蛾生物学进行研究。其他一系列的研究报告、简报，除介绍了该虫在当地部分习性外，均未突破这个中心点。陈贻金（1981，1982）首次发表了笋秀禾夜蛾的研究论文，该虫的习性与竹笋禾夜蛾有很多相近处。席客1988年首次发表了淡竹笋夜蛾，该文内容虽较简单，但填补了笋夜蛾方面一个空白。

取食竹笋的泉蝇虽有多种，但该类昆虫均属于弱寄生甚至近腐生，对生长的活笋意义不大。陈天琳1963年首次报道该类蝇危害竹笋，在生产上竹笋被害率颇高。笔者等在安吉蹲点6年，也发现是弱寄主的昆虫，于1966年发表的毛竹泉蝇与毛竹退笋关系研究，用大量数据予以证实。该两种笋蝇由范滋德先生于1966年定名为两新种，毛竹泉蝇*Pegomya phyllostachys* Fan和江苏泉蝇*P. kiangsuensis* Fan。在生产上大家认为泉蝇的取食并没有减少竹笋成竹率，以后也就无人去证实它。

竹笋绒茎蝇*Chyliza bambusae* Yang et Wang是竹笋嫩根害虫，被害竹子的间隙度大，竹根支撑、牵引力小，易倒伏。竹蝉*Platylomia pieli* Kato是竹笋地下部分害虫，被害竹林逐渐衰败。危害造成的损失都是间接的，往往不被生产者重视。

竹叶害虫的研究：竹叶害虫种类多，涉及到很多科，已研究的种类也多。

黄脊竹蝗是历史性大害虫，以原林业部林业科学研究所萧刚柔先生为首的专业队伍，包括陈昌洁、王贵成等，长期住在湖南，对黄脊竹蝗从形态、生物学及防治进行全面、系统的研究，萧刚柔（1954，1958，1959）、陈昌杰等（1959）、王贵成等（1959）分别报道了研究成果，为全国控制竹蝗的危害打下科学的基础。丁道模（1956）、彭建文（1958）、沈集增（1965）分别发表了江西、湖南、福建西部黄脊竹蝗的研究论文。到60年代

前期，黄脊竹蝗的危害已基本上得到控制，这段时间发表有影响的论文30余篇。由于60年代中期到70年代中期，对黄脊竹蝗的调查、防治放松，使此虫在江西、湖南、四川、广西又大发生。因为防治竹蝗的特效农药“六六六”的禁用，制约了黄脊竹蝗的防治，所以黄脊竹蝗防治工作又提到一个新高度。如江西赣州森林病虫害防治检疫站1978年一面提出积极行动起来、消灭黄脊竹蝗，一面推广应用烟剂防治的意见；湖南傅德保（1982）著文竹蝗及其防治；福建吴佳茂等（1980）进行应用白僵菌防治黄脊竹蝗的试验；四川林兴、姚永丰（1987）提出重庆市竹蝗消长情况及防治意见；湖南郭培德（1988）再次提出黄脊竹蝗防治技术探讨等。可见当时各省林业部门都把防治黄脊竹蝗摆在重要位置上。同时，赣州林业科学研究所（1979）应用白僵菌孢竹瘟防治竹蝗；江西吴天赐等（1988）应用枯草芽孢杆菌防治竹蝗试验；湖南刘志平（1987）进行竹蝗幼蝻期药剂防治试验；四川永川病虫防治试验站（1988）用花虫敌防治黄脊竹蝗跳蝻；在《中国林业》上吕长青（1987）著文，用尿草把诱杀竹蝗；李建华等（1989）利用尿粉药剂诱杀竹蝗试验；郭培德（1989）试验黄脊竹蝗诱捕笼；练佐明等（1992）研究黄脊竹蝗的防治指标；钟锦标（1993）研究福建北部竹蝗与气象因子的关系等论文或简报30余篇。由于研究者水平及资金、设备的限制，研究成果只应付当时或当地的生产需要，未能深入，论文多刊载于地（市）林业科技上。在预测方面，王淑芬以常德36年黄脊竹蝗发生面积数据，运用随机序列的谐波分析，确认竹蝗发生有大小周期，分别为17年或9年。运用马尔柯夫链方法，通过发生状态的转移概率，预测1989年竹蝗状态与竹蝗实际发生面积相符。并于1990年发表黄脊竹蝗的发生周期及马氏预测；苟国谦（1993）介绍了四川竹蝗测报方法；黄焕华等（1998）介绍广东竹蝗卵的孵化期预测方法，以1～3月气温、降雨状况与竹蝗卵块发育、孵化的关系，采用多因子相关回归分析方法，建立回归预测模型 $Y=113.03-6.41x_1-0.039x_2$，同时在成虫期监测其分布，以便查清产卵地，经下年预测后，防治蝗蝻效果颇佳。但愿这些工作能继续、深入研究下去，以建立全国的预测系统。

竹螟是取食竹叶螟蛾科昆虫的统称，以竹织叶野螟发生为多，竹螟往往是竹织叶野螟的简称。在日本1917年本多静六著《造林学》各论中就提到此虫，在中国到1976年大发生，严重危害竹林面积约4.7 × 10^4hm^2（70多万亩）、被害死竹500万株时，才引起重视。有竹螟的地、县均成立“防治竹螟指挥部”，所有的防治方法一起上，但竹螟危害没有减轻。笔者等（1978）发表论文，全面介绍了该虫生物学，特别是该虫有强趋光性和成虫有迁飞吸蜜产卵习性。笔者（1976）、金长乐（1980）介绍释放赤眼蜂防治；孙永春（1978）介绍利用黑光灯诱杀竹螟成虫试验；江苏林业科学研究所（1976）、兰林富（1980）分别发表利用内吸传导、注射内吸农药方法防治竹螟幼虫的报告等20余篇论文、简报。对竹螟最终放弃了大面积化学防治，采用大面积灯诱、蜜源地灭蛾、小范围虫源地注射等综合措施将虫情控制住。在宁波、绍兴、衢州等地先后发生竹螟危害时采用这种方法，也能及时控制虫情。

取食竹叶的舟蛾科害虫幼虫个体比较大，生活周期短，取食量大，一旦发生危害较重。舟蛾幼虫体光滑、无长毛，裸露危害，易被天敌寄生，虫口很快下降。在取食竹叶10多种舟蛾中有研究报道的仅2～3种。最早是湖南省林业科学研究所（1973）报道异镂舟蛾的研究，异镂舟蛾就是竹镂舟蛾。郑积微等（1981）、王焕元（1981）、徐天森等（1987）、赵星等（1992）分别对竹镂舟蛾的生物学、防治及发生与环境的关系进行了研究。赵萍（1983）报道了对纵褶竹舟蛾的观察，纵褶竹舟蛾就是竹篦舟蛾，许德钰等（1988）、赵萍等（1993）、徐天森等（1990）分别对竹篦舟蛾生物学及防治进行了研究，王浩杰等（1997）对竹箩舟蛾的生物学及防治也做了研究。

竹毒蛾中以华竹毒蛾与刚竹毒蛾危害普遍，研究较多。华竹毒蛾是摩尔（Moore）于1877年定名，模式标本采于湖北长阳。由于此虫冬型雄成虫前翅前缘半部、外线到端线部分黑色或灰黑色，余为白色，常被误认为是灰顶竹毒蛾 *Pantana droa* Swinhoe。灰顶竹毒蛾是斯温霍（Swinhoe）于1906年定名，模式标本采于香港，国内迄今尚未采到此虫标本，已发表的灰顶竹毒蛾研究论文，后检查标本仍为华竹毒蛾，属于误定。1984年在北京与赵仲苓先生讨论此两种毒蛾种的问题时，共同认为从文献记载应是两个种，在国内所见危害竹子的灰顶竹毒蛾均为华竹毒蛾；灰顶竹毒蛾与华竹毒蛾是否是同种异名，需查大英博物馆内模式标本后方能确定。华竹毒蛾分布广，多发生在生长较密的竹林，从湿度较大的山谷开始危害，即局部大发生，直至危害到山脊，虫情下降。魏候监（1984）、徐天森（1985）、赖怀江等（1991）、李宗顺等（1995）分别对该虫生物学、防治及数量变动模型等进行研究。刚竹毒蛾是70年代在长江至南岭竹区发生的一种取食毛竹竹叶为主的重要毒蛾，赵仲苓先生于1977年确定为新种，赵先生取毛竹的属名——刚竹属为种名，而取名刚竹毒蛾。但此毒蛾并非仅取食刚竹竹叶，而取食毛竹竹叶更盛。江西森林病虫害防治检疫站（1979）、陈汉林（1980）、邢陇平（1980）、陈阳春等（1982）、詹旺新（1984）分别报道江西、浙江、福建、四川等地刚竹毒蛾的发生情况及发生规律。该虫发生面积大、危害重，来得突然，去得突然，不久又会大发生，防治难度大，给研究工作也带来一定的难度。

取食竹叶的害虫还有竹斑蛾、竹刺蛾、夜蛾、蝶类、叶蜂等昆虫，有一些相关的研究报道，但大多为生物学方面的研究。70年代中期到80年代后期在竹林中发生的食叶害虫，一旦发生危害，则危害面积大，竹叶被食严重。一般发生1～2年即被控制，有研究论文发表，但未做深入研究，如竹叶蜂、竹叶涓夜蛾等。有的害虫大发生后，虫口密度随即下降，如竹瘦舟蛾 *Stenadonta radialis* Gaede 发生危害后20余年，再也没有出现，连标本都未采到。

竹枝、秆害虫的研究：在竹子枝秆上取食的昆虫数量也不少，而研究的不多。取食竹子枝秆的昆虫，除在小枝内危害的竹瘿广肩小蜂及在竹枝、秆内危害的木蠹蛾外，均为刺吸式口器危害的昆虫。仅对竹尖胸沫蝉、竹卵圆蝽、竹后刺长蝽、山竹缘蝽、竹瘿广肩小蜂等害虫有过报道。吕若清等（1992）、王恩军（1995）对竹尖胸沫蝉生物学及防治作了研究。曾林（1981）、陈振耀（1989）分别介绍了山竹缘蝽和黑竹缘蝽的危害及生物学。竹后刺长蝽是成虫从竹笋禾夜蛾等害虫危害竹子的虫孔钻入竹腔内，在竹腔内壁生育，被害竹常干枯而死，高兆蔚（1979）介绍浙江竹区危害情况，王玉璩（1979）、章世美等（1980）、邱子林（1982）分别介绍江西生物学，但迄今仍没有较好的防治方法。

竹卵圆蝽是一个突发性的害虫，1978年笔者初次在浙江莫干山风景区偶尔采到标本，请郑乐怡先生鉴定学名，由于竹子上蝽类害虫的危害渐重，徐天森（1987）发表了危害竹子的3种蝽；陈恩贵（1984）报道1983年莫干山已有约13hm^2（200余亩）竹林被竹卵圆蝽严重危害，并出现死竹。同时直接派员工请笔者上山调查，调查报告得到省（部）的支持，分别列为1984、1985年省、部重点项目。湖州林业技术推广站（1986）介绍毛竹林1984～1985年被害情况，全市已扩展到1.2×10^4hm^2（18万亩）、死竹80余万株，严重危害竹林，最多毛竹枯死率76%以上。浙江森防站（1986）在《浙江林业》上发表控制竹卵圆蝽危害的文章，徐思善等（1988）报道竹卵圆蝽危害对毛竹生长的影响，徐天森（1988）提出防治竹卵圆蝽的策略与方法，半年后发表了再谈竹卵圆蝽的防治策略和方法。到1987年冬已全面控制此虫在湖州的危害。但此虫1988年又扩展到杭州的余杭、萧山、富阳3县，笔者推广湖州的防治方法，当年就将此虫控制。陶德新（1989）、徐天森等（1989）分别发表竹卵圆蝽的生物学、天敌及防治方法的论文。这个害虫从发现到大发生仅需5年时间，从研究与生产结合，从害虫大面积危害、到完全控制仅用4年时间。是害虫从发生到控制，生产及行政管理重视、科研人员长期住在第一线与生产密切结合的典范。

竹瘿广肩小蜂原名为竹广肩小蜂，在报道中统称竹小蜂或竹实小蜂。在各省油印、铅印材料中多有介绍，福建林学院（1977）、刘永正（1979）、龚乃培（1988）均有生物学方面报道，龚乃培所说两种小蜂即为竹瘿广肩小蜂和长尾小

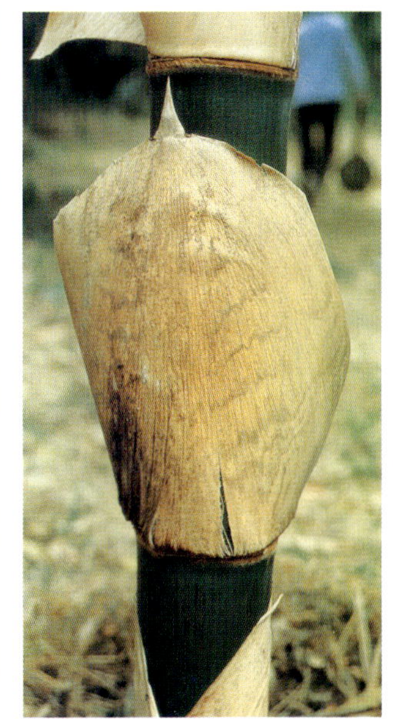

蜂。莫建初等（1992）、陈秀枚等（1993）分别报道竹小蜂幼虫空间分布型及发生与环境的关系。王问学（1995）、王浩杰等（1996）分别发表了两种小蜂的生物学及两种小蜂关系的研究，明确了长尾小蜂与竹瘿广肩小蜂寄生关系。林毓银1997发表了竹小蜂发生发展数量化预测模型的论文。在取食竹子枝秆的昆虫中还有些蚜、蚧方面的报道。

竹材及其制品的研究：以前由于业务分工，竹材及其制品害虫不归林业部门管辖，林业部门研究人员去研究这方面内容，被视为不务正业，当然更没有这方面研究费用，如有研究也是横向合作或在做工作时附带研究或研究害虫时发现也危害竹材。竹材及制品害虫研究主要集中在天牛和蠹虫方面，其他种类研究较少。最早是柳晶莹（1956、1957）分别报道了竹材蠹虫及中国长蠹科、蠹科昆虫名录。

危害竹子天牛科害虫约有20余种，研究的也不多，黄日宗等（1963）报道了竹红天牛的危害及发生期。钱庭玉（1982）报道了长牙土天牛 *Dorysthenes (Baladeva) walkeri* Waterhouse 危害甘蔗、油棕、椰子，也危害竹子；娄慎修（1986）报道黄带蓝天牛（多带天年）*Polyzonus fasciatus*（Fabricius）生活史，该虫危害柳、柏、桉，也危害竹；詹仲才（1986）报道中华蜡天牛 *Ceresium sinicum* White 危害桑，也危害竹材；詹仲才（1986）、张贤开（1986）分别报道了竹拟吉丁天牛 *Niphona furcata*（Bates）生活史及习性，该虫主要危害小径竹，造成圆竹制品腐朽。

危害竹材的长囊科、粉蠹科害虫约15种，在中国以竹长蠹 *Dinoderus minutus* Fabricius、日本竹长蠹 *Dinoderus japonicus* Lesne、褐粉蠹 *Lyctus brunneus*（Stephens）、中华竹粉蠹 *Lyctus sinensis* Lesne最常见，危害最重，约占两科总数95%以上。长蠹、粉蠹个体小，分类困难，常有报道以竹蠹、竹蛀虫代替。李凤荪等（1958、1963）分别报道了竹小弹蠹（即竹长蠹）的发生危害及防蠹研究；程振衡（1964）报道竹粉蠹的生物学及防治研究；张丽峰（1979）报道日本竹长蠹在江西的生活史及防治，同时指出工厂卫生是预防重要一环；梁锦英（1981）、罗禄怡（1981）、刘云（1982）分别报道竹制品虫、霉知识及防护方法；彭华安（1981）编著了《竹制品害虫防治》一书；程量（1983）、詹仲才（1983）分别报道欧洲粉蠹、中华粉蠹初步研究；谭中逸（1984）、伍建芬等（1986）分别报道竹长蠹的研究；徐天森（1983）介绍竹制品害虫综合防治；戴礼元等（1983）、姚康等（1986）分别介绍了远红外线防治竹蠹虫防治；其他报道还有不少，但简易可行、防治有效的方法并不多。

其实有陈广源（1966）、陈永胜（1981）分别对竹木蜂、赤足木蜂生物学及防治研究，浙江海洋水产研究所（1984）研究了用硫酸铜压输到渔用大毛竹内后作为海上养殖业浮子，可以防蛆蛀，可用5年不被蛆蛀，效果明显。

取食竹子昆虫的研究，总体来说，还非常肤浅，不仅研究报道的虫种占已知取食昆虫的种类比例很少，研究深度也不够，有些害虫迄今没有简便、有效的防治方法，现有的成果普及推广也不够。

竹子害虫发生与环境的关系：竹子害虫发生与环境关系的研究几乎是空白，没有专业从事这方面研究人员和研究项目。所有发表论文后面所列发生与环境关系的内容均为研究课题的附属。

二、竹笋害虫

危害竹子地下、地上幼嫩部分的害虫，包括已出土的生长未脱笋箨的竹笋，地下的竹笋嫩根、竹鞭、鞭根及鞭上的顶芽（又称鞭笋），统称竹笋害虫。约有6目20科100余种。以鞘翅目、同翅目、半翅目中种类最多；以鳞翅目、鞘翅目中的种类危害最重。竹笋害虫危害方式有二：一类是刺吸式口器害虫，以若虫、成虫在竹笋外部的笋箨或箨叶上或在土下竹鞭上停息，以刺吸式口器刺入竹笋组织内吸取汁液进行危害，如同翅目、半翅目中的种类。除竹蝉外一般危害不重，研究不多，这类害虫能兼在竹叶或嫩枝、幼秆上取食危害，重要种类常列在食叶或食枝、秆部害虫中介绍。一类是咀吸嚼式口器害虫，如成虫在笋箨上或从笋箨缝中爬到笋上吃食笋肉，如露尾甲、叶甲成虫和幼虫用不同方式蛀入竹笋组织内取食危害，如夜蛾、蝠蛾、金针虫、金龟、天牛的幼虫，这类是竹笋害虫中的重点，研究的也较多。竹笋象虫是两种危害方式兼有的害虫，其成虫停息在竹笋上，在笋箨外以管状喙啄入笋箨内啄食笋肉为补充营养、啄掘产卵孔，以备成虫产卵，幼虫则在笋组织内取食笋肉。

1 竹蝉
Platylomia pieli Kato

分类地位：同翅目HOMOPTERA蝉科Cicadidae。

分布：中国浙江、安徽、江苏、福建、江西、湖南、四川等地。

寄主及危害：危害毛竹，其次还危害黄槽毛竹、方秆毛竹、刚竹、黄皮刚竹、长沙刚竹、浙江淡竹、淡竹、篌竹、早竹、天目早竹、早园竹、五月季竹、乌哺鸡竹、石竹、红竹、小竹等刚竹属中茎粗、鞭粗的竹种。各龄若虫在土下竹鞭附近做穴栖息，以吸食鞭根、鞭芽、鞭笋的汁液，造成竹鞭溃疡、内陷、侧芽萎缩、腐烂。被害竹林出笋减少，竹笋变细，新竹围径减小，特别是丰产大毛竹林出笋明显减少、新竹胸径逐年减小，竹林逐渐衰退，且不易恢复。成虫补充营养在毛竹上吸食竹子枝条汁液，造成活竹上出现大量枯枝，为下1～2代竹蝉成虫的产卵场所；成虫还取食香樟、枫香、水杉、木荷等多种树木汁液。

主要识别点：

成虫　雌虫体长38.6～44.1mm，雄

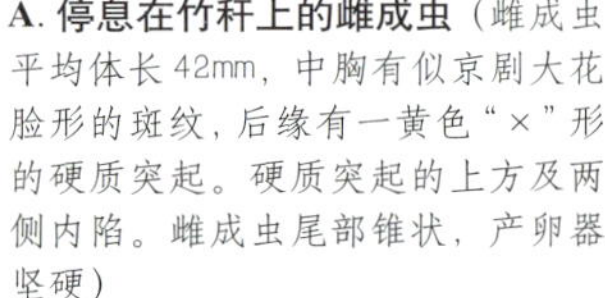

A. 停息在竹秆上的雌成虫（雌成虫平均体长42mm，中胸有似京剧大花脸形的斑纹，后缘有一黄色“×”形的硬质突起。硬质突起的上方及两侧内陷。雌成虫尾部锥状，产卵器坚硬）

B. 停息在竹秆上的雄成虫背面（雄成虫平均体长48mm。单眼明亮，前胸背板正中有一棕黄色狭条箭状纹，两侧各有3块同色近长方形斑，以中间斑为大，其他特征同雌成虫。雄成虫尾部圆钝）

C. 成虫在毛竹上的产卵小枝外观（成虫选择竹子上枯死1～3年、直径1.4～10.5mm的枯枝，将产卵器斜向插入，产卵1排，产卵孔之间距离为5～23mm，直径8mm左右的枯枝上最多可产卵3排）

B

C

A

虫体长42.9～53.5mm，体宽16.1～18.7mm，初羽化成虫体为绿色，随后体色加深，出现黑色和棕色相嵌的斑纹。触角黑色，鬃毛状。复眼突出，棕黑色；单眼微红白色、明亮似珍珠。前胸背板两侧及后缘有边。中胸粗大，有似京剧大花脸脸谱式斑纹，后缘有一黄色的"×"形硬质突起，硬质突起的上方及两侧内陷。翅长过腹，长48.3～56.8mm。前足腿节、胫节略粗，胫节下方有刺2枚，形成钳状。腹部黑褐色，被白粉，稀生金黄色短细毛。雌虫尾部锥状，产卵器坚硬，雄虫尾较钝。雄虫发音器发达，护音瓣平均长23.2mm。

卵　长梭形，长径2.45～2.78mm，短径0.51～0.78mm，乳白色，卵表有似玉质的光泽。由于成虫过多地产卵于竹枝的产卵穴中，卵粒多有被挤压变形现象。

若虫　初孵若虫体长1.8～2.3mm，若虫5龄，各龄若虫体长分别为1.8～4.5、6.5～9.0、10.3～17.2、20.2～29.5、34.4～45.5mm。老熟若虫体橙红色。额突出，额下方密生棕色刚毛；复眼突出，乳白色；触角细长，线状，9节。前胸背板前方有1个倒三角形，三角形底边与两复眼间距离等宽，三角形两斜边外侧各有1条深沟，在背中终止。腹部各节背面后缘有1列棕色刚毛，气门粉白色。前足腿节、胫节粗壮，特化成钳式，胫节呈三角形，上方有齿，黑褐色，各生有棕色刚毛。前翅芽尖达第4腹节后缘。

发生期：在浙江为6年1代，以卵在立竹上枯腐的竹枝中和以各龄若虫在土下竹鞭附近洞穴中越冬。成虫于6月下旬、7月上旬开始羽化，8月下旬羽化结束，在浙江西部的龙游县比浙江北部的安吉县羽化期要早7～10天，终止期要迟10天，成虫发生期为6月下旬到9月中旬。成虫经补充营养后于7月中旬开始交尾，再经补充营养于7月下旬开始产卵，8月底产卵结束。次年7月上旬卵开始孵化，卵在竹上枯竹枝中停留11～12个月。幼虫5龄，在土下每年脱皮1次，到第5年老熟，于当年6月下旬羽化出土。

天敌：竹蝉天敌种类较多，成虫天敌有捕食性鸟类，灰喜鹊 *Cyanopica cyana*（Pallas）、长尾蓝雀 *Cissa ergtyrorhyncha*、杜鹃 *Cuculus canorus canorus*、大杜鹃 *Cuculus canorus* Fallas、竹鸡 *Bambusicola thoracica*（Temminck）；捕食性昆虫有广腹螳螂 *Hierodula patellifera* Serville、中华大刀螂 *Isaria cicadae* Mapuel；卵期有寄生性昆虫竹蝉旋小蜂 *Eupelmus* sp.；若虫期有竹蝉履甲 *Sandalus* sp.，还有若虫寄生菌，如竹蝉蝉花菌 *Isaria cicadae* Mapuel、竹蝉虫草（冬虫夏草）。蝉花菌产生白色的孢子梗，孢子梗分枝形似鸡冠花，俗称蝉花，虫草有记载称是蝉花菌的有性世代，笔者

B

D

E

A

C

A. 毛竹上的产卵小枝剖面及枝内卵（卵平均长2.6mm，每个产卵孔有卵12～21粒，一个竹枝中最多有产卵孔6～52个）

B. 1龄若虫（1龄若虫平均体长3.2mm，体淡黄色，头、胸部及前足附节深黄色）

C. 在土下毛竹嫩竹鞭上取食的3龄若虫（2龄若虫平均体长8mm，体淡黄色，触角6节。3龄若虫平均体长14mm，体淡橙黄色，触角7节）

D. 正在毛竹竹鞭上取食的5龄若虫（5龄若虫平均体长40.5mm，虫体橙红色，触角9节，复眼黄色椭圆形、突出。幼虫可在竹鞭上取食，取食猛，与地面有垂直的呼吸道孔相通）

E. 5龄若虫腹面（若虫口针白色，长达中、后足间，前足腿节与胫节特化形成钳状，黑色）

A. 待羽化的老熟幼虫（若虫触角线状，复眼白色，体橙红色，被白粉）

B. 正在羽化的若虫（老熟若虫夜晚从呼吸孔爬出土后，爬行至可攀缘的物体上，六足紧抱攀缘物，前、中胸背中破裂，成虫缓慢爬出。初羽化成虫头、体均为铜绿色，复眼为深绿色带闪光）

C. 羽化将完成的成虫（成虫全部出壳未脱离蜕前，体后仰，随后成虫离蜕落于地面爬行）

A

B

C

对此质疑。蝉花菌系我国传统的名贵中药材，《本草纲目》中有记载，出口东南亚地区。近来日本有报道从蝉花中分离出半乳甘露聚糖（galactomannan），用20mg/kg的剂量对小白鼠S180肉瘤有颉颃作用，抑制率为47%；藤多哲郎等从蝉花培养滤液中分离出Ips－1活性物质，具有显著免疫抑制作用。竹蝉虫草价值应高于蝉花，但迄今为止竹蝉蝉花、虫草的研究、开发、利用均未能很好开展。

B

A

D

C

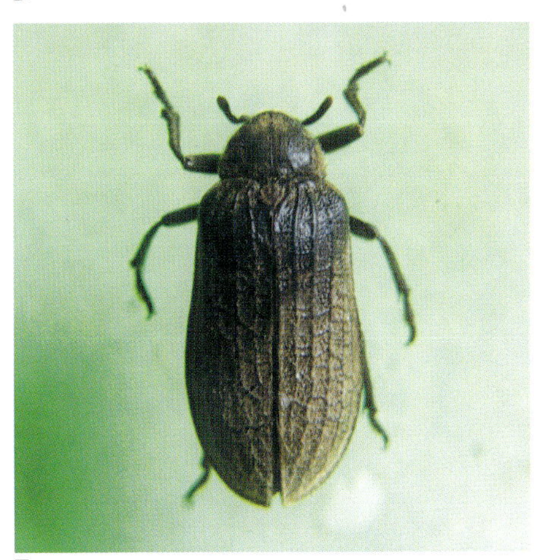

E

A. 毛竹林地面长出的竹蝉蝉花菌（被寄生的老熟若虫，由若虫呼吸孔道向上爬行至地面时，从头顶端长出淡褐色的蝉花菌孢子梗，并分离出多枝，顶端为白色的菌丝）

B. 挖出地面的竹蝉蝉花菌（上段为蝉花菌孢子梗、菌丝，下段为若虫虫体，体内外充满白色的菌丝。地面上黑色的圆洞为若虫在土下的呼吸孔道）

C. 毛竹林地面长出的竹蝉虫草（浙江德清）（被寄生的老熟若虫，由呼吸孔道向上爬行至地面时，从头顶端长出褐色的虫草菌孢子梗，孢子梗为单枝。产于德清的虫草孢子梗较短，顶端较尖）

D. 挖出地面的竹蝉虫草（浙江德清）（上段为虫草菌孢子梗，下段为若虫虫体，体内外充满白色的菌丝。地面上黑色的圆洞为若虫在土下的呼吸孔道，产于德清的虫草孢子梗不仅顶端较尖，本种还有分叉）

E. 若虫天敌竹蝉履甲成虫（体长16.5～22.3mm，雌虫棕黄色、雄虫黑褐色。触角10节，除第1节外余为鳃叶状。前胸背板三角形，密布刻点，鞘翅上有隆起纵脊5条，纵脊间有不等的横脊，组成网状，有刻点。若虫末龄时，履甲幼虫从蝉体腹部腹面钻出，再返身将头钻入蝉体取食，腹部留在蝉体外，能将蝉体吃空，6月底化蛹。7月羽化成虫）

2 沟胸重脊叩甲

Chiagosnius sulcicolis (Candeze)

Agonischius sulcicollis Candeze, 1878. 195
Agonischius obscuripes minor Fleutiaux, 1902. 576
Agonischius sulcicollis var. *minor* Fleutiaux , 1918. 262
Chiagosnius sulcicollis (Candeze)

分类地位：鞘翅目COLEOPTERA叩甲科Elateridae重脊叩甲属*Chiagosnius*。

分布：中国江苏、安徽、浙江、江西、广西、海南；越南，老挝。

寄主及危害：危害毛竹、淡竹、红竹、旱竹、水竹、刚竹、安吉金竹、浙江淡竹、黄槽毛竹、乌芽竹、罗汉竹、白哺鸡竹、乌哺鸡竹、金竹等刚竹属中的竹种。以幼虫（金针虫）在土下栖息、生活，取食竹笋地下鲜嫩部分，即竹笋的蒲头、鞭笋、鞭根。被害严重竹林、竹笋株被害率高达62%，1株竹笋上最多有10余条金针虫钻入竹笋中危害，竹笋地下部分虫孔累累，上部干瘪、枯萎而死。危害轻者，竹笋可食用部分减少，商品外貌欠佳，市场上不管在销售上、价格上均缺乏竞争力。被害竹笋亦能生长成竹，但笋根部分被食或大部分被食去，使竹子吸收、牵引、支撑能力下降，生长衰弱，遇大风吹动极易倒伏。在没有竹笋和食物缺乏时，幼虫也能取食草根、落入地下的笋箨及地下有机物。

主要识别点：

成虫　体长10.1～11.2mm，前胸背板后缘两尖角间宽2.3～3.1mm。头黑色，密布较粗的刻点，唇基暗红色。触角11节，长3.5mm，第1节端部较粗，第2、3节较短、念珠状，末节纺锤形，余为锯齿状。触角后方为复眼，圆形，略突出，均为黑色。前胸背板黑色，刻点较头部细密，后缘角向后突出约0.7mm，包于鞘翅肩部。小盾片黑色，鞘翅长于前胸近3倍，由刻点组成9条纵沟，前缘3条纵沟、后缘1条纵沟为黑色，余5条纵沟为淡红色；两翅合并时，明显显出淡红色，两侧及中间为黑色。胸部腹面红褐色，腹部腹面暗红色或棕红色。足棕色。

幼虫　老熟幼虫体长27.5～32.2mm，前胸前缘宽1.7～2.2mm，体细长，扁圆筒形，鲜红色。头扁平梯形，上有纵沟3条，大颚漆黑色。体背从前胸到腹末有较浅细的凹陷沟，气门在各节前缘，黑色。第1胸节特长，约为中后胸节之和。各体节前后缘有边，上有纵细纹，以每节的后缘明显；尾节圆锥形，较长，末端有3个不明显的突起。

发生期：在浙江3～4年完成1代，以成虫及幼虫越冬。成虫于6月中旬出土活动，到7月中旬在竹林中终见；成虫不补充营养，偶见以取食竹叶和竹笋箨叶。6月下旬成虫交尾产卵，卵约20天孵化，小幼虫在竹鞭笋上取食，有时也取食草根、竹根，甚至地下植物腐殖质。幼虫3月上旬开始活动，以覆盖稻壳催育竹笋的竹林幼虫活动为早，开始取食竹笋，4月上旬是幼虫活动最旺盛季节，取食竹笋较猛，造成竹笋损失最大。7月底、8月上旬越2年冬的幼虫老熟化蛹。蛹经25天羽化成虫，当年不活动在蛹室内越冬。其他幼虫取食至11月潜入较深的土层越冬。

天敌：在余杭竹林中常有双齿多刺蚁*Polyrhachis dives* Smith捕食幼虫、蛹，偶见日本黑褐蚁*Formica japonica* Motschulsky捕食幼虫。

A. 在竹叶上爬行的成虫（成虫前胸背板黑色，后缘角向后突出约0.7mm，鞘翅长于前胸背板近3倍，鞘翅面由刻组成9条纵沟，前缘3条纵沟、后缘1条纵沟为黑色，余5条纵沟为淡红色；两翅合并时，明显显出淡红色，两侧及中间为黑色。成虫穿梭于竹叶间，以竹叶为补充营养）

B. 幼虫（金针虫）**取食竹笋地下部分**（幼小金针虫在早竹竹笋笋箨下，取食竹笋笋肉，形成片状或块状伤痕；大幼虫从笋箨外直接咬破笋箨、钻入笋中取食笋肉，形成大的孔洞。图示：幼虫正在蛀入竹笋，边蛀入、边取食，挖出竹笋，见到幼虫头一半在笋内，尾一半在笋外，现幼虫受到惊动，正向外退出）

C. 幼虫（金针虫）**取食竹子鞭笋**（秋季，金针虫取食竹鞭顶端嫩芽——鞭笋，使鞭笋形成大的孔洞，或腐烂、溃疡。图示：挖出的毛竹鞭笋顶端被危害，已出现腐烂、发黑）

D. 被白僵菌寄生的幼虫（4龄金针虫体长18.5mm。图示：在土中竹鞭附近挖掘出被白僵菌寄生的金针虫，体发硬，白色菌丝刚显露）

A

B

C

D

3 筛胸梳爪叩甲

Melanotus(Spheniscosomus) cribricollis (Faldermann)

Ludius cribricollis Faldermann, 1835. 361

Melanotus restrctus Candeze , 1865. 47, nev synonymy

Spheniscosomus cribricollis Schenkling, 1927. 269

分类地位：鞘翅目COLEOPTERA叩甲科Elateridae梳爪叩甲属*Melanotus*。

分布：中国内蒙古、河北、山东、江苏、安徽、浙江、江西、福建、广西、四川；日本。

寄主及危害：危害早竹、早园竹、天目早竹、花秆早竹、毛竹、红竹、淡竹、水竹、刚竹、金毛竹、假毛竹、白哺鸡竹、奉化水竹、五月季竹、尖头青竹、安吉金竹、浙江淡竹、黄槽毛竹、乌芽竹、角竹、甜竹。以幼虫（金针虫）在土下栖息、生活，取食竹笋地下部分，即笋的蒲头、鞭笋、鞭根，被害严重竹林、竹笋株被害率高达78%，据调查1株竹笋上最多有17条幼虫钻入竹笋中危害，竹笋地下部分虫孔累累，上部枯萎而死；危害轻者，竹笋可食用部分减少，商品外貌欠佳，在市场上其在销售和价格上均缺乏竞争力；被害竹笋亦可生长成竹，但笋根大多半边被食去，竹子吸收、牵引、支撑能力下降，生长衰弱，极易倒伏。在食物缺乏时，金针虫也取食草根及地下有机物。

主要识别点：

成虫　体长9.8～11.6mm，前胸背板后缘两尖角间宽2.6～3.4mm；体、鞘翅黑色。头呈"凸"字形、黑色，密布较粗的刻点；在"凸"字两侧凹陷处着生触角，触角11节，第1节端部较粗，第2、3节念珠状，末节纺锤形，余为锯齿状。触角后方为复眼，均为黑色。前胸背板黑色，刻点较头部为小，后缘角向后突出约0.5mm，包于鞘翅肩部。鞘翅

A

B

D

A. 在竹叶上爬行的成虫（成虫平均体长10.5mm，体、鞘翅黑色。前胸背板黑色，刻点较头部为小，后缘角向后突出约0.5mm，包于鞘翅肩部。鞘翅黑色，长于前胸2倍，由刻点组成9条纵沟。成虫爬行穿梭于竹叶间，也取食竹子嫩叶）

B. 卵

C. 幼虫（老熟幼虫平均体长29.2mm，体粗壮、扁圆筒形，暗红色或红褐色。头扁平、梯形；尾节圆锥形，较长，有5个突起，末端有3个突起，以中间1个为长，呈"山"字形）

D. 在竹笋蒲头上危害的老熟幼虫（4月在早竹竹笋上危害的第3年幼虫，取食猛，危害状片状并形成孔洞。图示：竹笋已被害3节，被害部分常发黑、腐烂，笋箨萎皱，竹笋死亡）

E. 在竹笋蒲头上危害的幼虫（3月下旬，在早竹竹笋上危害的第3年幼虫，体长为20mm多，取食猛，取食蛀道大，危害重）

F. 刚脱皮的幼虫（刚脱皮的4龄幼虫体长16.5mm，乳白色，很快体色变深为淡黄色，再变为金黄色，有光泽）

C

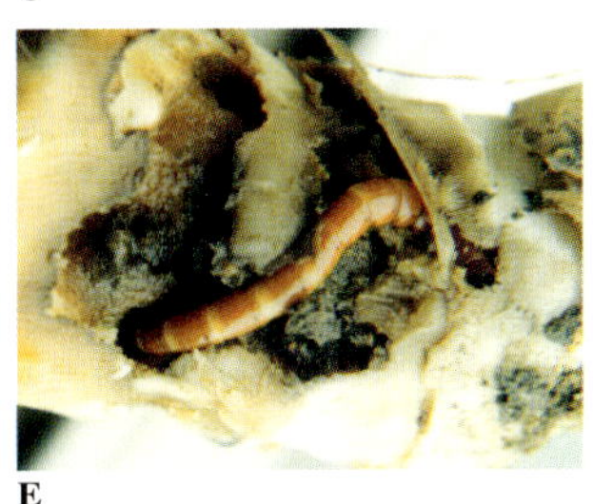

E

F

A. 茧、蛹背面（蛹平均体长11.5mm，初化蛹乳白色，洁白光亮；前胸后缘、近小盾片处有1对棕色刚毛。土茧长约22mm，较扁、瓜子形，茧壁较薄，茧外粗糙，内壁光滑。土茧外左方，为金针虫化蛹时脱下的皮蜕，蜕留于土室内）

B. 蛹腹面（头向前倾斜、触角锯齿状明显，触角上方有一棕色刚毛，翅芽达第3节腹节后缘，后足跗节末端达第4腹节后缘）

C. 被幼虫（金针虫）危害生长的竹（图示：此早竹在笋期，地面以下为8节，除第2节笋根被取食仅留1/5外，均被取食殆尽，被害处凹陷较深。笋仍然生长成竹，但生长衰弱，最后被风吹倒）（周云娥摄）

A

B

黑色，长于前胸2倍，由刻点组成9条纵沟。胸部腹面黑色，腹部腹面暗红色或棕红色。足棕色。

幼虫　老熟幼虫体长27.2～31.5mm，前胸前缘宽2.1～2.5mm，体细长，扁圆筒形，暗红色或红褐色。头扁平梯形，上有纵沟4条，大颚漆黑色。体背线位置有较浅细的凹陷沟，气门在各节前缘，黑色，扁椭圆形。第1胸节特长、为中后胸节之和。各体节前后缘有边、上有纵细纹，从中胸节到第8腹节在亚背线位置、前缘有较小的半月形斑，斑上有纵细纹；尾节圆锥形，较长，有5个突起，末端有3个突起，以中间1个为长，呈"山"字形。

蛹　体长10.5～12.8mm，初化蛹乳白色，洁白光亮；后渐变淡黄色，羽化前为灰黑色。头向前倾斜，触角锯齿状明显，触角上方有1根棕色刚毛，前胸后缘、近小盾片处有1对棕色刚毛，翅芽达第3节腹节后缘，后足跗节末端达第4腹节后缘。

土茧　老熟幼虫化蛹前需做土茧，长约22mm。较扁，瓜子形。茧壁较薄，茧外粗糙，内壁光滑。

发生期：在浙江为3～4年1代，以成虫及各龄幼虫越冬。每年出笋季节，即4月下旬到7月上旬是越冬成虫出土及活动期，成虫不补充营养，偶取食竹叶和竹笋箨，4月底成虫出土活动，5月上、中旬交尾产卵，卵约20天孵化。小幼虫在竹鞭笋上取食，有时也取食草根、竹根，甚至地下植物腐殖质。2年1代者。2月底、3月上旬越冬幼虫开始活动，以稻壳覆盖催笋的早竹林幼虫活动早，开始取食早竹笋，4月上旬是幼虫活动最旺盛季节，取食竹笋较猛，造成竹笋损失最大。7月底、8月上旬，老熟幼虫结土茧，在茧中脱皮化蛹。蛹经25天羽化成虫并在土茧内越冬。其他幼虫取食至11月潜入较深的土层越冬。

天敌：成虫在竹上爬行时有杜鹃 *Cuculus canorus canorus* 捕食，幼虫有双齿多刺蚁、日本黑褐蚁捕食。

C

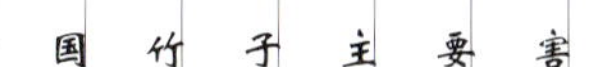

4 笋横锥大象

Cyrtotrachelus buqueti Guerin-Meneville

Cyrtotrachelus bispnus Chevrolat

Cyrtotrachelus rex Chevrolat

俗名： 竹笋长足象。

分类地位： 鞘翅目COLEOPTERA象甲科 Curculionidae 弯颈象属 *Cyrtotrachelus*。

分布： 中国福建、广东、广西、四川、贵州等地。

寄主及危害： 危害油竹、撑篙竹、箣竹、粉箪竹、崖州竹、单竹、青皮竹、光秆青皮竹、大眼竹、小佛肚竹、大佛肚竹、孝顺竹、椽竹、大木竹、马甲竹、甲竹、紫秆竹等箣竹属竹种，绿竹、吊丝球竹、大头典竹、大绿竹、花头黄竹等绿竹属竹种，吊丝竹、牡竹、马来甜龙竹、麻竹、毛龙竹、云南龙竹等牡竹属中种类。成虫多在径粗2cm以上的丛生竹竹笋上补充营养啄食笋肉，竹笋发育成新竹后，竹秆上有虫孔、凹陷，竹子断头、折梢、生长畸形，竹材利用率下降。幼虫多危害较粗的竹笋，初孵幼虫在笋中向上取食，3天左右幼虫开始斜行向上取食，快到达笋箨，又横行取食，以后再斜行向上取食，蛀食路线成"Z"字形，一直取食到笋梢，然后再转身向下取食，可将竹笋上半段笋肉吃光。幼虫食量大，被害竹笋在高80～90cm时，大多不能成竹而枯死，一般竹林竹笋被害率在10%～25%，常与笋直锥大象先后交替危害，竹笋被害率高达90%以上，竹林损失很大，林相残败。

主要识别点：

成虫　雌虫体长25.5～36.8mm，雄虫体长26.5～41.2mm。体橙黄色或黑褐色，并有全黑的个体。头半球形；触角膝状，鞭节7节，末节膨大成靴状，靴底为橙黄色。管状喙从头部前方伸出，雌虫喙长9.5～15.5mm，略光滑，从两侧触角槽各延伸有1个较宽的浅凹槽；雄虫喙长8.5～12.5mm，管状喙背面有1个

A. 正在取食的成虫(福建华安)(成虫体长34mm，成虫取食时均头向下。鞘翅臀角处有一45°角的突出齿，两鞘翅合并后在合并处显出一90°突出齿；前胸背板有黑色箭状纹。华安产成虫前胸背板箭状纹，在胸部正中有隐约断裂现象)

B. 成虫在竹笋上啄掘产卵孔（成虫啄掘产卵穴时仍然头向下，产卵穴外有被咬断的、竖立的笋箨纤维。图示：此虫产卵穴尚未掘成，因受惊正把头拔出来）

C. 卵及卵床（卵为长椭圆形，长径4.0～5.2mm，短径1.3～1.5mm。初产乳白色，有光泽。卵产于卵床上的卵穴中，卵穴长径10～14mm，最宽处短径3～4mm；卵床长25～32mm，宽10～14mm）

D. 4龄幼虫（4龄幼虫平均体长38mm，体乳白，体壁较薄，前胸背板骨化，前胸与中胸背面之间一小节也骨化，胸部气门线上各有一块骨化片）

E. 4龄幼虫头壳斑纹（头的两颊、冠缝两侧全部或下段为黑褐色；头顶、冠缝两侧与两颊之间有两条黄色纵纹，组成1个"八"字形的浅色纹）

A

B

D

E

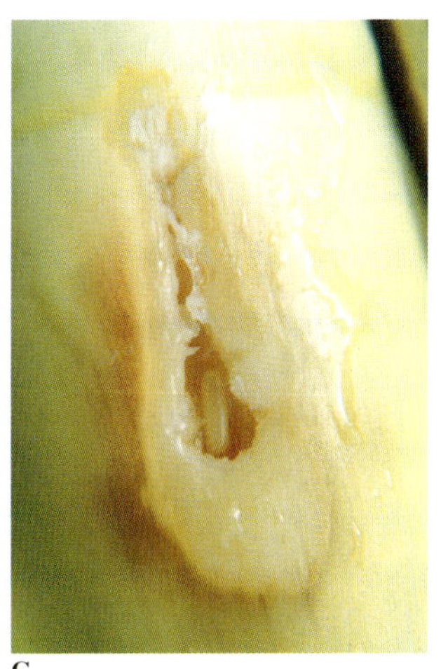

C

A

B

C

A. 老熟幼虫（老熟幼虫平均体长约50mm。体橙黄色，头黄褐色，胸部背面各小节及气门线、气门下线、基线上各个硬皮板深黄色，在笋中及以后入土做茧，全靠它钻入、摩擦）

B. 茧及蛹侧面（剖开土茧，可见土茧的厚度、含杂草纤维茧壁坚硬的质地、土茧内壁平滑程度。蛹平均体长40mm，头顶突出，管状喙、附肢清晰，前胸气门红色横置，可见体节节间凹陷颇深）

C. 茧及蛹背面（蛹前胸背面隆起，正中有明显的隆起脊，两侧有颗粒状突起；中胸背板后缘正中有一尖锐的突起覆盖后胸背板中部；各腹节背面两侧有深色颗粒突起）

D. 在土茧中刚羽化的成虫（广西南宁）（成虫前胸背板有完整的箭状黑斑，头漆黑色，鞘翅合并处有突出齿。图示：蛹正在羽化成虫，蛹的膜衣脱于蛹室中，触角、前足蛹的膜衣尚未完全脱尽）

D

明显的凹槽，凹槽两边有齿状突起，每边7～8枚。前胸背板成圆形隆起，后缘正中有1个形状稳定的大黑斑，顶端呈箭头状。鞘翅黄色或黑褐色，黄色个体前缘、后缘及翅中有不定型、大小不一的黑斑，外缘圆，臀角处有一45°的突出齿；两翅合并后，在翅中下方合并处显出一90°的突出齿。雌虫前足腿节长于或等于胫节，胫节内侧棕色毛短而疏；雄虫前足长大，腿节短于胫节、胫节下方棕色毛密而长。

卵　长柱形，两端较圆，长径为4.0～5.2mm，初产乳白色，有光泽，渐变为乳黄色，表面光滑，无斑纹。产卵穴在笋箨外，有纵向长34mm、宽4mm的产卵孔，孔边有被咬断的竖立的笋箨纤维。

幼虫　初孵幼虫体长4.5～5.5mm，全体乳白色，取食后渐为乳黄色。老熟幼虫体长45～54mm。头的两颊及冠缝两侧黑褐色，余2条为黄褐色，形成1个较宽的"八"字纹，大颚黑色。体橙黄色；多皱褶、将体分为很多小节，但腹面明显为12节，从腹面向上观察，前胸为1节，中胸到腹7节，从气门线以上每节分为2小节；在前胸与中胸、中胸与后胸之间背面又增加1小节，但仅达亚背线位置；后胸到腹7节，每节之间背面增加2小节亦仅达亚背线位置，前线更短些，每节两侧有很多小纵纹。前胸背板较骨化，黄褐色，胸部在基线、气门下线、气门线位置各有1块硬皮板，背线色浅、明显，老熟幼虫模糊；尾部匙状。

蛹　体长32～50mm，初化乳白色，渐橙黄色。头顶突出，管状喙顶端有2个乳状突起，长达中胸后缘；前胸背板隆起，后缘弧形，中胸背板呈倒三角形，尖端覆盖后胸上，后胸在三角形尖的两侧有一倒八字纹。前胸气门在前胸侧面后缘，红色，前、后翅覆盖后足腿、胫节。可见各节节间很深。

土茧　长椭圆形或长肾状形，外径长55～70mm，内径长38～55mm，土茧壁厚约10mm。土茧中以杂草纤维与泥以及幼虫分泌液建成，很坚硬；外壁粗糙、内壁光滑。

发生期：在广东、广西1年1代，以成虫在土下蛹室中越冬。广东成虫6月中旬开始出土，8月中、下旬为出土盛期，10月上旬成虫终见。幼虫取食期为6月下旬至10月中旬，7月中旬至10月下旬老熟幼虫入土化蛹，7月底、8月上旬到11月上旬成虫羽化。卵需经3～4天孵化；幼虫在竹笋中取食12～16天老熟下地入土，经10天左右化蛹；再经11～15天，羽化成虫越夏越冬，在广西成虫出笋期要迟10～15天。

天敌：卵有1种寄生蜂，幼虫常被白僵菌 *Beauveria* sp.寄生。

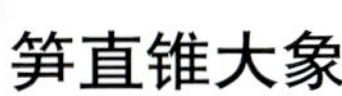

5 笋直锥大象

Cyrtotrachelus thompsoni Alonso-Zarazaga *et* Lyal

Curculio longipes Fabricius
Cyrtotrachelus longimamus Gyllenhal
Cyrtotrachelus thompsoni Alonso-Zarazaga *et* Lyal, 1999

俗名： 竹大象、竹笋大象虫、长足弯颈象。

分类地位： 属鞘翅目 COLEOPTERA 象甲科 Curculionidae 弯颈象属 *Cyrtotrachelus*。

分布： 中国福建、台湾、江西、湖南、四川、广东、广西、贵州、云南等地；印度，锡金，柬埔寨，越南，印度尼西亚，日本，菲律宾。中国的浙江原只发现在沿海的温州、舟山有危害，而且温州还是发生在南边的平阳。2002 年9月在浙西的龙游发现危害苦竹笋，说明在植物引进时检疫的重要。

寄主及危害： 危害毛簕竹、坭黄竹、乡土竹、花竹、鱼肚腩竹、绵竹、藤枝竹、紫秆竹、油竹、青皮竹、粉箪竹、光秆青皮竹、撑篙竹、簕竹、崖州竹、大眼竹、小佛肚竹、大佛肚竹、孝顺竹、椽竹、大木竹、马甲竹等簕竹属，绿竹、吊丝球竹、大绿竹、花头黄竹等绿竹属，吊丝竹、牡竹、马来甜龙竹、毛龙竹、云南龙竹等牡竹属，苦竹、衢县苦竹、云和苦竹等苦竹属种类较细的竹笋。成虫在笋粗1～2cm较细的丛生竹、竹笋笋箨外将管状喙钻入竹笋中进行补充营养和啄建卵床、卵穴，造成竹笋秆上很多虫孔，影响竹笋生长和竹笋发育成竹。能成竹者，竹子秆上多有虫孔、凹陷，节间缩短、竹材僵硬，利用价值下降；初孵幼虫向笋上端取食直到笋梢，再转身向下取食，可取食产卵孔以下部位25～35cm的笋肉，幼虫蛀道中充满虫粪，笋梢发黄干枯，危害轻者造成成竹断梢；而大多被害竹笋不能生长而死亡。据20世纪70年代广东肇庆地区调查，全区 $5 \times 10^4 hm^2$ 竹林竹笋被害率一般为20%～40%，被害严重者达70%以上，常与笋横锥大象先后在同一竹林中发生危害，严重者被害率可高达95%以上，年损失竹材超过 $5 \times 10^4 t$。

主要识别点：

成虫　雌虫体长20～32mm，雄虫体长22～34mm，初羽化成虫体鲜黄色，出土后为橙黄色，其中有黄褐色和黑褐色个体。头黑色，触角膝状，着生于管状喙的后方月牙形沟中，柄节长4mm左右，鞭节7节，末节膨大成靴状，靴底为橙黄色；喙从半球形的头部伸出，雌虫长8.5～10.5mm，雄虫长7.5～9.5mm。前胸背板后缘中央有1个或大或小，形状或圆或不规则形的黑斑。鞘翅外缘弧形，臀角钝圆、无尖刺，两翅合并时，中间凹陷。前足腿节、胫节与中、后足等长；其他特征同长足大竹象。

卵　长柱形，两端较圆，长径3.0～4.1mm，短径1.2～1.3mm，初产乳白色，有光泽，孵化前为淡棕色。产卵穴在笋箨外有明显的产卵孔，其纵向长约36mm，横向长约4mm，孔穴边上下有被咬断的、竖立的笋箨纤维，以上端多而密。

幼虫　初孵幼虫体长4mm，全体乳白色，取食后体乳黄色，头壳淡黄褐色，体多皱褶，体节不明显。老熟幼虫体长38～48mm，淡黄色，头黄褐色，沿冠缝外各有1条淡黄色的纵纹，呈不太宽的"八"字形。口器黑色，前胸背板骨化，

A

B

C

A. 成虫在竹笋上爬行（成虫在竹林飞行寻食，一般从竹笋中部沿笋而上，直到笋梢，寻到未被危害的竹笋，即停下找适宜的地方取食；如此竹笋已被危害或雌成虫发现已被产卵，即飞去另寻新笋）

B. 在竹笋上的笋直锥大象产卵穴外观（成虫在产卵前需用管状喙啄掘产卵穴。产卵穴外观，纵向长36mm左右，横向长约4mm，穴边上下有被咬断的、竖立的笋箨纤维，以上端多而密）

C. 卵及卵床（卵为长椭圆形，长径约4mm，卵洁白，玉质，有光泽。卵穴长径25mm，最宽处短径为3mm；卵床长径约31mm，最宽处短径约为6mm）

A. 被寄生的卵（在竹林中常见有笋直锥大象卵不孵化，剥开产卵穴，见卵已变为浅黑色，无光泽，为寄生蜂寄生）

B. 老熟幼虫（老熟幼虫平均体长43mm，体虽有皱褶和分小节，但各体间非常分明、清晰）

C. 5龄幼虫头壳（5龄幼虫头壳头的两颊、冠缝两侧全部或下段为黄褐色；头顶、冠缝两侧与两颊之间有2条浅黄色纵纹，组成1个不甚明显的"八"字形浅色纹。这是与笋横锥大象的重要区别）

D. 老熟幼虫咬断的笋梢与笋尾（老熟幼虫落地前，常于夜间在蛀道中上行，爬至离笋梢10～20cm处，咬断笋梢。咬断切口整齐，再用笋屑堵住蛀道孔；休息片刻，回身下行约7cm再次咬断竹笋；幼虫与此段竹笋一同落地，群众称此段竹笋为笋筒或笋尾，长为5.7～8.8cm，幼虫于夜晚爬出笋尾寻适宜地点入土。图示：此段笋梢、笋尾均已落地，幼虫还在笋尾中，现为摄影需要，人为地从地面捡起对接在一起）

前胸侧板及中胸、后胸背板、侧板均有深黄色的骨化区。体多皱褶，从腹部向上均能分清各个体节，背面皱褶同笋横锥大象，每体节上有较多的小皱纵褶。尾部匙状，尾匙边骨化、黄色。

蛹　体长34～45mm，初乳白色，后渐变土黄色。头顶、管状喙上在触角基部位置各有棕色刚毛1对，前胸背板有浅中沟，后缘有刻点区，中胸背板正中向下延伸小盾片达后胸节中。腹部各体节后缘呈皱褶式突起，正中有1列棕色齿状突起，每侧5枚，最外面1枚远离另4枚，齿突也大。暗色稍深。茧附有竹笋纤维与泥土，长椭圆形，长53～67mm。

土茧　长椭圆形或长肾状形，外径长50～62mm，内径长38～55mm，土茧壁厚5mm不一。土茧中以笋箨纤维与泥以及幼虫分泌液建成，很坚硬；外壁粗糙，内壁光滑。

发生期：1年1代，以成虫越冬。在浙江温州6月中下旬、广东广宁5月中下旬、广西为5月下旬，即是在日均气温

A

B

C

D

A

24～25℃时，竹直大锥象越冬成虫开始出土，当日均气温达27～28℃时，为成虫出土盛期；在一天中以6：00～9：00、16：00～19：00成虫出土最多。出土24小时后成虫飞行上笋、啄食笋肉为补充营养。一天以6：00～7：00后，以8：00～10：00、15：00～17：00最为活跃，成虫取食期浙江为6月中下旬、广东为5月中旬开始，均终于9月下旬；幼虫取食期浙江为6月上旬、广西为5月上旬、广东为5月中旬开始，均终于10月上旬。卵在浙江需经4～5天、广东经2～3天孵化，初孵幼虫向上取食，直到笋梢。3龄幼虫食量增大，再向下取食，直取食到产卵孔以下部位25～30cm长的笋肉，幼虫5龄。在浙江南部幼虫26～29天、广东12～15天老熟。老熟幼虫多于后半夜在蛀道中向上爬行，爬至离竹笋顶梢13～20cm处，将顶梢咬断，咬断切口整齐，并用笋纤维碎屑、粪便堵塞切口处蛀道孔，复转回身向下行约7cm处，再次将此段笋咬断，幼虫潜于此段笋梢内一起落地，竹农称此段笋梢为“笋筒”或“笋尾”，笋筒长5.7～8.8cm。也有少数幼虫第一次咬断笋梢时，幼虫即潜入笋梢内一同落地，再咬断笋梢上半段，并将其弃之，幼虫仍潜在下半段笋筒中。在当天下半夜，

D

幼虫伸出头、胸部，背着笋筒在地面蠕动爬行，寻找适宜地点爬出笋筒，以大颚掘土做穴；若入土前已天明，幼虫就躲留在笋筒中，待天黑后再入土。幼虫入土时，以大颚掘土，先以头向下钻，掘至一定深度，再横向斜行下钻，入土深度与土质软硬关系密切，浅者仅12cm，深者达55cm，一般入土为25cm左右。幼虫掘土至适宜位置后，需数次返回地面入口处，拖入一些笋筒纤维，与土粘合筑成蛹室。幼虫在蛹室中体先缩短，需经10～12天，脱皮化蛹，蛹经12～15天羽化成虫越冬。

天敌：卵有1种寄生蜂，幼虫常被病原线虫、白僵菌寄生。

B

C

A. 咬断的落地笋尾（有的老熟幼虫在咬笋梢后，幼虫与笋梢一同落地，在地面将上段竹笋咬断，幼虫留在下段笋尾中，此笋尾较短，幼虫可背负笋尾转移，寻适宜地点入土。图示：上段是在地面咬断的笋梢，下段是笋尾，笋侧是幼虫入土洞口）

B. 茧及蛹腹面（蛹平均长38mm。老熟幼虫做土茧方式与笋横锥大象相似，土茧硬、厚，内壁光滑。所不同的是幼虫返回地面，拖入洞穴内是以笋箨纤维为主。蛹头圆形突出）

C. 茧及蛹背面（初化蛹为乳白色。头比横锥象更为突出，前胸背面隆起，正中有明显的隆起脊，两侧各有1块浅黄色斑，斑内布满颗粒状突起；中胸背板后缘正中有一尖锐的突起长达后胸背板后缘，各腹节背面两侧有深色颗粒突起）

D. 土茧中正在羽化的成虫（成虫前胸背板黑斑不规则，鞘翅合并处没有突出齿。图示：蛹正在羽化成虫，蛹的膜衣才脱去一大半，排于成虫的尾部，待全部脱好后蛹的膜衣留于蛹室内）

6 一字竹笋象

Otidognathus davidis (Fairmaire)

Cyrtotrachelus davidis Fairmaire
Otidognathus davidis Chevrolat
Otidognathus setelles Gunther

A

B

A. 雄成虫在奉化水竹上取食状（雄成虫体长为12.4～19.6mm，赤黄色。头黑色，管状喙短粗，长为4.4～7.5mm，上方有1沟，沟两边为齿状突起；前胸背板隆起，正中有一纵向梭形黑斑。鞘翅前缘1/3处、后缘正中各有一黑斑。足基节、腿节两端、胫节两端、跗节均为黑色）

B. 雌成虫（雌成虫体长为14.5～21.8mm，浅黄色；管状喙稍向下弯曲，黑色细长，长为5.4～8.4mm，表面光滑，发亮，其它特征同雄成虫。在雌雄成虫中均有黑色个体，除全身黑色外，其他无差别；两种体色的成虫均可以相互交尾）

C. 成虫在毛竹笋上交尾（成虫交尾时，雌成虫不仅可以取食，还可驮着雄成虫爬行寻食，受惊一同飞行逃走。图示：雌成虫的管状喙比雄成虫长得多）

俗名：笋象虫、杭州竹象虫。

分类地位：鞘翅目COLEOPTERA象甲科Curculionidae鸟喙象属*Otidognathus*。

分布：中国的陕西、河南、浙江、安徽、江苏、福建、江西、湖南、湖北、四川、广东、广西等地；越南。

寄主及危害：一字竹笋象寄主多、危害重。仅据在浙江安吉竹种园调查及饲养发现，按危害重轻依次排列有：毛金竹、假毛竹、白哺鸡竹、尖头青竹、安吉金竹、浙江淡竹、黄槽毛竹、乌芽竹、罗汉竹、花皮淡竹、白皮淡竹、淡竹、毛环水竹、毛竹、绿粉竹、红竹、花哺鸡竹、白夹竹、寿竹、水竹、天目早竹、绵竹、京竹、毛壳花哺鸡竹、黄秆乌哺鸡竹、黄间竹、斑竹、芽竹、筠竹、秋竹、雷竹、乌哺鸡竹、奉化水竹、灰水竹、浙东四季竹、篌竹、五月季竹、巨县苦竹、唐竹、红舌唐竹、天目箬竹、黄皮刚竹、金丝毛竹、紫蒲头石竹、石竹、肖山早竹、石绿竹、笔秆竹、早园竹、茶秆竹、云和苦竹、甜竹、刚竹、紫竹、苦竹、黄槽石绿竹、早竹等刚竹属46种，唐竹属3个种，苦竹属4个种，南丰竹属、箬竹属、茶秆竹属各1个种，共6个属60余种竹竹笋。成虫在竹笋上啄食笋肉补充营养，被害笋发育为新竹，竹秆节间缩短、有虫孔和凹陷，材质僵硬，竹材利用率下降；初孵幼虫在竹笋产卵穴中取食，不断将产卵穴扩大变为危害孔洞，有的幼虫在竹笋小枝上取食，将竹笋小枝咬断。虫口密度特大时竹笋被危害致死，一般危害，竹笋生长成竹，造成被害竹虫口累累，竹节节间缩短，竹材僵硬、断头、折梢，竹枝稀疏，竹子光合作用减少，下年度出笋减少，质量下降，竹林林相破碎，伐竹后竹材利用价值大为下降。在20世纪60年代江苏句容桂竹（五月季竹）林被害，全部断头折梢，没有一株竹高超过1.5 m，群众称桂竹为"烂头桂"。在浙江龙游有约6667hm^{2}毛竹林被害，产量低，被害毛竹、红壳竹竹笋被害率高达95%以上。

主要识别点：

成虫　雌虫体长14.5～21.8mm，雄虫体长12.4～19.6mm；体棱形，雌虫初

C

羽化为乳白色，渐变为淡黄色；雄虫赤黄色。头黑色；复眼椭圆形，黑色；管状喙稍向下弯曲，黑色，雌虫喙长5.4～8.4mm，细长、表面光滑，发亮；雄虫喙长4.4～7.5mm，粗短，有刺状突起，上方有1条沟，沟两侧为2列齿状突起；触角膝状，柄节长约3mm，鞭节7节，末节膨大成靴状，靴底为锈黄色。前胸背板隆起圆球形，正中有1个梭形黑斑，后缘弯曲成弓形；鞘翅正中各有黑斑1个，前缘近基部1/3处各有黑斑1个，肩角、外角内角黑色。

卵　长椭圆形、稍弯曲，长径3.09mm，短径1.07mm；成虫危害出笋小年笋所产的卵个体要小1/3。卵初产为玉白色，不透明，后渐变为乳白色，孵化前下半段透明。

幼虫　初孵幼虫体长约3.1mm，乳白色，体壁柔软，透明，背线白色。3龄

A

B

C

A. 产于毛竹笋上卵（喜在毛竹笋上产卵，据查1株毛竹笋最多被产卵100多粒，成虫产卵时先头向下啄钻产卵穴，再调转头向上，腹部拉的很长，臀部尽量伸入产卵穴，产卵1粒。产卵穴与卵几乎等长，比卵略宽，没有卵床。卵长椭圆形，稍弯曲；平均长径为3.09mm，短径为1.07mm。卵初产为玉白色，不透明，有光泽，后渐变为乳白色，孵化前下半段透明）

B. 正在取食的3龄幼虫（3龄幼虫平均体长8.39mm，头黑色，体壁柔软、半透明。在竹笋秆肉上取食，只是将被害处扩大，不转移，粪便排于蛀道中）

C. 老龄幼虫在爬行（老熟幼虫平均体长20.81mm，黄色，头黄褐色，身体侧面、腹面体节分节清晰、明显，仅背面每个体节可分为2～3个小节，每节有若干纵向小皱褶。胸部背面、侧面、腹面各节均有小块骨化片，以前胸背板骨化片较大，深黄色。幼虫爬行时为各体节的伸缩和体上的皱褶蠕动）

后体壁变硬，呈乳黄色，老熟幼虫平均体长20.81mm，黄色；头赤褐色；口器黑色，非常锐利；体多皱褶，气门不明显。幼虫5龄，各龄幼虫头壳宽分别为1.0～1.2、1.3～1.5、2.0～2.3、2.8～3.3、3.8～4.1mm。体长分别为2.8～3.5、4.4～6.5、8.3～9.8、14.1～17.6、20.7～24.8mm。尾部有深黄色的突起，微分为二。

蛹　体长16～22mm，初化蛹乳白色，渐变为淡黄色，头紧挨于前胸下，前胸背板大，管状喙末端达中、后足间，翅芽达腹5节后缘。

土茧　茧长23.5～27.6mm。泥质，长椭圆形，外壁粗糙，茧壁厚，内壁光滑。一字竹笋象幼虫入土后不再返回地面拖杂草、笋箨纤维入土，掺于土茧中，但土茧仍然坚硬。

发生期：浙江省在小径竹竹林中，一字竹笋象为1年1代，在有出笋大小年的毛竹林中，分大年出笋型与出笋小年型，均为2年1代。以成虫越冬，4月底、5月初越冬成虫出土，6月上中旬林中成虫终见。5月上中旬成虫交尾、产卵，卵经3～5天孵化，5月底、6月初幼虫老熟，经10～15天于6月中下旬化蛹，7月羽化成虫越冬。在江苏与广西分别推迟与提前15～20天。在浙江奉化一字竹笋象危害奉化水竹，由于奉化水竹出笋期在5～6月，故一字竹笋象成虫约5月中下旬出土，其他各虫态均要相应推迟15～20天。

天敌：成虫有杜鹃、竹鸡、长尾蓝雀捕食，幼虫常被病原线虫、白僵菌寄生。

A. 淡竹笋被幼虫危害状（幼虫在竹笋嫩秆部分和笋小枝上危害，被害部分停止生长，为保护幼虫生长至成熟，竹笋笋箨不会脱落。图示：中、下部竹上笋箨已脱落，上部竹笋不生长、竹节节间短，笋箨又不落，而形成竹笋笋箨密集，竹节短粗状况）

B. 竹笋笋肉被幼虫危害状（剥去竹笋笋箨，可见竹笋被幼虫严重危害状况，在不到10cm竹笋上，有幼虫近10条，在被害处白色的为2龄幼虫，其余幼虫在剥去笋箨后已爬落）

C. 毛竹被危害状（一株粗大的毛竹，竹梢腐烂已朽，有枝条的秆部多为溃疡，竹材利用率大为下降，且影响竹子正常的生长发育）

D. 被害较轻的老毛竹危害断头状（被一字竹笋象危害较轻的竹笋成竹后，断头折梢、竹秆上虫孔累累，竹材利用率大为下降）

E. 茧、蛹（茧长椭圆形，平均长径26mm，茧壁较厚，内壁光滑；斜倾于被害笋（竹）右方。蛹体长16～22mm，初化乳白色，渐变为淡黄色）

B

A

C

D

E

7 三星竹笋象

Otidognathus sp.

A

分类地位：鞘翅目 COLEOPTERA 象甲科Curculionidae鸟喙象属*Otidognathus*。

分布：中国安徽、江苏、浙江、福建、湖南等地。

寄主及危害：危害假毛竹、白哺鸡竹、尖头青竹、安吉金竹、浙江淡竹、黄槽毛竹、乌芽竹、罗汉竹、花皮淡竹、白皮淡竹、白夹竹、寿竹、水竹、天目早竹、红竹、淡竹、毛竹、黄槽竹、斑竹、芽竹、刚竹、肖山早竹、早竹、石绿竹、早园竹等刚竹属中主要竹种。以成虫在直径2～3cm较细的竹笋上啄食笋肉，造成新竹秆上有虫孔、凹陷，竹材利用率下降；同时也在较细的竹笋上产卵，初孵幼虫在竹笋产卵穴中取食，不断将产卵穴扩大变为危害孔洞，有的幼虫在竹笋小枝上取食，将竹笋小枝咬断。虫口密度特大时，竹笋被危害致死，一般危害，竹笋能生长成竹，但造成被害竹虫口累累，竹节节间缩短，竹材僵硬、断头、折梢，竹枝稀疏，竹林林相破碎，影响竹子光合作用，造成下年度竹林出笋减少，直接影响是竹林减产，竹农收入下降。

主要识别点：

成虫　雌虫体长16.5～22.6mm，雄虫体长12.5～21.2mm；雌虫两鞘翅基宽8.8～10.5mm，雄虫6.0～9.3mm。体棱形，初羽化为乳白色，渐变为黄白色、淡鲜黄色。头同体色；复眼大，占头大部，椭圆形，黑色；管状喙稍向下弯曲，基部1/3同体色，上有1个小凹陷，端部2/3为黑色，雌虫喙长4.8～7.2mm，与一字竹笋象比较略粗短，表面光滑，发亮；雄虫喙长3.5～6.5mm，粗短，上方有1条浅沟，沟两侧无齿状突起，而有较粗刻点状突起；触角膝状，鞭节7节，末节膨大成靴状，靴底为灰黄色。前胸背板隆起圆球形，前缘有黑色边，正中有1个圆形黑点，两侧各有黑点1个，故名三星象；鞘翅前缘有黑点2个，后缘正中有黑点1个，布局成三角形，臀角处黑色。腹部露出鞘翅部分淡黄色，有隆起的中脊线。足淡黄色，基节、腿节两端、胫节两端、跗节黑色，跗节下方有黄色垫，以第3跗节为甚。

卵　卵长柱形，两端稍圆，乳白色，卵壳极薄，孵化前上端半透明。

幼虫　初孵幼虫体长2.8～3.4mm，乳白色、透明，体壁很柔软。老熟幼虫平均体长21.5mm，体黄白色，背线淡黄色，头黑褐色，口器黑色，非常锐利，前胸背有2块黑褐色硬皮板，体多皱褶，气门不明显。尾部匙状，有微分为二的浅黄色突起。

C

B

A. 刚停于笋上待取食的成虫（刚飞来停于早竹笋上的雌成虫，头向下，六足刚抱住竹笋，待足立稳后，即将取食）

B. 成虫待交尾状（雌成虫头向下正在取食，雄成虫飞来拟与交尾，雌成虫不为所动，仍在取食）

C. 卵（成虫管状喙较短，因早竹等小径竹竹笋壁很薄，雌成虫在啄掘产卵孔时，也啄掘得很浅，如啄穿笋壁，即放弃此穴另寻竹笋啄掘产卵穴。卵长柱形，两端稍圆，乳白色，卵壳极薄，孵化前上端半透明）

A

B

C

A. 在竹笋中取食的4龄幼虫（4龄幼虫平均体长15.5mm，体白色，头、前胸背板黑色，背线浅灰色。在竹笋中头向下取食，竹笋已被危害成孔洞）

B. 在竹笋中危害的老熟幼虫（老熟幼虫平均体长21mm，体色由白色变为乳黄色，头黑褐色，前胸背板、尾板黄褐色，尾端微分为二，背线明显。幼虫头向下取食，被害处发黑，节间不生长）

C. 早竹笋被幼虫危害状（幼虫在竹笋嫩秆部分和笋小枝上危害，被害部分受刺激停止生长，为保护幼虫生长至成熟，竹笋笋箨不会脱落。图示：中、下部竹笋未被危害，笋箨已脱落，竹秆发青、竹小枝萌出，上部被害竹笋节间不生长，而竹笋笋箨密集，右边有幼虫取食，竹小枝不伸出，再上1节即左边无幼虫取食，竹小枝生长出笋箨）

D. 被危害后的毛竹（竹笋被害较轻者，能生长成竹，被害竹上孔洞密集、竹材硬脆，利用价值极低）

蛹　体长16～22mm，初化蛹乳白色，渐变为白色、淡黄色，头紧挨于前胸下，前胸背板大，管状喙末端达中、后足间，翅芽达腹部第5节后缘。

土茧　茧长24.5～28.5mm。泥质，长椭圆形，茧壁一般，内壁光滑。三星竹笋象幼虫入土后也不再返回地面拖杂草、笋箨纤维入土，掺于土茧中，但土茧仍然坚硬。

发生期：三星竹笋象为1年1代，以成虫越冬，由于危害的寄主出笋期不一，发生期差异很大。在浙江余杭早竹林，一般于5月上中旬成虫开始出土，5月中下旬交尾、产卵，6月上中旬幼虫老熟入土，经10余天化蛹，7月羽化成虫越冬。而在浙江莫干山7月2日发现有成虫交尾，其他各虫态要迟1个月。

天敌：成虫有鸟捕食，幼虫常被病原线虫、白僵菌寄生。

D

笋绒茎蝇

Chyliza bambusae Yang et Wang

Chyliza bambusae Yang et Wang, 1988. 林业科学研究, 1 (3):342

分类地位： 双翅目 DIPTERA 茎蝇科 Psilidae 茎蝇属 *Chyliza*。

分布： 中国安徽、江苏、上海、浙江、福建、江西、湖南、湖北、四川、广东、广西等地。

寄主及危害： 危害毛竹、早竹、淡竹、早园竹、红竹、黄槽毛竹、乌哺鸡竹、白哺鸡竹、五月季竹、花毛竹、水竹、黄古竹等刚竹属中笋根较粗的竹种、笋的嫩根。以初孵幼虫从被害竹笋嫩根的生长点侵入，取食竹笋嫩根，笋根停止生长，随后将笋根中髓蛀空，使可生长成80～150cm长的笋根仅能生长到10～20cm，笋根失去吸收水分、养分的能力，竹笋生长衰弱或死亡，被害竹笋生长成竹后竹秆的尖削度大、出材率低，竹根短、入土浅，失去牵引和支撑作用，竹子很容易倒伏，在浙江遇到台风倒伏更为厉害，损失惨重。

主要识别点：

成虫　雌虫体长6～7mm、翅长5～6mm，雄虫体长6～8mm、翅长5～6mm。头黄褐色，额陷入，额间具1个大黑斑，中额板具黑色宽条纹；复眼大，后缘微凹，3枚单眼较靠近，具单眼鬃，触角芒羽状。胸背面黄褐色，密布具微毛的刻点，背侧具1对翅前鬃、2对翅上鬃，背板后缘具2对鬃。小盾片黄褐色，有3对小盾鬃，末端1对较粗大。翅狭长，透明，顶端烟褐色，翅前缘在1/3处具1缺刻，并延伸一折痕横贯翅面。足细长，淡黄色，具绒毛，跗节显著长于胫节。腹部细长，黑褐色，具绒毛和刚毛。

卵　长椭圆形，一头稍尖，乳白色。长径0.86～0.95mm，短径0.24～0.27mm。卵壳外有乳黄色的鞘，其长径为0.90～0.98mm，一端有颈状突起，鞘表面有10余条隆起纵脊。

幼虫　初孵幼虫体长0.75～0.90mm，幼虫3龄，1～2龄幼虫体长分别为0.75～1.21、3.15～5.08mm。8.5～11.5mm。淡黄色，口钩黑色，透过中胸体壁隐约可见。体12节，前胸背板有1对骨片，半月形，浅黑色，下方为羽状气门。从中、后胸节节间至第4、5腹节节间背面，后胸与第1腹节节间至第5、6 腹节节间腹面，每节有棕黑色刺突，排列方式与排列数不一，末节末端有"山"字形棕色斑，尾端截面黑色，尾气门呈羊角形翘起，黑色。

蛹　蛹体长6.2～7.5mm，初化蛹乳白色，越冬前为乳黄色，头顶有囊状突起。近羽化时，复眼、单眼橙红色，口器、触角、翅、足的跗节及部分毛浅黑色。蛹壳长圆筒形，长径6.45～8.06mm，浅棕色至红棕色，前端倾斜、截形、凹陷，黑色，有5～6个褶迹。蛹壳外可见10个斜向节纹，可见幼虫节间突起痕迹。末端有黑色羊角形突起。蛹在笋根中前端向下，便于羽化出行。

发生期： 在浙江1年发生1代，以蛹在被蛀食空的笋（竹）根中越冬；在大

A

B

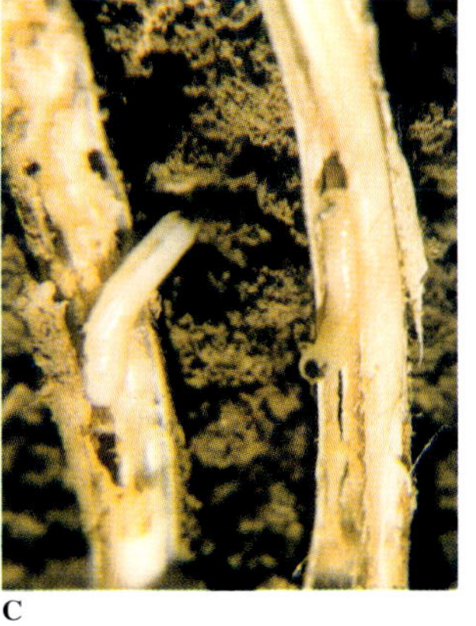

C

A. 停于毛竹秆上的成虫（成虫体长6～8mm，复眼大，棕红色。雨后晴天的上午，成虫喜停息在毛竹下部1.3m上下的秆上，待竹林各种植物上雨水干后飞行活动，或在竹秆上交尾后飞去）

B. 在笋根中取食的幼虫（刚脱皮3龄幼虫体乳白色，在笋根中取食。图示：根髓已被蛀食一空状态）

C. 在笋根中取食的老熟幼虫（老熟幼虫体长8.5～11.5mm，淡黄色，口钩黑色，末节末端有"山"字形棕色斑，尾端截面黑色，尾气门呈羊角形翘起，黑色。幼虫已将笋根吃空。在蛀道末端结茧）

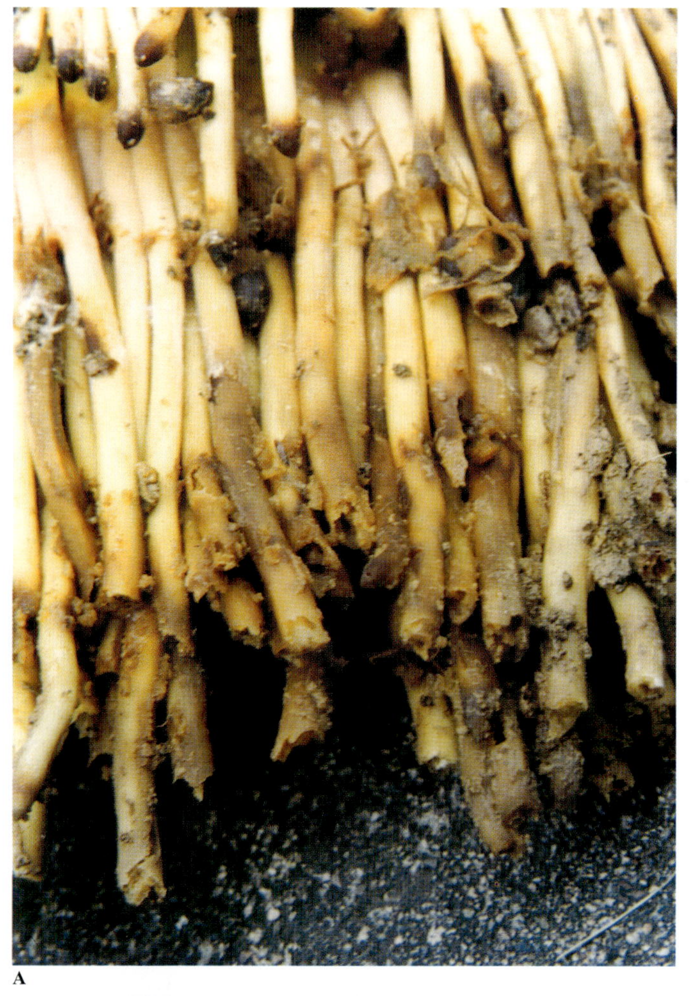
A

B

A. 毛竹笋嫩根被严重危害状（竹笋笋根生长于竹蒲头的各个节上，竹蒲头各个节节间很短，笋根围着各节密集生长，最长达1.5m，众多的笋根起着吸收和支撑作用。图示：这株笋的笋根多已被笋绒茎蝇蛀食一空，惟上端几个笋根尖为紫黑色者生长点未被害，此笋多被危害致死。若能生长成竹，对秆高10m及庞大的竹冠，是难于维持吸取及支撑作用的）

B. 在笋根中化蛹（蛹为围蛹，蛹壳长6.15～7.53mm，圆筒形，浅棕色至红棕色；前端倾斜、截形、略凹陷，黑色，有5～6个似洗衣板样的褶迹；茧壳外可见10个斜向节纹、幼虫节间突起痕迹，末端有黑色羊角形突起。图示：在幼虫取食的蛀道中最里面化蛹，蛹壳紧粘蛀道壁，头向蛀道口，便于羽化爬出）

小年出笋分明的竹林，少数蛹滞育1年，为2年1代。下年3月下旬、4月上旬，即日均气温上升到12℃以上时，成虫开始羽化，雄成虫比雌成虫早羽化2天；日均气温15℃以上出现羽化高峰，4月底成虫终见，4月中旬成虫交尾产卵，卵4～10天孵化，幼虫4月中旬至5月下旬危害。幼虫经18～25天老熟，在被蛀食笋根蛀道中化蛹，5月底幼虫终见。

天敌：竹笋绒茎蝇天敌较少，成虫羽化出土时或在笋根产卵时，常被双齿多刺蚁等蚂蚁捕食，在竹上被斜纹猫蛛 *Oxyopes sertaus* L.Koch 捕食。寄生性天敌有蝇茧蜂 *Opius* sp.、锤角细蜂（锤角细蜂科Diapriidae），对抑制笋绒茎蝇虫口密度起重要作用。蝇茧蜂寄生笋绒茎蝇幼虫，是该蝇主要天敌，平均寄生率26.08%，锤角细蜂寄生笋绒茎蝇幼虫，平均寄生率12.18%。

毛笋泉蝇

Pegomya phyllostachys Fan

Pegomya phyllostachys Fan,1964. 昆虫学报．13（4）：614

Pegomya phyllostachys Fan,1988. 中国经济昆虫志．第37册．双翅目花蝇科．361

A

B

A．成虫停于伤笋上进行补充营养（成虫对腐臭气味、刚翻开土壤腐殖质、鱼腥、粪便及伤笋流液有特殊的趋性。图示：用刀削伤笋梢，即刻有伤流浸出，随即成虫群聚飞来取食。因摄影干扰，仅有3只雌成虫在贪婪地取食）

B．在笋外的卵

俗名：笋苍蝇。

分类地位：双翅目 DIPTERA 花蝇科 Anthomyiidae 泉蝇属 *Pegomya*。

分布：中国安徽、江苏、上海、浙江、福建、江西、湖南、湖北、四川等地。

寄主及危害：危害毛竹、金丝毛竹、淡竹、石竹、黄槽毛竹、早竹、早园竹、花哺鸡竹、白哺鸡竹、雷竹、红竹、甜竹、龟甲竹、五月季竹、斑竹、乌哺鸡竹、紫竹、金竹、高节竹、角竹、水竹、篌竹、黄古竹等竹笋。成虫多在生长较衰弱的竹笋上产卵，幼虫在笋中取食。以毛竹为例，初孵化幼虫沿外笋箨内壁下行取食，食迹两侧水渍状，取食至笋箨着生节处蛀入笋中危害，幼虫入笋后无定向地纵、横取食，每取食迹两侧均出现水渍状，使竹笋很快腐烂，被害竹笋大多死亡，失去食用价值。幼虫老熟后再蛀食至笋箨处，沿笋箨内壁蠕动向上，到笋箨边滚落地面入土化蛹；在初孵幼虫下行蛀食至笋箨节处时，竹笋生长若仍很旺盛，幼虫即不能蛀食笋肉而死亡，竹笋生长成竹后，在竹子下部竹节上留下幼虫蛀食痕迹。成虫产卵于竹径较细的竹笋或竹笋的小枝时，由于笋箨薄，初孵幼虫可以直接蛀入竹笋内危害，被害竹笋多死亡或仅小枝腐烂而死。

主要识别点：

成虫　成虫体长7～8mm，灰色。额很狭，额间褐色至深褐色，额鬃列7～8枚。触角长，黑色。复眼暗红色，雌虫离眼式，雄虫复眼大，接眼式；单眼棕黄色。胸部背面浅灰色被粉，有暗色正中条，中鬃2行，仅沟前第2对和小盾片前1～2对较长大，余为毛状。翅透明，翅基微黄，平衡棒黄色。足黄色，足各跗节黑色。腹背灰色被粉，有轮廓清晰的暗色正中条。

卵　长柱形，长径1.75～2.00mm，短径0.23～0.24mm，乳白色。卵无规则地块产，每卵块有卵50粒左右。

幼虫　初孵幼虫体长1.70～2.01mm，乳白色。老熟幼虫体长8.0～11.5mm，黄白色，略呈圆锥形，12节，第6～9节略粗。头尖，尾部截状；口钩黑色；前气门色略深，胸后至第7腹节前各节间略突起，以腹面明显，突起处分布斜向整齐的短刚毛，红褐色至褐色。腹末黑色，截

A. 老熟幼虫及危害的竹笋（老熟幼虫体长8.0～11.5mm。黄白色，略呈圆锥形，12节；头尖，口钩黑色，尾部截状，腹末黑色，截面中间上方有气门1对，椭圆形。竹笋被危害均呈腐烂状）

B. 毛竹笋被毛竹泉蝇危害后成高脚退笋（幼虫危害生长衰弱的竹笋，竹笋生长初期，因生长慢，竹笋下部没有被害，当竹笋不生长时，幼虫马上侵入危害。有泉蝇幼虫蛀食处，竹笋均出现水渍状，并腐烂）

C. 被害竹上被害伤痕（毛竹笋在初生长时，已显衰弱，幼虫在笋上危害，因气温、雨水合适，竹笋开始猛长，泉蝇幼虫下行危害到笋节处，不能侵入笋中取食，只能再上行危害，竹笋生长成竹留下的被害状）

面中间上方有气门1对，椭圆形，颇突出，有3对棕色气门裂，略呈长卵圆形，扇形排列；有7对乳状突起。

蛹　体长4.2～5.3mm，乳黄色，体短粗，复眼上方有1对突起，足跗节达尾末。蛹壳椭圆形，长径5.8～7.2mm，短径2.5～3.0mm；黑褐色；可见10节，各节有环状皱纹，头部有突起皱纹1对，尾部截形，气门及乳突位置、数目与幼虫一致。

发生期：1～2年发生1代，以蛹在土中越冬。在浙江省3月上中旬成虫羽化，4月上旬羽化终止，并留有30%的蛹在土中滞育，越2个冬天，第3年羽化。3月中旬成虫开始交尾，3月下旬为交尾高峰；3月底4月上旬开始产卵，4月中旬为产卵高峰，卵产于两笋箨上部之间。在相对湿度大时，卵经3～5天孵化。随着竹笋生长，内笋箨外壁的毛可将卵带至外笋箨的内壁外，卵周围小环境相对湿度减小，卵即不能孵化。幼虫在笋中取食20天左右老熟，于4月下旬至5月上旬入土化蛹，与留在土中上代的蛹一起越冬。

天敌：线纹猫蛛 *Oxyopex lineatipes* (C.L.Koch)捕食成虫。

B

A

C

10 浙江栉蝠蛾

Bipecctilus zhejiangensis Wang

Bipecctilus zhejiangensis Wang, 2001. 昆虫学报, 44 (3): 348

分类地位： 鳞翅目 LEPIDOPTERA 蝙蝠蛾科 Hepialidae 栉蝠蛾属 *Bipecctilus*。

本属仅2种。此种为2001年定的新种，在定新种时，已知该虫有寄主者，其名最好冠上寄主，因寄主名使读者一看便知此虫危害对象，故笔者建议：浙江栉蝠蝠应改名为浙江竹笋栉蝠蛾，简称竹笋栉蝠蛾。

分布： 中国浙江、福建、江西等地。

寄主及危害： 在浙江省以幼虫危害石竹、黄槽毛竹、黄秆京竹、甜竹、黄槽斑竹、红竹、乌哺鸡竹、淡竹、毛竹、刚竹竹笋地下部分。冬季常见在已萌动的竹鞭侧芽（冬笋）中危害，一般在挖掘出土的毛竹冬笋中可以见到。近年来，浙江省安吉、临安、德清、余杭等县（区）的早竹林，生产农户反映此虫危害日趋严重。2002年春在浙江省安吉县竹种园中调查，小块严重被害的石竹林中此虫危害退笋率高达45%，被害竹笋多生长至25～40cm时退笋（即死亡）。在德清县红壳竹林调查发现，红竹笋被害致死率约40%，以往在竹林中统计为金针虫危害致死的竹笋，其中有很大一部分是竹笋栉蝠蛾危害所致。

主要识别点：

成虫　雌虫体长14.2～18.7mm，翅展32.5～35.6mm；雄虫体长10.8～16.7mm，翅展29.4～31.8mm。体浅棕至棕灰色。触角黄褐色，双栉齿状。复眼漆黑色。胸部背板黄褐色，中胸前缘色深，正中色深似一横线，肩板披长毛，黄褐色。腹部有棕色节间环。前足胫节有胫距，长约为胫节1/2。前翅前缘色浅，R_2（10）脉到M_1（6）脉区灰黑色至褐色，亚端线到外缘，浅灰棕色，中室位置鲜黄棕色，两者之间为灰黑色。后翅浅褐色，鳞片较密，无斑纹。

卵　椭圆形，长径0.6～0.7mm，短径0.5～0.6mm。初产乳白色。

幼虫　老熟幼虫体长39～50mm，乳白色，圆筒形。头部浅黄色，后胸节、第1～2腹节隆起，第8～9腹节稍上翘。前胸背板橘黄色，骨化强，中胸背板前缘、后缘为黄色斑，中、后胸各分2个小节。腹部1～8节分别分为3～5个小节不等，腹足趾钩为单序扁圆形。

蛹　长椭圆形，略向腹面弯曲。体长10.8～23.5mm，最宽处在腹部第4节，宽为5.5～8.6mm。鲜橙黄色，各节间色浅，略发白。头顶稍隆起。复眼椭圆形，横置。触角在头顶两侧、复眼上方分开，触角末端抵得后足腿节1/3处。正面腹部宽于头、胸部；胸部背板光滑；腹部背面各节上、下缘有突起皱褶，以上方皱褶突起更盛，并形成刺状齿式的横带，

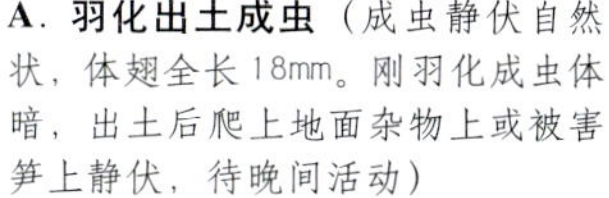

A. 羽化出土成虫（成虫静伏自然状，体翅全长18mm。刚羽化成虫体暗，出土后爬上地面杂物上或被害笋上静伏，待晚间活动）

B. 茧、蛹壳（丝质茧白色，细腻。成虫羽化时依靠蛹体腹部背面的齿、突起，蠕动至茧较细的一端钻出，蛹蜕裂线暴开，成虫爬出，羽化完成，蛹壳留在茧口）

C. 幼虫及取食孔（末龄幼虫平均体长45mm，幼虫钻入被害竹笋地下部分取食，食后即爬出笋外，停息在被害竹笋根际之间，饥饿时再入笋取食，笋上危害孔比虫体要粗）

A

B

C

A. 丝质茧（丝质茧平均长42mm。茧多横置于土中，或较细的一端略倾斜向上方。茧多结于被害竹笋笋根之间，有见远离被害竹笋根际8cm的茧。茧在土下的深度为2～5cm）

B. 背面蛹及剪开的茧（蛹长椭圆形，略向腹面弯曲，平均长18mm。鲜橙黄色，各节间色浅，略发白。停留在茧中偏下方，头顶稍隆起。胸部背板光滑。腹部背面各节上、下缘有突起皱褶，以上方皱褶突起更盛，并形成刺状齿式的横带。第8腹节下缘有较大片状突起一圈，约10枚，排列不整齐，大小也有差异；第9腹节有较大的乳状突1对，排列在肛门上方两侧）

C. 侧面蛹及剪开的茧

D. 竹林中被寄生的幼虫（被寄生的竹栉蝠蛾幼虫体僵硬，微浅褐，后逐渐出现浅白色粉状病原物，被寄生幼虫在被害竹笋根际附近）

第8腹节下缘有较大片状突起一圈，约10枚，排列不整齐、大小也有差异；第9腹节有较大的乳状突1对，排列在肛门两侧上方。

茧　茧斜倾于2～5cm土下，多结于笋根际间，最远有离笋根8cm者，茧长36～47mm，最宽处在中部，宽8.8～11.5mm。乳白色或污白色，丝质细腻、韧性强，内壁柔软、光滑，呈纯白色，外壁亦为白色，常附粘泥土。两端稍细，其中一端尖细，有稀疏的丝织开口，为成虫的羽化爬出通道。

发生期：在浙江省1年发生1代。以中小幼虫越冬，下年春在竹笋膨大生长时，幼虫开始取食，随幼虫体增大，取食量也加大。4月底至5月上旬幼虫老熟并在被害笋根际周围结茧（2002年4月中旬幼虫即老熟结茧），5月中、下旬化蛹，5月下旬、6月上旬羽化成虫，成虫羽化后于次日可以交尾、产卵。2002年由于3～4月气温较高的影响，各虫态均提前10天到半个月。

天敌：幼虫期有拟青霉 *Paecilomyces* sp.、寄蝇寄生。被寄生菌寄生的幼虫死于被害笋根周围，体变硬，显白色；寄蝇寄生幼虫，待结茧化蛹后，寄蝇幼虫方钻出茧入土化蛹。

A

B

C

D

11 淡竹笋夜蛾

Apamea kumaso Suqi

分类地位：鳞翅目LEPIDOPTERA夜蛾科Nnoctuidae秀夜蛾属*Apamea*。

分布：中国安徽、江苏、上海、浙江、福建、江西、湖北、湖南、四川、广东、广西、贵州、云南等地；日本。

寄主及危害：危害白哺鸡竹、淡竹、花哺鸡竹、茶秆竹、笔秆竹、早竹、京竹、红竹、毛竹、乌哺鸡竹、红边竹、金镶玉竹、黄槽竹、毛金竹、浙江淡竹、光箨篌竹、五月季竹等。幼虫在竹笋中取食，被害笋蛀道中充满虫粪，被害严重者竹笋腐烂而死。幼虫在江苏、上海危害淡竹笋较重。20世纪80年代，上海市内几个公园内不多的几株观赏淡竹、竹笋均有此虫危害；上海郊区的畲山林场，淡竹林中竹笋90%以上被淡竹笋夜蛾幼虫危害，能生长成竹者无几。淡竹笋夜蛾危害茶秆竹多选择较粗的竹笋，迄今广东肇庆的茶秆竹笋被害率仍较严重，与另几种笋夜蛾同时危害，平均被害率每年在60%以上。浙江安吉竹种园淡竹笋夜蛾多危害白哺鸡竹笋，近年危害很轻；2002年调查，多竹种笋均发现有此虫危害，受害重者如红秆竹、黄槽竹，被害率高达35%以上。

主要识别点：

成虫　雌虫体长17.5～20.5mm，翅展40～45mm；雄虫体长15.5～18.5mm，翅展38～41mm。体淡黄褐色，触角丝状，复眼黑褐色；前毛簇、基毛簇及翅基片的毛长而厚。前翅浅褐色，缘毛波状，端线浅灰白色，内为1列三角形黑色小斑，亚端线波状，剑状纹深褐色；肾状纹浅褐色，纹内边为深褐色，纹外边为灰白色；环状纹椭圆形横置，有一明显的黑边；楔状纹明显置于环状纹下。后翅无

A. 静伏在竹叶上的初羽化成虫（成虫初羽化后静伏于竹叶上，自然状态下体翅长为27.8mm，初羽化成虫体色偏红；触角丝状；复眼黑褐色，肾状纹、环状纹明显，肾状纹浅褐色，纹内边为深褐色；环状纹椭圆形横置，有一明显的黑边）

B. 在地面停息的初羽化雌成虫（成虫多于傍晚羽化，初羽化成虫爬出蛹壳后，停息在地面不动，全身色浅，纹线未显。待翅完全展开，体、翅色加深，纹线全显，约10分钟后翅硬化，可以飞翔，或爬于杂草丛中静息。成虫尾后为该虫蛹壳）

B

A

斑，暗灰色。足灰褐色，跗节有淡棕色环。

卵　扁椭圆形，长径0.91～0.97mm，短径0.49～0.52mm，初产乳白色，后变为淡黄色，孵化前为淡褐色，卵壳上无斑纹。

幼虫　初孵幼虫体长1.5mm，淡紫褐色。老熟幼虫体长34～48mm，体淡灰紫色，头橘黄色，前胸背板硬皮板黑色。体光滑，有隐隐浅色背线，无其他线纹，前胸背板、臀板黄褐色，气门黑色，趾单序单行。

蛹　体长18～21mm，红褐色，臀棘4根，中间2根略长。

发生期：淡竹笋夜蛾在发生地区均为1年1代，以卵越冬。在江苏越冬卵于翌年4月上、中旬孵化。5月上、中旬幼虫蛀入笋中危害，在笋中取食15～25天幼虫老熟，于5月下旬化蛹，6月上、中旬羽化成虫。在浙江卵于3月底4月上旬孵化，幼虫取食期为4月上旬至5月下旬，成虫发生期为6月上旬至6月下旬。在广东，卵于2月下旬至3月孵化。幼虫钻入竹子叶芽中取食，吃完1芽可以转移到另外叶芽中继续危害；2龄末幼虫离开蛀芽觅将要脱落的叶鞘等隐蔽处，吐数根丝自缚其中，或吐丝下垂落地寻适宜场所栖息2～10天；竹上幼虫于3月下旬吐丝下垂落地，3月底或4月初，蛀入笋中取食笋肉，幼虫在笋内约取食13天，于4月中旬幼虫老熟出笋下地结茧化蛹。蛹期约18天。4月底成虫开始羽化，随之交尾、产卵越冬，5月中旬后期羽化结束，历时20多天，成虫寿命5～10天。

天敌：卵有赤眼蜂*Trichogramma* sp.寄生，幼虫有寄蝇寄生。

A

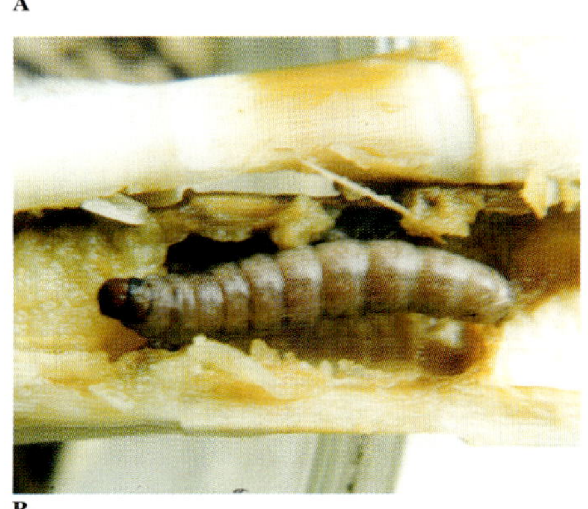

B

C

A. 在竹笋中取食的幼虫（末龄幼虫平均体长41mm，体淡黄色，带暗红、紫，体光滑、油亮，无其他线纹。在老熟前取食很猛）

B. 在白哺鸡竹笋中危害的老熟幼虫（老熟幼虫体色加深、发暗、变灰，体失去光质。头橘黄色也变深为暗红色，前胸背板硬皮板黑色，有隐隐浅色背线，被害笋上孔洞大，粪便排于蛀道中，竹笋死亡）

C. 在地面化蛹的茧及蛹（此蛹为幼虫老熟后，在笋上咬一孔洞，爬出竹笋坠落地面，入土1～2cm，吐丝粘细土及地面细碎杂草等物建成，羽化成虫后蛹壳留于茧中）

12 笋连秀夜蛾

Apamea repetita conjuncta (Leech)

Apamea repetita Butl., 1885. 中国经济昆虫志．第32册．鳞翅目夜蛾科．29

Agrotis conjuncta Leech, 1990

分类地位： 鳞翅目 LEPIDOPTERA 夜蛾科 Nnoctuidae 秀夜蛾属 *Apamea*。

分布： 中国河南、浙江、江苏、福建、江西、湖南、广东、四川等地；日本。

寄主及危害： 危害篌竹、毛金竹、红竹、灰水竹、黄纹竹、刚竹、淡竹、乌哺鸡竹、台湾桂竹、甜竹、斑竹、实心竹、水竹、富阳乌哺鸡竹、苦竹、茶秆竹等。幼虫钻入被害竹种中径级较细的竹笋，在内取食，竹笋梢部出现枯萎状态，随后竹笋停止生长，粪便排于竹笋蛀道内，被害竹笋大多被蛀空死亡。

主要识别点：

成虫 雌虫体长14～19mm，翅展35～46mm；雄虫体长12～16mm，翅展28～37mm。体棕黄色到黑褐色，初羽化成虫体色深，渐变为棕黄色。雌虫复眼黑褐色，雄虫复眼浅褐色。触角丝状，灰黄色。前翅底色棕黄，大部带黑褐色，端线为双线、黑色，内1条为1列长黑点组成，端线到外横线间有2块浅色斑，以前缘1块更浅，2斑以1条黑线从肾状纹下到端线将其分开；肾状斑清晰，雌虫白色，雄虫仅近外横线一侧白色，基角处有1个浅色斑；缘毛黑色，锯齿状。

幼虫 老熟幼虫体长26～38mm，淡紫褐色或紫灰色。头橙红色，大颚黑色。前胸背板黑色，被背线分开为二，背线锈黄色或橙红色，是食笋夜蛾幼虫中背线惟一有此鲜艳颜色的幼虫；亚背线较粗，白色或污白色，在腹部第2节前端断裂，断裂口前后端、亚背线有明显的突出。臀板黑色，亦被背线分开为二。

A

蛹 体长12～20mm，雌蛹较大，红褐色，臀棘4根，中间2根略粗长。

发生期： 1年发生1代，以卵越冬。在浙江越冬卵于2～3月孵化，幼虫4月上、中旬蛀入竹笋，在笋中取食至5月中下旬，幼虫在竹笋中取食约25天老熟，于5月中、下旬出笋入土、吐丝结薄茧化蛹，成虫发生期为6月上中旬至6月下旬，羽化后少活动，不需要进行补充营养，即可交尾、产卵越冬。

天敌： 幼虫有绒茧蜂 *Apanteles* sp.、日本追寄蝇 *Exorista japonica* Tyler-Townsend 寄生。

B

C

A. 展翅雄成虫（前翅缘毛波状，肾状纹清晰、环状纹模糊；足跗节黑色，有3～4个白色环）

B. 在竹笋中取食的4龄幼虫（4龄幼虫平均体长24mm。头橙红色，背线黄色到橙红色，幼虫刚脱皮色浅，取食2天后色深。黄色或锈黄色背线是4种食笋夜蛾幼虫中惟一特有的征状，是该幼虫重要的识别点。亚背线第1、2腹节前端有中断，第2、3腹节有突起）

C. 脱皮后的幼虫（5龄幼虫，取食猛，头壳黄色，前胸背板黑色被背线分为二，尾板黑色）

D. 在白哺鸡竹笋中取食的老熟幼虫（老熟幼虫平均体长28mm，头红色、背线锈黄色，亚背线在第2腹节前部中断）

D

13 笋秀夜蛾

Apamea apameoides (Draudt)

Oligia apameoides Draudt, 950

Apamea apameoides (Draudt), 1985. 中国经济昆虫志．第32册．鳞翅目夜蛾科．30

俗名： 笋秀禾夜蛾。

分类地位： 鳞翅目 LEPIDOPTERA 夜蛾科 Noctuidae 秀夜蛾属 *Apamea*。

分布： 中国河南、陕西南部、浙江、安徽、江苏、台湾、福建、江西、湖北、湖南、广东、广西、四川、贵州、云南等地；日本。

寄主及危害： 危害红竹、刚竹、淡竹、早竹、乌哺鸡竹、浙江淡竹、雷竹、黄槽毛竹、白哺鸡竹、白皮淡竹、甜笋竹、斑竹、五月季竹、毛竹、白夹竹、石竹、金丝毛竹、京竹、金镶玉竹、花哺鸡竹、水竹、光箨篌竹、金竹、苦竹等，幼虫还取食中间寄主，有纤毛鹅观草、竖立鹅观草、狼尾草、看麦娘、野燕麦、小茅草、丛生隐子草、白茅、无毛画眉草等禾本科植物，使其出现枯心、白穗征状，还取食大披叶苔、白朗苔、青菅、穹隆苔等莎草科植物，木贼、问荆、节节草、犬问荆等木贼科植物以及真藓目中的葫芦藓。当竹笋出土后，幼虫转移到竹笋上危害，多危害小径竹笋。可以直接从笋梢蛀入竹笋中，由上向下取食笋肉，虫粪排于蛀道中。被害竹笋多不能生长成竹。危害轻者能生长成竹，其竹梢也多为虫孔累累，烂头断梢，积水心腐，材质硬脆。利用价值大为降低。笋秀夜蛾在河南危害淡竹笋，株被害率高达90%，常与竹笋禾夜蛾混合危害，加重竹笋被害程度。

展翅雌、雄成虫（体长14～17mm，体褐色，翅紫褐色。图示：为亚林所[①]昆虫标本室藏标本，上雄、下雌，比新羽化成虫体色要浅）

主要识别点：

成虫　雌虫体长14～20mm，翅展36～48mm；雄虫体长11～16mm，翅展30～39mm。体褐色，复眼雌虫黑褐色，雄虫浅褐色。触角丝状，灰黄色。前胸翅基片上鳞片厚而长，前翅紫褐色，缘毛整齐，略有缺刻；肾状纹黄白色，雄虫比雌虫更明显，外线、内线为黑色双纹波状；亚端线、环状纹为浅黄色，不甚明显。后翅灰黑色，翅基色浅。

卵　扁圆形，长径0.66～0.74mm，高0.46～0.54mm，顶端略凹陷，从凹陷中心至底部均匀发出较密的网纹。初产乳白色，后渐变为淡黄色。卵以条状整齐地产于禾本科等杂草近枯的叶边，成虫产卵后，杂草叶纵向卷起，正好将卵整条地包裹起来。

幼虫　初孵幼虫体长1.5mm，淡棕黄色，疏生白色刚毛。老熟幼虫体长26～40mm，淡紫褐色或紫灰色。头橙红色。背线很细、亚背线较粗，均为污白色；亚背线有多处中断，并有多处上下突出部分。前胸背盾板及臀板漆黑色，常被白色背线从正中分开为二或不分开，臀板前方有6块黑斑，中间2块较大。

蛹　体长11～21mm，雌蛹较大，红褐色，臀棘4根，中间2根略粗长。

发生期： 1年1代，以卵越冬。在河南光山2月初越冬卵开始孵化，3月底孵化结束，4月上旬到5月中旬蛀入笋中取食，5月中旬到6月中旬幼虫老熟，成虫6月上旬羽化到7月上旬结束。在浙江卵2月初开始孵化，3月上、中旬为孵化盛期，3月底、4月初孵化结束。孵化后幼

①亚林所全称为中国林业科学研究院亚热带林业研究所，以下同

虫钻入杂草中取食；4月中旬到5月初转入竹笋中危害，5月中、下旬幼虫老熟结茧化蛹，6月上旬出现成虫，成虫延至7月上旬，产卵越冬。

天敌：成虫有各种鸟、拟环纹狼蛛*Lycosa pseudoannulata* (Boes *et* Str.)、步甲*Calathus* sp.捕食；卵有赤眼蜂*Trichogramma* spp. 寄生；小幼虫从杂草转移到竹笋过程中，常被蟾蜍、步甲*Calathus* sp.捕食；小幼虫刚钻入毛竹笋笋箨中取食时，有一种小蜈蚣跟随而入，捕食小幼虫；幼虫及蛹期有绒茧蜂*Apanteles* sp.、追寄蝇*Exorista* sp.寄生。由于幼虫在笋中隐蔽危害，寄生率均不高。

A

B

A. 在毛竹笋上取食的4龄幼虫（幼虫正钻入竹笋中取食，4龄以下的幼虫体色较深，为紫黑色或紫灰色。背线细，亚背线特征明显）

B. 待化蛹的老熟幼虫（体浅紫褐色，背线细、断断续续，亚背线中断，突出处明显）

C. 茧、蛹（化蛹地点分为二：①幼虫老熟后，在笋中向下取食，咬穿竹笋各个笋节，直到竹笋地下部位，不结茧，在此化蛹；室内饲养在培养皿烂笋下化蛹。②幼虫老熟后，在笋壁、笋箨上咬一圆孔，坠落地面，入土1～2cm吐丝粘细土做一薄茧，在内化蛹。图示：土茧、蛹，蛹平均长16mm）

C

14 竹笋禾夜蛾

Oligia vulgaris (Buter)

Polydesma vulgaris Buter, 1886
Atrachea vulgaris Warren, 1914
Bambusiphila vulgaris Sugi, 1958
Oligia vulgaris (Buter), 1964. 中国经济昆虫志．第6册．鳞翅目夜蛾科（二）．11

A. 展翅成虫（图示：为亚林所昆虫标本室藏标本，上雄、下雌，比新羽化成虫体色要浅。缘毛内端线黑色，内有1列约7～8个小黑点，肾状纹淡黄色，其外缘有1条白纹）

B. 初孵幼虫在禾本科杂草中危害（竹笋禾夜蛾幼虫孵化时，竹笋尚未出土，幼虫需以杂草为中间寄主，初孵幼虫从杂草上端钻入草茎，向下蛀食。图示：竹笋禾夜蛾幼虫背线、亚背线明显，亚背线第2腹节前半段缺，杂草内茎已被吃空，幼虫需转移另外杂草或竹笋危害，随后杂草出现枯心、白穗征状）（黄焕华摄）

俗名： 笋蛀虫、笋夜蛾、竹笋夜蛾。

分类地位： 鳞翅目LEPIDOPTERA夜蛾科Noctuidae禾夜蛾属*Oligia*。

分布： 中国陕西、河南、山东、安徽、浙江、江苏、上海、福建、江西、湖北、湖南、四川、广东、广西等地；日本。

寄主及危害： 危害毛竹、红竹、淡竹、乌哺鸡竹、五月季竹、白哺鸡竹、甜笋竹、花哺鸡竹、花皮淡竹、水竹、奉化水竹、衢县红壳竹、黄秆乌哺鸡竹、金丝毛竹、黄槽毛竹、方秆毛竹、角竹、甜竹、石竹、慈竹、黄毛竹、早竹、篌竹、光箨篌竹、硬头青竹、黄皮绿筋竹、浙江淡竹、富阳乌哺鸡竹、紫竹、金镶玉竹、台湾桂竹、茶秆竹、尖头青竹、黄槽斑竹、黄槽竹、黄秆京竹、寿竹、白夹竹、刚竹、斑竹、衢县苦竹、川竹、笔秆竹等绝大多数刚竹属竹种的笋，还危害中间寄主鹅观草、法氏早熟禾、白顶早熟禾、野燕麦、看麦娘、无毛画眉草、小茅草等，使其出现枯心、白穗征状，也危害皱纹苔、披叶苔、宽苔、白朗苔等杂草。幼虫危害毛竹笋时，先蛀入竹笋笋箨上的箨叶，竹笋生长，在箨叶上留下1排小孔；在箨叶中脱皮1次，幼虫钻出箨叶下行，在竹笋两箨叶交界处蛀入笋内，取食笋肉，虫粪排于蛀道中。一般1株笋有幼虫1～2条，幼虫能随竹笋生长，能咬穿笋节向上取食直到笋梢，竹笋仍能生长成竹，但竹子必有节间缩短、断头、折梢、积水、心腐、材脆等现象，竹材利用价值大为下降，还会引发竹后刺长蝽的危害。1株毛竹笋中有3头幼虫以上，竹笋多被危害致死，严重危害时1株笋中有幼虫22条，因幼虫多，食物不够时，幼虫能转移另外竹笋继续危害。幼虫危害其他小径竹笋，可以直接蛀入笋中，取食危害。竹笋禾夜蛾是竹林中笋期的老害虫，日本在1909年有研究报告。中国在20世纪60年代，毛竹林竹笋被害率高达95%，被害严重的竹笋常被取食死亡，有的毛竹笋高达3m、被危害不能成竹，造成高脚退笋。江苏江浦老山林场每年因此虫危害，损失淡竹约10×10^4kg，1960年成竹率不到30%；浙江安吉红竹笋被害也在95%左右。此虫现在已被控制，但在局部地区被害仍很严重，特别是毛竹林改隔年出笋为年年出笋后，竹笋禾夜蛾危害逐年加重，如龙游县部分毛竹林被害率由12%上升到57%。

主要识别点：

成虫　雌虫体长17～25mm，翅展35～54mm；雄虫体长15～22mm，翅展32～50mm。体灰褐色，雌虫体色较浅。复眼黑褐色。触角丝状，灰黄色。翅褐色，缘毛锯齿状；端线黑色，内有1列约7～8个小黑点；肾状纹淡黄色，其外缘有1条白纹，与前缘、亚端线在翅顶角处组成1个倒三角形深褐色斑，顶角黄白色；翅基深褐色，环线明显，后翅色浅。雄虫翅灰白色，端线为7～8个黑点组成，顶角处倒三角形斑浅褐色，后翅灰褐色，翅基色浅。足深灰色，跗节各节末端有1个淡黄色斑。

卵　近圆球形，长径0.72～0.88mm，短径0.65～0.81mm，乳白色。

幼虫　初孵幼虫体长1.6mm，淡紫褐色。老熟幼虫体长36～50mm。头橙红色。背线、亚背线均为白色；背线很细、清晰，亚背线较宽，从前胸到尾部很整齐，无凹陷，惟第2腹节前半段断缺。前胸背盾板、臀板漆黑色，被橙红色的背线从正中分开为二，第9腹节背面、臀板前方有6块小黑斑，在背线两侧呈三角形排列，近背线的2块较大。

蛹　体长14～24mm，初化蛹翠绿色，后为红褐色，臀棘4根，中间2根粗长。

发生期：1年发生1代。以卵越冬。在浙江省成虫羽化期为6月中旬至7月上旬（2002年5月24日已有成虫羽化），6月下旬羽化占总成虫数70%以上；成虫羽化后当日可以交尾，隔日可以产卵。卵多数呈条状产于禾本科杂草叶上，产后草叶会卷起，将卵包裹于叶中；也有产于林中枯竹上、地面、竹下部竹叶基部。次年1～2月幼虫即可出卵，爬于杂草茎中取食，4月上、中旬，各种竹笋先后出土，幼虫随即出草、钻入竹笋中危害，幼虫食笋期为4月上旬至5月下旬。5月中旬幼虫老熟化蛹，6月初化蛹结束，5月下旬化蛹幼虫占总幼虫数的55%。

C

D

A

B

A. 竹笋禾夜蛾幼虫取食乌哺鸡竹竹笋危害状（幼虫背线细、均匀、不中断，白色。幼虫取食量大）

B. 在地面化蛹的蛹、茧（化蛹场所分为2类：①老熟幼虫咬穿笋坠落地面入土1～2cm，吐丝粘细土结茧化蛹；②老熟幼虫坠落地面后，吐丝粘少许落地竹叶、树叶结成简易的茧，在内化蛹。蛹体长14～24mm，橙红色）

C. 黄皮刚竹林被危害退笋状（图示：黄皮刚竹林，近处几株竹下部色浅、发亮者为当年的新竹；地面矮小死笋均为被危害致死的当年竹笋，此竹林竹笋被害致死率高达42.5%）

D. 被幼虫危害的毛竹呈高脚退笋状（龙游毛竹林。图示：林中几乎无竹笋及新竹，多被危害致死，被害率高达60%。此高脚退笋为幼虫后期危害，初期生长良好，竹笋下部纤维化，竹秆发绿，幼虫蛀入后向上取食，直到顶梢，取食竹笋幼嫩部分，幼虫危害孔及环状蛀道明显，切断下部养分输送系统，致竹笋死亡）

A. 幼虫危害状（图示：被害竹笋已被竹笋禾夜蛾幼虫取食7节，现幼虫仍在上部，竹笋已死）

B. 幼虫被寄蝇寄生（寄蝇幼虫寄生于幼虫体内，取食至老熟后钻出幼虫体外，在被害笋中化蛹或落地化蛹。寄蝇幼虫体白色，蛹红色。寄蝇幼虫爬出后，笋夜蛾幼虫死亡，体皮皱）

天敌：成虫有多种鸟、斜纹猫蛛 *Oxyopes sertaus* L.Koch 等蜘蛛及双斑青步甲 *Chlaenius bioculatus* Motschulsky 捕食；卵有广赤眼蜂 *Trichogramma evanescens* Westwood寄生；小幼虫从杂草转移到竹笋过程中，常被蟾蜍、步甲捕食；小幼虫刚钻入毛竹笋笋箨中取食时，有一种小蜈蚣跟随而入，捕食小幼虫；幼虫及蛹期有绒茧蜂、变异温寄蝇 *Winthemia diversa* Malloch、日本追寄蝇 *Exorista japonica* Tyler-Townsend寄生。由于幼虫在笋中隐蔽危害，寄生率均不高。

A

B

三、竹叶害虫

取食竹子叶部的昆虫种类最多，约占危害竹子昆虫总数的60%以上，分别隶属9目40多个科500余种。竹子害虫以刺吸式口器为多，其中同翅目昆虫有17科近300种，半翅目昆虫有7科近100种，近400种刺吸式口器的害虫约有近1/2取食竹叶，但危害大多不重，如竹蝉、竹皱绒粉蚧*Eriococcus rugosus* Wang，危害严重的种类不多。其次是咀嚼式口器的昆虫，其中鳞翅目有18科近200种，直翅目蝗科、鞘翅目叶甲科也各有近40种，很多重要害虫均属于此。如竹蝗、竹螟、竹斑蛾、竹舟蛾、竹毒蛾等，常大面积发生危害，造成严重的损失。竹叶害虫取食竹叶的方式除刺吸式口器外，咀嚼式口器可分为裸露与荫蔽两类，裸露危害的有蝗、蝻、食叶象甲、叶甲、叶蜂、鳞翅目各科昆虫的幼虫。荫蔽危害的昆虫又分卷叶和潜叶两类，卷叶、吐丝缀叶包裹虫体的有蓟马、卷叶甲、螟蛾幼虫、弄蝶幼虫等；潜叶荫蔽虫体的昆虫有潜蝇、潜蛾、尖蛾、潜叶吉丁的幼虫，以及潜入未展开的嫩竹叶及叶柄的白钩雕蛾、黄潜蝇等。

A. 雌成虫停息在竹秆上（雌成虫平均体长34mm。体以绿、黄色为主。由额顶至前胸背板中央有一黄色纵线，往后逐渐加宽；触角丝状，深褐色，尖端两节淡黄色。竹蝗停息时，警惕性很高，后足胫节紧贴于腿节下，随时准备弹跳而起，迅速飞去）

B. 雄成虫停息在竹叶上（雄成虫平均30mm，体长额顶突出使面额成三角形；复眼卵圆形，突出，深黑色。翅长过腹，后足腿节黄绿色，近胫节处有2个蓝黑色环）

C. 黄脊竹蝗成虫交尾状（黄脊竹蝗成虫交尾为重叠式，交尾时多停息在竹叶、竹小枝、竹秆上，杂草、灌木丛中，交尾时雌、雄腿成虫后足胫节也紧贴于腿节下，受惊或不受惊常会同时飞翔）

A

B

1 黄脊竹蝗

Ceracris kiangsu Tsai

俗名：竹蝗、蝗。

分类地位：直翅目ORTHOPTERA丝角蝗科Oedipodidae竹蝗属*Ceracris*。

分布：中国浙江、安徽、江苏、福建、江西、湖北、湖南、四川、广东、广西、贵州、云南等地。

寄主及危害：危害以毛竹为主的刚竹属中各主要竹种，以青皮竹为主的箣竹属中各主要竹种，以及玉米、水稻、白茅、棕榈等农作物、杂草近百种。黄脊竹蝗成虫、若虫分散或群聚均取食竹叶，若虫期平均需取食竹叶雄性为258cm^2、雌性为370cm^2；雄成虫为414cm^2、雌性为819cm^2，一生平均雄虫取食672cm^2、雌虫1180cm^2，是取食量很大的一种森林昆虫，也是我国有记载最早的森林害虫。据湖南省益阳县志中记载："嘉庆二十二至二十四年（1817～1819）二里（今桃源县）蝗食竹叶殆尽"。历来有"蝗群过，竹叶光"、"蝗群起，可遮天蔽日"之说，常见连绵数十里，毛竹竹叶被吃光，一片枯黄，如同火烧。毛竹被害枯死，竹秆内积水，很臭，竹材无任何用途，烧火也不能燃。在20世纪50年代前后，中国南方几省、自治区每年竹林被害面积均超过10×10^{4}hm^2，仅湖南1952年有益阳、桃江等9个县产卵面积达7000hm^2，被称为是"中国森林第二大害虫"，20世纪50年代末，在全国"开展大面积防治森林病虫害运动"中，各县相应地开展"无虫县"、"无蝗县"群众运动，特别是应用六六六烟剂后，以湖南为主的各地确实控制了黄脊竹蝗的危害；六七十年代，竹蝗危害又有抬头，危害面积逐年扩大；80年代，竹蝗严重危害时面积仍有10×10^{4}hm^2。以前有过分布记载，未严重发生蝗害的浙江，近年竹林中黄脊竹蝗危害亦逐年加重，台州、衢州常有小面积或数百公顷竹林竹叶被吃光。据广东省、重庆市森防站2001年3～4月预测当年黄脊竹蝗发生面积分别为6700hm^{2}和6400hm^2。据《潇湘晨报》2002年7月19日报道：湖南浏阳市13个乡竹蝗危害面积1400hm^2，林业部门投入10万元灭蝗。

主要识别点：

成虫　雄虫体长27.5～36.2mm，雌虫体长29.8～41.4cm，体以绿、黄色为主。额顶突出使面额成三角形，由额顶至前胸背板中央有一黄色纵线，往后逐渐加宽。触角丝状，26节，深褐色，尖端2节淡黄色。复眼卵圆形，深黑色。翅长过腹，雄虫翅长24.5～25.6cm，雌虫翅长29.5～34.5cm，前翅前缘及中区暗褐色，臀区绿色。后足腿节黄绿色，近胫节处有2个蓝黑色环、中间有排列整齐

C

的"人"字形褐色沟纹；胫节蓝黑色，有棘2排，内排15枚，外排14枚，棘基浅黄，端部深黑。腹部11节，背脊中央淡黄色，腹面黄色。

卵　长卵圆形，一端稍尖，中间稍弯曲；长径6.2～8.5mm，短径1.9～2.6mm，棕黄色，有蜂巢状网纹。卵囊圆袋形，下端稍粗，长径18～30mm，短径6～8mm，土褐色。

若虫　若虫称跳蝻，5龄。初孵为淡黄色，后渐变为绿、黄、褐色相间的麻色，触角尖端淡黄色；2龄体色较黄，胸、腹背板中线色更黄，3～5龄体色多黄黑，体背中线黄色鲜明，背中线下为一黑色纵纹，再下仍为黄色，老龄若虫近羽化前体为翠绿色。各龄若虫体长分别为9.5～11.0、10.8～15.2、15.0～18.4、20.3～24.5、28.5～30.8mm。各龄若虫触角长分别为4.0～5.5、6.0～7.5、8.2～9.8、11.5～13.8、15.5～18.0mm。翅芽变化为：1龄不明显；2龄隐约可见，向后突出；3龄为前翅芽狭长，后翅芽三角形，紫黑色；4龄翅芽长约3mm，前缘略显黄色，伸至腹部第2节末；5龄长约9mm，前缘黄色，伸至腹部第3节末。

发生期：1年发生1代，以卵在土表1～2cm深的卵囊中越冬。在浙江余杭5月下旬到6月上旬越冬卵开始孵化；湖南耒阳5月上、中旬开始孵化；广东广宁4月中旬开始孵化，最早的年份为3月30日，最迟的年份为4月27日。若虫5龄，在余杭各龄若虫平均所需天数分别为雄虫：8.8、10.2、11.2、9.8、11.2天，雌虫9.8、11.2、11.8、10.2、12.6天，雄虫若虫期51.2～56.0天，平均51.2天；雌虫若虫期55.6～57.2天，平均55.6天。同时发现若虫有6龄现象，若虫6龄发育多羽化为雌成虫；在耒阳各龄若虫平均所需天数分别为14.4、9.9、9.6、10.0、11.0天，若虫期46～69天，平均52天；在广宁各龄若虫平均所需天数分别为9、9、14、8、7天，若虫期约47天。在余杭7月下旬成虫开始羽化，半个月后为羽化盛期，在耒阳成虫于7月上旬开始羽化，在广宁6月中旬成虫开始羽化。成虫羽化后10天左右开始交尾，交尾后仍需要补充营养，约取食20天。在余杭8月上旬开始产卵，8月中旬为产卵盛期，产卵期可延至10月、11月。在耒阳为7月下旬开始产卵，8月中旬为产卵盛期；在广宁7月下旬开始产卵。成虫寿命在余杭雄虫为31～96天，雌虫68～106天；在耒阳雄虫54～56天，雌虫50～84天；在广宁雄虫69～91天，雌虫78～112天。

天敌：黄脊竹蝗天敌较多，捕食性天敌卵期有红头芫菁 *Epicauta ruficeps*；成虫、若虫期有双齿多刺蚁、丽园蛛 *Araneus mitificus* (Simon)、横纹金蛛 *Argiope bruennichii* (Scopoli)、线纹猫蛛、盗蛛 *Pisaura* sp.、食虫虻、螽斯、中华大刀螂、广腹螳螂；捕食鸟有大杜鹃 *Cuculus canorus* Fallas、燕子、白颊噪鹛、画眉 *Garrulax canorus*、黑脸噪鹛、竹鸡 *Bambusicola thoracica* (Temminck)、乌鸦 *Corvus* sp.。寄生性天敌卵期有黑卵蜂；成虫、若虫期有狭颊寄蝇 *Carcelia* sp.、追寄蝇及格氏线虫 *Steinernema glaseri* Steiner；寄生菌有蝗单枝虫霉，即抱死瘟病原菌。

A

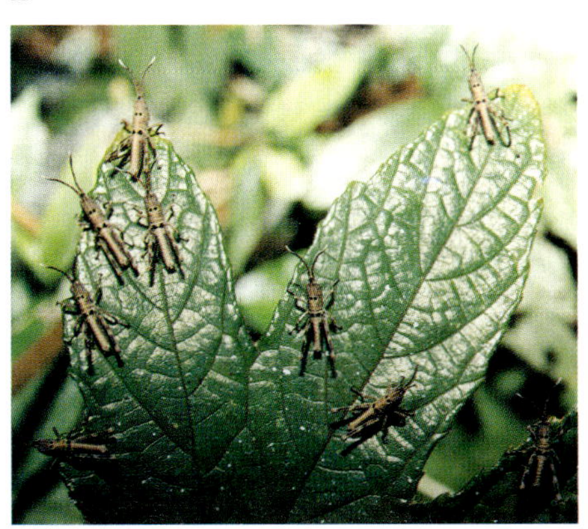

B

A. 黄脊竹蝗卵及卵囊（黄脊竹蝗卵产于2cm土下卵囊中，卵囊圆袋形，长径18～30mm、短径6～8mm，土褐色。卵粒呈横斜向排列于卵囊中，卵粒长卵圆形，长径6.2～8.5mm，棕黄色，有蜂巢状网纹）

B. 黄脊竹蝗跳蝻已爬跳到地被物上取食（黄脊竹蝗跳蝻已跳上阔叶树叶上取食。1～2龄跳蝻在地被物上取食，3龄跳蝻一定到竹冠上取食，当地面食物缺乏时，2龄末跳蝻即爬上竹冠上危害）（黄焕华摄）

C. 在竹叶上取食的黄脊竹蝗若虫（黄脊竹蝗4龄若虫体长22mm，触角23节，末端白色，在竹叶上取食）

D. 被蜘蛛网粘到的黄脊竹蝗成虫（身体膘悍、肌肉强健、飞翔敏捷的黄脊竹蝗成虫，在竹林中也常常陷入八卦阵，虽经争执挣破网，但未能破阵，而成为蜘蛛口中的美食）（黄焕华摄）

C

D

2 青脊竹蝗

Ceracris nigricornis Walker

俗名：青脊角蝗、青草蜢。

分类地位：直翅目 ORTHOPTERA 丝角蝗科 Oedipodidae 竹蝗属 *Ceracris*。

分布：中国浙江、安徽、江苏、福建、江西、湖北、湖南、四川、广东、广西、贵州、云南等地。

寄主及危害：危害白夹竹、寿竹、甜竹、篌竹、台湾桂竹、刚竹、淡竹、红竹、石竹等刚竹属竹种，苦竹、丽水苦竹、衢县苦竹等苦竹（大明竹）属竹，青皮竹、粉箪竹、孝顺竹等箣竹属竹，麻竹等牡竹属中竹种，以及玉米、水稻、高粱、芋头等农作物，白茅、棕榈等杂草树木。成虫、若虫均取食竹叶，小若虫将竹叶吃成曲刻，大幼虫、成虫能吃完整张竹叶，常将小面积竹林竹叶吃光。此蝗为散居蝗种、无群聚习性，危害较小，但常与黄脊竹蝗混合危害，加大竹林被害程度。

主要识别点：

成虫　雄虫体长25.5～32.2mm，雌虫体长30.8～37.5mm；翠绿色到暗绿色。头部额顶突出使面额成三角形，额面粗布刻点。触角丝状，尖端2～4节为淡黄色。复眼突出，卵圆形，深黑色。前胸背板较平，侧隆线明显，布有粗大刻点，由额顶经前胸背板延伸至两前翅前缘中域为一翠绿色较宽纵带，无黄色纵纹，是与黄脊竹蝗重要的区别处。头的两颊、前胸两侧板、前翅前缘中域、内外缘边均为黑色；翅长过腹，雄虫长20.5～25.5mm，雌虫长25.5～32.8mm；腹部背面紫黑色，腹面黄色。雄虫下生殖板短圆锥形，顶端钝圆；雌虫产卵瓣粗短，顶端钩状。

卵　长椭圆形，淡黄褐色，长径4.5～6.5mm，短径1.3～1.9mm。卵块呈囊状，卵囊长圆筒形，长径16～24mm，短径5～7mm，土褐色。卵粒于卵囊中斜排，卵粒间充有海绵状胶质物。

若虫　初孵若虫体长8～10mm，胸、腹背面均为黄白色，胸部背侧无深黑色方形斑。老熟若虫体长22～30mm，头顶尖，额顶三角形，触角20节，背平而宽，淡青绿色。

A

B

发生期：1年发生1代，以卵在土表1～2cm深的卵囊中越冬。越冬卵在广东北部的仁化于4月中旬、福建北部于4月下旬、湖南于5月上、中旬、浙江余杭于5月底到6月初开始孵化，各地孵化期约35～50天不一。若虫取食期各地不一，约为4月下旬至8月上旬；若虫约取食55～65天老熟，于6月底到7月中、下旬开始羽化成虫，羽化期约为30～40天。成虫活动期为7月上旬到11月中旬；10月上旬开始产卵，10月中旬到11月上旬为产卵盛期，10月中旬成虫开始死亡，11月底到12月初成虫终见。

天敌：捕食性天敌卵期有红头芫菁 *Epicauta ruficeps*；成、若虫期有日本黑褐蚁、双齿多刺蚁、横纹金蛛、线纹猫蛛、盗蛛、中华大刀螂、广腹螳螂；捕食鸟有长尾蓝雀、燕子、白颊噪鹛、画眉 *Garrulax canorus*、竹鸡 *Bambusicola thoracica*（Temminck）。寄生性天敌卵期有黑卵蜂；成虫、若虫期有狭颊寄蝇 *Carcelia* sp.、追寄蝇；寄生菌有蝗单枝虫霉，即抱死瘟病原菌。

A. 成虫在竹叶上取食（雌成虫体长33mm，头部额顶突出使面额成三角形，触角丝状，黑褐色，20节；复眼突出，卵圆形，深黑色；图示：成虫正在取食，因拍照受惊才抬起头。与黄脊竹蝗一样，在停息时，后足胫节也紧贴于腿节下，随时准备弹跳而起，迅速飞去）

B. 初孵若虫跳上青皮竹（初孵若虫虫口密度也很大，群聚取食，食叶颇猛，能造成较大的损失）（黄焕华摄）

C. 2龄若虫在青皮竹上取食（2龄若虫平均体长12.5mm，头、体背面为黄白色纵带，群聚取食）（黄焕华摄）

D. 4龄若虫在甜竹上取食（4龄若虫触角增长，末2节白色，能较长距离跳跃，此虫刚跳到甜竹上拟取食）

C

D

棉蝗

Chondracris rosea rosea (De Geer)

俗名： 大青蝗。

分类地位： 直翅目 ORTHOPTERA 丝角蝗科 Oedipodidae 棉蝗属 *Chondracris*。

分布： 中国内蒙古、河北、山东、陕西以南，东到上海、浙江、福建、台湾，南到广东、海南，西南到广西、云南等地；越南，尼泊尔，缅甸，泰国，印度，斯里兰卡，印度尼西亚，日本，朝鲜。

寄主及危害： 是杂食性昆虫，寄主很广。危害白夹竹、寿竹、白哺鸡竹、甜竹、毛竹、淡竹、红竹、篌竹、富阳乌哺鸡竹、早竹、云和哺鸡竹、台湾桂竹、雷竹、早园竹、石竹、水竹、刚竹、苦竹、秋竹、青皮竹、粉箪竹、龙头竹、观音竹、撑篙竹、孝顺竹，尚危害橘类、相思树、黑荆树、木麻黄、刺槐、黄檀、团花、棕榈、柚木，以及部分农作物、杂草等近百种植物，一般不会成灾，局部地区虫口量大时，也能造成被害植物叶子吃光现象。该虫若虫、成虫均喜取食竹叶，取食量大，常将竹林边缘竹子竹叶吃光，造成一定的损失。

主要识别点：

成虫　体大型，雄虫体长46～54mm，雌虫体长56～80mm。翠绿色，头顶中部、前胸背板中隆线及前翅臀脉区域连接成1条黄色纵条纹。头大；复眼大，卵圆形，突出，棕褐色；触角丝状，淡黄色；两颊在复眼下，自上而下有1条黄色横纹线。前胸节坚厚，背板中隆线突起较高，3条横沟明显将侧板分为4小节，2、3小节侧板下方各有1条黄色纵纹，侧板下边黄色。足腿节绿色或青绿色，胫节、跗节紫红色，后足胫节外侧具刺2排。前后翅发达，长过腹1/4，后翅基部淡紫红色。

卵　长椭圆形，中间稍弯曲，长径6～7mm，短径1.8～2.0mm。初产黄色，后渐变为棕褐色。卵块长圆柱形，卵粒不规则堆积于卵块泡沫状物的下部，卵块长径40～80mm，其中上部泡沫状部分长18～40mm，每卵块有卵38～175 粒。

若虫　初孵若虫体长约8mm，淡绿色，头特大。若虫6龄，极少数雌蝻7龄，各龄若虫体长分别为8～11、11～14.5、15～24、26～32、33～45mm。老熟若虫、雄虫体长45～54mm，雌虫体长50～60mm，体青绿色，头、前胸仍较大；触角长15～21mm；复眼卵圆形，较突出，前胸侧板3条横线明显，翅芽上翅脉已形成，明显可见。

发生期： 1年发生1代，以卵在土表下越冬。在广东越冬卵于4月中、下旬孵化；浙江于5月上旬开始孵化，5月中旬为孵化高峰，下旬仍见有少数卵孵化。若虫需取食2～3个月老熟，在广东于6月中旬至7月下旬羽化成虫；浙江于8月底9月上旬羽化成虫，成虫经10～20天补充营养后，在广东于8月至10月中旬产卵越冬；浙江于9月中、下旬至11月初产卵越冬，成虫产卵后，逐渐死亡。

天敌： 寄生若虫有麻蝇 *Boettcherisca* sp.、线虫 *Steinernema* sp.及菌寄生抱死瘟，特别是抱死瘟在林中可使棉蝗寄生率高达80%以上。

停于竹叶上的成虫（体长50～80mm，前胸背板中隆线及前翅臀脉区域连接成1条黄色纵条纹。复眼大，卵圆形，突出，棕褐色；触角丝状，淡黄色）

4 异歧蔗蝗

Hieroglyphus tonkinensis I.BOL

分类地位：直翅目 ORTHOPTERA 丝角蝗科 Oedipodidae 蔗蝗属 *Hieroglyphus*。

分布：中国浙江、台湾、福建、江西、湖北、湖南、四川、广东、广西、贵州等地；印度，越南，泰国。

寄主及危害：危害唐竹、大眼竹、凤尾竹、青皮竹、毛簕竹、黄金间碧玉、绵竹、米筛竹、绿竹、粉箪竹、毛竹、刚竹、淡竹、白哺鸡竹、黄槽毛竹、浙江淡竹、台湾桂竹、苦竹、水竹、金镶玉竹等。还取食水稻、玉米、甘蔗、蒲葵等农作物。以成虫、若虫取食竹子的竹叶，在1992～1994年是浙江温州竹林中的主要害虫。1992年在温州的瑞安平阳坑调查，竹林中每平方米有若虫50头，多达200 头，当年竹叶被食去30%左右，第二年全镇竹笋减产50%，竹农减少收入15万元。1999年浙江台州毛竹、刚竹被害，竹叶被吃光，可使被害竹子枯死，被害竹林下年出笋减少，新竹质量下降。

停于竹小枝上的成虫（体长30～50mm，体草绿色；复眼椭圆形，突出，黄褐色；触角线状，淡黄色。后足腿节淡黄绿色；胫节青蓝色，内、外两侧各有刺1列，每列10枚）

主要识别点：

成虫　雄虫体长29.5～36.8mm，雌虫体长39.8～50.5mm，体草绿色。头蓝绿色，颜面略倾斜；复眼椭圆形，突出，黄褐色；触角线状，28节，基部淡黄色，端部3～5节淡黄或黄白色。前胸背板、侧板草绿色，背板正中偏前下凹，从侧面看似鞍形；中、后胸黄绿色，前、后翅发达，超过或到达腹部末端，前翅基部绿色，端部黄褐色。前、中足淡黄色，腿节端部、胫节蓝绿色，后足腿节淡黄绿色，胫节蓝色，内、外两侧各有刺1列，黑褐色，每列有刺10枚。

卵　长椭圆形，稍弯曲；长径4.8～6.5mm，短径1.1～1.3mm，初产卵黄色，后渐变深为棕褐色。卵块长椭圆形，长径14～24mm，稍弯曲；下端钝圆略大，宽8.6～10.5mm；上端较细，宽为5.5～6.8mm。

若虫　初孵若虫体长6～7mm，褐色。若虫7龄，少数6龄。各龄若虫体长分别为6～8、7～11、9～12、13～16、16～21、22～26 mm，老熟若虫体长28～34 mm，体青绿色到黄绿色，头部偏绿，胸、腹部偏黄色。

发生期：1年发生1代，以卵于土下1～2cm处越冬。在浙江5月中、下旬若虫孵化出土，5月下旬到6月上旬为孵化高峰；在广东4月中旬至5月上旬孵化。若虫取食期为50～60天，在浙江于7月上、中旬羽化，7月中、下旬为羽化高峰；在广东6月下旬开始羽化到8月上旬羽化结束，成虫经10～20天补充营养，浙江7月中、下旬开始交尾，后又需补充营养，并继续交尾，至8月中旬开始产卵，9月上旬成虫终见；在广东6月下旬到8月上旬成虫陆续羽化，7月中、下旬为羽化高峰，7月上旬到10月中旬成虫交尾，7月上、中旬到9月中旬产卵，8月上、中旬后成虫陆续死亡，直到10月中旬成虫终见。

天敌：捕食性天敌有日本弓背蚁 *Camponotus japonicus* Mayr、双齿多刺蚁、广腹螳螂、勺猎蝽 *Cosmolestes* sp.、横纹金蛛、线纹猫蛛。寄生菌有蝗霉。

5 短翅佛蝗
Phlaeoba angustidorsis BOL.

分类地位： 属直翅目ORTHOPTERA剑角蝗科Acridae佛蝗属*Phlaeoba*。

分布： 中国安徽、江苏、浙江、台湾、福建、江西、湖北、湖南、四川、广东、海南、广西、贵州、云南等地；印度。

寄主及危害： 危害毛竹、刚竹、淡竹、红竹、乌哺鸡竹、早竹、五月季竹、水竹、苦竹等刚竹属、苦竹属竹种；也取食茅草、芒等禾本科杂草。若虫、成虫均取食竹叶，若虫期取食量雄性为97.88～122.12cm²、雌性为213.41～294.92cm²，末龄若虫食叶占若虫期总食叶量的50%；成虫取食量雄性为153.50～231.59cm²，雌性为659.38～818.54cm²，该虫一生取食总量雄虫为253.81～348.39cm²，雌虫为875.60～1170.89cm²，雌虫食叶比雄虫多3倍以上。故该虫虫口密度高时，也常将竹叶吃光。在浙江西北部竹产区普遍发生；1983年在湖南岳阳地区有约13.3hm²刚竹林竹叶被吃光。

主要识别点：

成虫　雌成虫体长26.5～30.5mm，初羽化为肉黄色，后渐变为枯黄色。额突出；触角剑状，20节，第3～10节略呈三角形，灰黄色，其余各节圆柱形，黑色，端部肉红色；复眼淡翠绿色，有黑斑。前胸背板中脊、侧脊明显，两侧脊下为灰黑色。翅短于腹，腹末在翅外露3节；腹部两侧每2节有1列黑色颗粒组成的斜行线。雄成虫体长19.5～22.5mm，体色深于雌成虫。复眼上黑色斑更深，翠绿色减少。前胸背板两侧脊下黑色，后足腿节、胫节交界处两端黑色。

卵　长卵圆形，长径6.5～7.2mm，短径1.8～2.3mm。初产卵棕黄色，后渐变为红褐色。卵产于卵囊中。卵囊长圆筒形，稍弯曲；下端圆钝，略大，深褐色，囊状部分为蜂巢状泡沫物组成。

若虫　初孵若虫体长6.9mm，黄褐色，后随虫体增大，体色逐渐变深。若虫雄性4龄，雌性5龄，各龄若虫体长依次分别为8.5～11.5、13.2～16.5、15.5～18.5、18.5～23.5、22.5～27.5mm。若虫额突出，触角剑状，触角节数以龄数增加而增加，依次分别为10节、13节、17节、18节、19节。2龄若虫初显翅芽，老熟若虫前翅芽长4.8～5.2mm，后翅芽长4.2～4.6mm。

发生期： 1年1代，以卵于卵囊中在土下2cm处越冬。在浙江卵于5月上、中旬开始孵化，5月底孵化结束。雄若虫各龄平均龄期依次为13.2、10.7、11.6、11.7天，雄若虫期为45～50天；雌若虫各龄平均龄期依次为13.5、10.7、11.2、11.2、14.8天，雌若虫期为48～63天，若虫取食期为5月上旬至7月下旬。成虫于7月中、下旬羽化，经半个月补充营养后，开始交尾、产卵，至10月下旬后，成虫相继死亡。

天敌： 捕食性天敌有鸟3种，即画眉、长尾蓝雀、竹鸡；捕食性昆虫有中华大刀螂、广腹螳螂、日本弓背蚁、日本黑褐蚁、黑红猎蝽 *Haematoloecha nigrorufa* (Stål)、黄褐狡蛛 *Dolomedes sulfureus* Koch、丽园蛛；寄生菌为蝗霉。

成虫（成虫体长为30mm，枯黄色。额突出，触角剑状，20节；复眼淡翠绿色，有黑斑。前胸背板中脊、侧脊明显，翅短于腹，腹末在翅外露3节）

6 竹显尾短肛棒䗛

Baculum apicalis Chen *et* He

Baculum apicalis Chen *et* He, 1994. 昆虫学报, 37 (2): 196

A

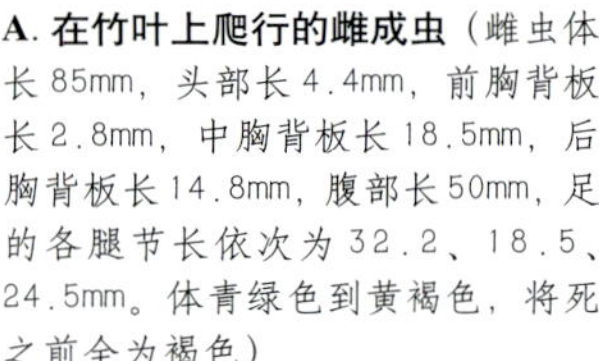

B

C

A. 在竹叶上爬行的雌成虫（雌虫体长85mm，头部长4.4mm，前胸背板长2.8mm，中胸背板长18.5mm，后胸背板长14.8mm，腹部长50mm，足的各腿节长依次为32.2、18.5、24.5mm。体青绿色到黄褐色，将死之前全为褐色）

B. 成虫头、前胸侧面（头侧面可清晰见到触角基节，前胸背板长方形，前缘有卷边，呈弧形凹入，正中有一横沟；中胸两侧略平行，侧板呈脊状，使两侧形成凹槽；前足腿节基部弯曲内陷，凹陷处正好将头包住，其余部分外侧有细齿14～15枚）

C. 成虫腹部末端（成虫腹部末端大多为黑色，而曾获名黑尾短棒䗛，下生殖板狭长，端部略尖，伸达第9节中后方。尾须明显长于第9节背板，被细毛）

俗名： 竹节虫、黑尾短棒䗛。

分类地位： 竹节虫目PHASMIDA䗛科Phasmatidae 短肛棒䗛属 *Baculum*。

分布： 中国浙江。

寄主及危害： 危害毛竹、刚竹、甜竹、奉化水竹、淡竹、篌竹、芽竹、早竹、早园竹、五月季竹。成虫、若虫取食竹叶。若虫取食期长、食量小，危害不大，而虫口密度大时能造成局部竹林被严重危害，20世纪80年代浙江安吉有13.3hm²毛竹林竹叶被食殆尽，造成部分死竹。

主要识别点：

成虫　雌虫体长81～92mm，头部长4.4mm，前胸背板长2.4～3.1mm、中胸背板长17.5～19.2mm、后胸背板长14.5～15.1mm，腹部长48.3～50.2mm，足的各腿节长依次为29.5～34.5、18.0～19.5、22.5～25.5mm。体青绿色到黄褐色，将死之前全为褐色，密被均匀细颗粒和疏毛。头卵圆形，长于前胸，复眼小，圆形、突出，灰褐色；触角长8.2～9.8mm，基节长卵圆形、宽扁、有边和中脊，淡褐色，第2节扁、很短，余

B

为丝状。前胸背板长方形，长大于宽，前缘有卷边，呈弧形凹入，中央有一横沟，前胸后部、中胸前部略宽；中、后胸两侧略平行，侧板呈脊状，使两侧形成凹槽；腹部2～5节几乎等长，1、6节等长，略短于上述4节；前足腿节基部弯曲内陷，凹陷处占全长1/6，正好将头包住，其余部分外侧有细齿14～15枚；第9背板稍长于第8背板，后缘中央呈三角形凹入，两侧叶成角状，背中脊明显。肛上板端尖，超过第9 背板侧叶。

卵　长2.5～3.2mm，深黑色，卵壳上有纵深沟纹。

若虫　初孵若虫体长3mm，翠绿色，老熟若虫体长65～76mm；头卵圆形，长于前胸；复眼小，圆形，突起，橙黄色；触角长7.5～8.2mm，基节长卵圆形、宽扁。前胸背板长方形，长大于宽。前足腿节基部弯曲内陷，停息时两前足与触角并起前伸。

发生期： 在浙江余杭1年发生1代，以卵越冬。越冬卵4月中旬开始孵化，初孵幼虫取食竹子嫩叶，9月幼虫老熟，开始羽化成虫，10月下旬产卵，11月下旬到12月上旬成虫逐渐死亡。

天敌： 捕食性天敌有日本弓背蚁、双齿多刺蚁捕食小若虫；中华大刀螂、广腹螳螂、黄足猎蝽 *Sirthenea flavipes* (Stål)、黑红猎蝽、浙江红螯蛛、拟环纹狼蛛及画眉、竹鸡、杜鹃等鸟类捕食成虫、若虫。

C

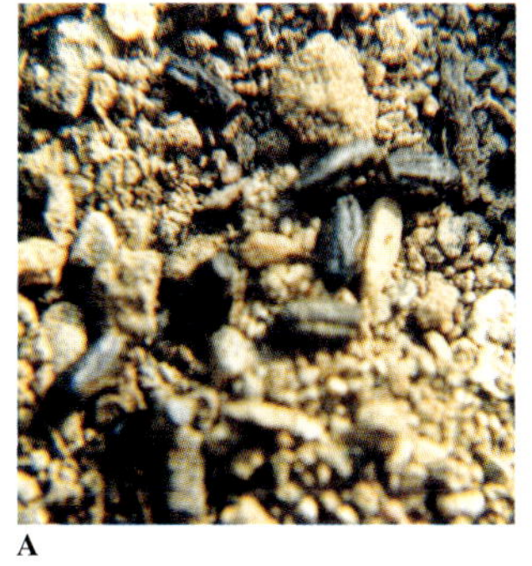
A

A. 产于地面的卵（卵干果状，长1.8mm，黑色，卵壳上有3～4条凹陷纹）

B. 在竹上取食的3龄若虫（3龄若虫体长4.5mm，翠绿色，触角与前足等长）

C. 在竹叶丛中停息的4龄若虫（4龄若虫体长6mm，翠绿色；复眼小、橙黄色。停息时两前足与触角并起前伸）

7 大青叶蝉

Tettigoniella viridis (Linnaeus)

Cicada viridis Linnaeus, 1758
Tettigoniella viridis Latreille, 1807
Amblycephalus viridis Curtis, 1835
Tettigoniella arundinis Brumeister, 1835
Cicadella viridis Van Duzee, 1912
Tettigoniella viridis (Linnaeus), 1966. 中国经济昆虫志．第10册．同翅目叶蝉科．55

A. 在竹叶上取食的成虫（成虫体、翅平均长9.2mm，青绿色，在两单眼之间上前方有黑斑1对，复眼绿色。小盾片上有一短横刻痕，前翅绿色兼有青蓝光泽，端部透明）

B. 卵

C. 停息在毛竹秆上的若虫（老熟若虫体长6.5～7.3mm，淡黄绿色。胸、腹背部及两侧有4条褐色纵条纹直到腹末，腹部向末端尖细）

C

A

B

分类地位： 同翅目HOMOPTERA叶蝉科Cicadellidae大叶蝉属*Tettigoniella*。

分布： 中国各地都有分布；日本，朝鲜，马来西亚，印度，加拿大，欧洲。

寄主及危害： 取食刚竹属、大节竹属、唐竹属、箣竹属、牡竹属、慈竹属、绿竹属中几乎大多数竹种及桃、苹果、李、梨等果树；稻、麦、棉、豆等农作物及蔬菜；杨、柳、槐、桑、枣、椿、柏等绿化树种；各种蔬菜、花卉。成虫、若虫在竹叶上吸取汁液，造成竹叶满布枯白斑点，一般影响光合作用，严重者造成竹叶早落，在抚育管理精细、无杂草竹林危害更重。

主要识别点：

成虫　雄虫体、翅长7.2～8.3mm，头宽2.3～2.5mm；雌虫体、翅长9.4～10.1mm，头宽2.4～2.7mm；青绿色。头部两颊微青，颜面淡褐色，颊区近唇基缝处左右各有小黑斑1个，在两单眼之间上前方有黑斑1对，复眼绿色。前胸背板淡黄绿色，后半部深青绿色，小盾片上有一短横刻痕，前翅绿色兼有青蓝光泽，前缘淡白，翅脉青黄色，具狭窄淡黑色边缘，端部透明；后翅烟黑色、半透明。胸、腹部腹面、足橙黄色。

卵　长卵圆形，中间稍弯曲，1端稍细，长径1.6mm，短径0.4mm。乳白色、略黄，卵壳光滑。

若虫　初孵化乳黄色带绿，头大腹细，复眼红色。老熟若虫体长6.5～7.3mm，淡黄绿色。头冠部有1对黑斑，胸、腹背部及两侧有4条褐色纵条纹直到腹末，腹部向末端尖细。

发生期： 各地1年发生代数不一。在新疆、内蒙古1年1～2代、华北1年3代，华南1年6代，浙江1年5代，以卵越冬，3月下旬若虫孵化活动，以后到11月均可见到该虫的活动，卵需经9～15天孵化，若虫生活24～44天羽化成虫。

天敌： 成虫、若虫有食蚜蝇*Epistrophe* sp.、十斑大瓢虫*Anisolemnia dilatata* (Fabricius)、异色瓢虫*Leis axyridis* (Pallas)、褐蛉*Hemerobius* sp.、大草蛉*Chrysopa septempunctata* Wesmael、步甲*Calosoma* sp.等天敌捕食，若虫有1种寄生蜂。

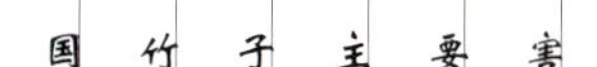

8 竹黛蚜

Melanaphis bambusae (Fullaway)

Aphis bambusae Fullaway,1910,Ann.Rept.Hawaii Expt, 1909. 35
Melanaphis bambusae Van der Goot, 1917.Contr.Faune Indes Neerl., 1,3,61
Masraphis phyllostachia Soliman, 1937. Bull.Tech.Soc.Serv.Minist.Agr.Egypt, 4
Melanaphis bambusae(Fullaway), 1976.Quarterly Journaal of The Taiwan Museum. 29 (3～4): 502～503
Melanaphis bambusae(Fullaway), 1983. 中国经济昆虫志. 第25册. 同翅目蚜虫类（一）.245

俗名： 竹色蚜、竹蚜。

分类地位： 同翅目HOMOPTERA蚜科Aphididae 黛蚜属（色蚜属）*Melanaphia*。

分布： 中国安徽、江苏、浙江、台湾、福建、江西、湖南、广东、云南；朝鲜，日本，马来西亚，印度尼西亚，美国（夏威夷），埃及，前苏联（高加索）。

寄主及危害： 危害毛竹、刚竹、淡竹、早竹、早园竹、金毛竹、乌哺鸡竹、白哺鸡竹、红竹、奉化水竹、斑竹、富阳乌哺鸡竹、白夹竹、石竹、甜竹、台湾桂竹、浙江淡竹、紫竹、篌竹等刚竹属、苦竹属、箣竹属一些竹种。蚜在竹叶背面取食，被害嫩竹叶出现萎缩、褪绿、枯白。蚜虫分泌物排落于竹叶上滋生煤污病，特别是污染竹叶、影响光合作用，煤污结集较厚竹叶会自然脱落或枯死。

主要识别点：

无翅孤（胎生）雌蚜　体长0.85～1.25mm，卵圆形，体色变化大，有黑色、红褐色、土黄或红色，被白色粉状蜡质物。头部光滑，中额瘤几乎不隆起，额瘤隆起外倾。喙短，黑色；复眼大，深褐色，具突起的眼瘤，无单眼；触角5节，近于体长，末节延长为基部长的4倍，足细长。

有翅孤（胎生）雌蚜　体长1.15～1.40mm，卵圆形，褐绿色到黑色，被白粉。中额平顶，额瘤微显，喙短；复眼大，具复眼瘤，无单眼；触角6节，近于体长，黑色。前翅中脉2分叉，足细长。

发生期： 在浙江余杭区1年发生18～21代，越冬代及7～8月发生的第10～13代，出现有翅孤雌蚜，其他时间均为无翅孤雌蚜。第1代蚜发生在3月中旬到5月中旬，幼蚜需经17～25天，平均为20.58天，脱皮4次成为无翅孤雌蚜，开始产子，无翅孤雌蚜寿命为16～33天，平均为21.27天。其他各代的幼蚜生活期为8.2～15.3天，均脱皮4次，

A

无翅孤雌蚜的寿命为5.2～33.4天，以第4～13代蚜的寿命最短。各代竹黛蚜发生期分别为第1代60～70天，第2代50～60天，第3代40～50天，第4～6代30～40天，6月下旬到8月底产生的第7～13代均为20～30天，第14～20代30～60天；12月上中旬无翅孤雌蚜后代分化出有翅孤雌蚜，并于12月中旬到1月下旬产子，到3月发育为无翅孤雌蚜，有翅孤雌蚜于1月下旬到2月上旬死亡，寿命50天，无翅孤雌蚜于2月底到3月上旬死亡。

天敌： 捕食性天敌有黑腹狼蛛*Lycosa coelestris* L.Koch、拟环纹狼蛛、细纹猫蛛*Oxtopes macilentus* L. Koch、盗蛛、浙江豹蛛*Pardosa tschekiangensis* Schenkel，中华显盾瓢虫*Hyperaspis sinensis* (Crotch)、二星瓢虫*Adalia bipunctata* (Linnaeus)、十斑大瓢虫、龟纹瓢虫*Propylaea japonica* (Thunberg)及食蚜蝇、丽草蛉*Chrysopa formosa* Brauer、中华草蛉*Chrysopa sinica* Tjeder；寄生性天敌有蚜茧蜂*Diaeretiella* sp.、蚜小蜂*Aphelinus* sp.。

A. 无翅孤雌蚜在竹叶背面取食（无翅孤雌蚜体长1.0～1.2mm，卵圆形。体色有黑色、红褐色、土黄或红色，被白色粉状蜡质物；复眼大，深褐色，具突起的眼瘤；触角5节近于体长，末节端部为基部长的4倍。此蚜专于竹叶背面危害）

B. 有翅孤雌蚜在竹叶背面取食（有翅孤雌蚜体长1.15～1.40mm，卵圆形，褐绿色到黑色，被白粉。喙短；复眼大，具复眼瘤，无单眼；触角6节，近于体长，黑色。图示：褐色、被白粉者为无翅孤雌蚜）

C. 食蚜虻正在捕食无翅孤雌蚜（无翅孤雌蚜在较小时就可被食蚜虻捕食。图示：此食蚜虻是在捕食完邻近竹叶上的黛蚜，刚转移到此竹叶上的，现正在捕食）

B

C

9 竹纵斑蚜

Takecallis arundinariae (Essig)

Myzocallis arundinariae Essi, 1917. Univ.Calif.Pub.Ent., 302
Myzocallis bambusifoliae Takahashi, 1921. Agr.Exp.Sta.Govt.Formosa Rept., 20: 73
Agrioaphis bambusifoliae Takahashi, 1931. Dept.Agn.Govt.Res.Inst. Formosa Rept., 53: 84
Takecallis arundinariae Takahashi, 1965. Insectal Matsumura, 28: 58
Takecallis arundinariae (Essig), 1976. Quarterly Journaal of The Taiwan Museum, 29 (3～4): 514～516
Takecallis arundinariae (Essig), 1983. 中国经济昆虫志．第25册．同翅目蚜虫类（一）．158～159

分类地位： 同翅目HOMOPTERA斑蚜科Callaphididae凸唇斑蚜属 *Takecallis*。

分布： 中国北京、山东、安徽、江苏、浙江、台湾、福建；朝鲜，日本；欧洲，北美洲。

寄主及危害： 危害乌芽竹、黄槽竹、黄秆京竹、五月季竹、斑竹、白夹竹、寿竹、白哺鸡竹、甜竹、淡竹、毛竹、红竹、篌竹、早竹、富阳乌哺鸡竹、雷竹、早园竹、刚竹、秋竹、苦竹、川竹、玉山竹、滑竹、海竹等竹种，被害嫩竹叶出现萎缩、枯白，蚜虫分泌物粘落处滋生煤污病，特别是污染竹叶、影响光合作用。

主要识别点：

无翅孤雌蚜　体长2.15～2.24mm，长卵圆形，淡黄色。头光滑，具较长的头状背刚毛8根，唇基有囊状隆起，喙短；复眼大，红色，具复眼疣，单眼3枚；触角灰白色，6节，约为体长的1.1倍，触角疣不明显，中部疣发达；足细长，灰白色。

有翅孤雌蚜　体长2.32～2.56mm，长卵圆形，淡黄至黄色。头光滑，具背刚毛8根，中额隆起，额瘤外倾；喙短粗，光滑；复眼大，有复眼疣，单眼3枚；触角细长，6节，约为体长的1.6倍，灰白色。第1～7腹部背面各有纵斑1对，每对呈倒八字形排列，黑褐色。前翅长3.42～3.74mm，中脉2分叉。足细长，灰白色。

发生期： 在浙江余杭区1年发生18～20代，发生周期与竹黛蚜基本相似，惟6月后气温较高时，竹林中虫口密度较低，到9月后再次出现该蚜的活动。

天敌： 捕食性天敌有斑管巢蛛 *Clubiona maculata* Song *et* Chen、浙江红螯蛛 *Chiracantium zhejiangensis* Song *et* Hu 两种蜘蛛，黑缘红瓢虫 *Chilocorus rubidus* Hope、异色瓢虫 *Leis axyridis* (Pallas)、七星瓢虫 *Coccinella septempunctata*、中华显盾瓢虫、隐斑瓢虫5种瓢虫，大草蛉 *Chrysopa septempunctata* Wesmael、牯岭草蛉 *C. kulingensis* Navas、中华草蛉3种草蛉及食蚜蝇；寄生性天敌有蚜茧蜂 *Ephedrus* spp.、蚜茧蜂 *Diaeretiella* sp.等。

B

A. 无翅孤雌蚜在竹叶背面取食（无翅孤雌蚜体长2.15～2.24mm，长卵圆形，淡黄色；喙短；复眼大，红色，具复眼疣，单眼3枚；触角灰白色，6节，约为体长的1.1倍）

B. 有翅孤雌蚜在竹叶背面取食（有翅孤雌蚜体长2.32～2.56mm，长卵圆形，淡黄至黄色。喙短粗、光滑；复眼大，有复眼疣，单眼3枚；触角细长，6节，约为体长的1.6倍，灰白色，第1～7腹部背面各有纵斑1对，每对呈倒八字形排列，黑褐色。前翅长3.42～3.74mm）

A

竹梢凸唇斑蚜

Takecallis taiwanus (Takecallis)

Myzocallis taiwanus Takahashi, 1926. Proc.Ent.Soc.Washington, 28:160
Agrioaphis taiwanus Takahashi, 1931. Dept.Agn.Govt.Res.Inst. Formosa Rept., 53:84
Therioaphis tectae Tissot, 1932. Florida Ent.,Gainesville, 16: 1
Takecallis taiwanus (Takecallis), 1976. Quarterly Journaal of The Taiwan Museum, 29 (3～4): 516～519
Takecallis taiwanus (Takecallis), 1983. 中国经济昆虫志．第25册．同翅目蚜虫类（一）．157～158

分类地位：同翅目HOMOPTERA斑蚜科Callaphididae凸唇斑蚜属 *Takecallis*。

分布：中国山东、安徽、江苏、浙江、台湾、福建、湖南、四川、云南；日本，新西兰；欧洲，北美洲。

寄主及危害：危害五月季竹、白哺鸡竹、甜竹、淡竹、毛竹、石竹、台湾桂竹、红竹、刚竹、早竹等。蚜虫大多在初抽出嫩叶上取食，被害竹叶久久不易展开，并逐渐萎缩，严重影响光合作用。

主要识别点：

无翅孤雌蚜　体长2.05～2.14mm，长卵圆形，淡绿色或黄褐色。复眼大，红色，有复眼疣，单眼3枚；触角6节，黑色，短于体，为体长的0.65～0.75倍。

有翅孤雌蚜　体长2.35～2.46mm，长卵圆形，淡绿色或黄褐色。头部微突，光滑，具背刚毛8根；喙粗短；复眼大，红色，有复眼疣，单眼3枚；触角6节，黑色，短于体，为体长的0.7～0.8倍，触角疣不发达。足灰白色。前翅长2.15～2.24mm，中脉2分叉，肘、臀脉分离。

发生期：在浙江余杭1年发生20～23代。各个世代历期要比竹黛蚜少5～20天；7～8月气温较高期间，完成1代仅需15天。

天敌：几种蚜虫天敌基本一样，各种蚜虫的天敌在种类上有差异。在调查中发现有宽条狡蛛 *Dolomedes pallitarsis* Boes *et* Str.、锚盗蛛 *Pisaura ancora* Paik、猫蛛 *Oxtopes* sp.、黑腹狼蛛、斜纹猫蛛5种蜘蛛，大红瓢虫 *Rodolia rufopilosa* Mulsant、横带瓢虫 *Coccinella trifasciata* Linnaeus、龟纹瓢虫3种瓢虫，其成虫、幼虫捕食成、幼蚜，食蚜蝇幼虫捕食成、幼蚜；寄生性天敌有蚜茧蜂 *Aphidius* sp.、蚜小蜂 *Aphelinus* sp.。

A

B

A. 在竹子未展卷叶上取食（体卵圆形，触角短于体，大多在竹子尚未展开的嫩叶上取食）

B. 在竹叶背面取食（无翅孤雌蚜体长2.05～2.14mm，淡绿色或黄褐色。复眼大，单眼3枚；触角6节，黑色，短于体。有翅孤雌蚜体长2.35～2.46mm，长卵圆形，淡绿色或黄褐色）

C. 被蚜茧蜂寄生的竹梢凸唇斑蚜（蚜茧蜂可寄生多种蚜虫，此张竹叶上有10多个蜂茧，因采集不慎，只留下6个，竹叶上蚜虫多被寄生而不存）

D. 食蚜蝇正在捕食竹梢凸唇斑蚜（图示：体大，体内腔红色者为食蚜蝇，取食量大，从竹叶尖部向叶基取食，2～3天时间叶尖、中部蚜虫被食尽，但有虫痕迹明显）

E. 被危害的早竹林竹叶上被染煤污病（竹子上部竹叶被蚜虫危害，蚜虫排蜜落于下部竹叶上，会感染煤污病。图示：竹叶煤烟很厚，可以剥落，严重影响竹子光合作用）

C

D

E

11 竹釉盾蚧

Unachionaspis bambusae (Cockerell)

分类地位： 同翅目HOMOPTERA盾蚧科Erccidaeioco 釉盾蚧属 *Unachionaspis*。

分布： 中国安徽、江苏、浙江、福建、江西。

寄主及危害： 危害毛竹、刚竹、淡竹、旱竹、金毛竹、乌哺鸡竹、白哺鸡竹、红壳雷竹、奉化水竹、苦竹。若虫、成虫在竹叶背面取食，被害竹叶在虫害处出现褐色斑，严重危害时斑点可连接成片，叶尖枯死，竹叶早落，影响竹子光合作用。

主要识别点：

成虫　雄虫介壳长为1.06～1.14mm，长筒形，两侧边略平行，背面覆盖白色的蜡絮，虫体长为0.65～0.73mm，橘红色；触角淡黄色，10节，除基节外各节细长，被较长的刚毛；翅白色，透明，平衡棒淡黄色。雌虫介壳长为1.84～2.46mm，梨形，白色、洁白光亮；若虫脱皮2次，雌虫介壳末端1、2龄皮蜕橘黄色明显可见；虫体长为1.16～1.24mm，宽0.77～0.83mm，纺锤形，橘黄色；触角疣状，端部各生短刚毛1根。

卵　椭圆形，长径0.15～0.19mm，短径0.10～0.13mm，淡黄色，卵壳光滑。

初孵若虫　体长0.19～0.24mm，椭圆形，淡黄色。头前端有4根刚毛，眼突出，淡黄色；触角5节；体每侧有刚毛12根，尾须2根。

雄蛹　长0.58～0.63mm，浅橘红色。交尾器端部钝。

发生期： 浙江1年发生3代，以交尾后雌成虫越冬。次年4月上中旬开始活动，4月中、下旬开始孕卵，5月上、中旬为盛卵期，5月中、下旬卵孵化为若虫，5月下旬到6月初为若虫活动盛期，6月中旬成虫开始羽化。雄成虫羽化比雌虫迟4～6天，6月中旬末、下旬初为羽化高峰；第2代发生期为6月底到7月底、8月上旬；第3代为8月下旬到9月底、10月上旬。雌成虫11月中、下旬越冬。

天敌： 捕食性天敌有红点唇瓢虫 *Chilocorus kuwanae* Silvestri、黑缘红瓢虫、隐斑瓢虫、大红瓢虫，几种瓢虫的捕食率约为9%；寄生性天敌有蚜茧蜂 *Diaeretiella* sp.，寄生率约为18%。

A

B

A. 在毛竹竹叶背面危害状（图示：雄、雌介壳。雄成虫介壳长1.06～1.14mm，长筒形，两侧边略平行，背面覆盖白色的蜡絮。雌成虫介壳长为1.84～2.46mm，梨形，白色、洁白光亮；若虫脱皮2次，雌虫介壳末端1、2龄皮蜕橘黄色明显可见）

B. 初孵若虫（体长0.19～0.24mm，椭圆形，淡黄色。头前端有4根刚毛，眼突出，淡黄色）

12 纹须同缘蝽

Homoeocerus striicornis Scott

Homoeocerus striicornis Scott,1977. 中国蝽类昆虫鉴定手册. 半翅目异翅亚目. 第1册. 235

Homoeocerus striicornis Scott,1985. 中国经济昆虫志. 第31册. 半翅目（一）. 125

分类地位： 半翅目HEMIPTERA缘蝽科Coreidae同缘蝽属*Homoeocerus*类缘蝽亚属*Anacanthoris*。

分布： 中国甘肃、河南、山东、安徽、江苏、浙江、台湾、福建、江西、湖南、四川、广东、广西、云南等地。

寄主及危害： 常见危害樟树、松、桑、茶、油茶、油桐、栎等多种阔叶树。在竹子上危害属首次报道，危害孝顺竹、苦竹、毛竹、淡竹、刚竹等。成虫、若虫均可在竹叶、叶柄及小枝上取食，被害竹叶出现褐色小斑、枯叶或提早落叶。

主要识别点：

成虫　体长17.5～19.8mm，体宽4.5～5.4mm。体翠绿色。头小、褐色，被黑色颗粒，密被白色绒毛；复眼黑褐色，大而突出，单眼红色；触角4节，触角基突出，第1～2节几乎等长，基部3节为浅黑褐色，末节略短、稍膨大，基半段黄白色或黄绿色，端半部黑褐色。前胸背板翠绿色，侧缘红褐色，前狭后宽，倾斜度大，后缘隆起，后缘侧角呈三角形稍上翘。小盾片三角形，鲜绿色。中后胸侧板中央各有1个小黑点。前翅黄褐色，前缘和爪片内缘黑色，膜片透明。足细长，黄绿色，胫节浅黄褐色，中、后足色较深。

若虫　老熟若虫体长15～16 mm，卵圆形，黄白色，头小，黄褐色；复眼大，突出，浅褐色；触角长于体，4节，黑褐色。体侧为黑、红色边，臭腺清晰、肉红色。足细长，黄褐色。

发生期： 在浙江1年1代，以成虫越冬。下年4月上、中旬成虫活动、取食，4月下旬、5月上旬成虫交尾、产卵，5月中、下旬为产卵高峰，若虫于5月中、下旬开始取食，若虫经55～70 天老熟羽化成虫，7月底、8月上旬成虫落地隐蔽，11月越冬。

天敌： 纹须同缘蝽的天敌不多，仅见有虎甲*Cicindela* sp.和真猎蝽*Harpactor* sp.捕杀该虫若虫。

A

B

A. 停息在竹小枝上的成虫（体长18.5mm，翠绿色。复眼黑褐色，大而突出；触角4节，第1～2节几乎等长，基部3节为浅黑褐色，末节略短，稍膨大，基半段黄白色，端半部黑褐色。前胸背板翠绿色，侧缘红褐色，前狭后宽，倾斜度大，后缘侧角呈三角形稍上翘。小盾片三角形，鲜绿色。前翅黄褐色，膜片透明。足细长，黄绿色，中、后足胫节浅黄褐色）

B. 在竹叶上取食的4龄若虫（4龄若虫体长13.5mm，卵圆形，黄白色；头小，黄褐色；复眼大，突出，浅褐色；触角长于体，4节，黑褐色。足细长，黄褐色）

13 膨胸卷叶甲
Leptispa godwini Baly

A

A. 在被害半边枯死卷起的竹叶中的成虫（成虫体长6.2mm，体漆黑色、有光泽。触角棒状，12节，黑色。前胸背板，有刻点，后缘有尖角。除转移时间外，终身在卷叶中取食、产卵）

B

B. 在卷起的嫩竹叶中的卵（长卵圆形，长径1.0mm。青白色，卵壳光滑，半透明，有光泽。卵在竹叶内与叶脉同向条产，每片竹叶内有卵6～22粒。成虫产卵前将竹叶食出几条伤痕使竹叶卷起，再产卵）

C

C. 在卷起的竹叶中取食的5龄幼虫（5龄幼虫体长6mm，体扁圆形，黄白色；胸部黄色，各体节侧面略突出。此卷叶中幼虫多，上表皮几乎被取食殆尽）

分类地位： 鞘翅目COLEOPTERA 铁甲科Curculionidae 卷叶甲属*Leptispa*。

分布： 中国浙江、福建、江西、湖南、广西等地。

寄主及危害： 危害鱼肚腩竹、孝顺竹、观音竹、凤尾竹、青皮竹、马甲竹、龙头竹、苦竹、毛竹、淡竹、刚竹等；幼虫在竹叶一边2/3处，从竹叶基部剥食竹叶直到叶尖，仅留叶脉及下表皮，使竹叶成半边枯死而卷起，将幼虫包裹其中，继续危害。严重危害，使竹梢、枝梢嫩叶大部或全部被害，现出一片枯白，严重影响竹子光合作用，作为道路、庭院、公园四周绿化的孝顺竹，更影响环境美化作用。

主要识别点：

成虫　雄虫体长5.25～5.80mm，肩宽1.15～1.30mm；雌虫体长5.68～6.65mm，肩宽1.25～1.62mm。体漆黑色，有光泽。头黑色，头顶、颊区有刻点，额区略凹陷；复眼小，突出，着生头前触角上方；触角棒状，12节，均为黑色。前胸黑色，背板颇似叩甲成虫前胸背板，有刻点，后缘有尖角。鞘翅黑色，上有小刻点组成的10列纵线，外缘较密，后缘翅尖处有合并，后翅肉黄色；胸部腹面黑色，有刻点，腹部肉黄色。足黑色，肉垫淡黄色。

卵　长卵圆形，长径1.0～1.2mm，短径0.28～0.35mm。青白色，卵壳光滑，半透明，有光泽。卵产于卷起的嫩竹叶内，与叶脉同向条产，2～4条组成1卵块，每片竹叶内有卵2～4条、6～18粒。

幼虫　初孵幼虫体长1.4mm，乳白色；老熟幼虫体长5.3～6.4mm，黄白色；头深黄色，横置，宽0.95mm，前端有棘1对，口器黑色。体扁圆形，胸部黄色，各节侧面略突出，中、后胸节间有1棘状突起；足呈乳头状，趾钩黑色；腹部淡黄色，第1～8腹节侧面中间各有1个较长的棘状突起，由前到后逐渐增大，也由前到后从横置到向后倾斜，末节正中有一长1.5mm的突起，基部略细，中间增粗，有颗粒状突起，末端分叉。

蛹　体长5.4～6.5mm，体扁，黄褐色，前胸背板后缘有尖角。

A

B

A. 在卷起的竹叶中取食的老熟幼虫（腹部淡黄色；第1～8腹节侧面中间各有1个较长的棘状突起，末节正中有一长1.5mm的突起，基部略细，中间增粗，有颗粒状突起，末端分叉。体内黑色为待消化的食物）

B. 在卷起的竹叶中的蛹（体长6mm，体扁。初化蛹黄白色，渐变为黄褐色）

C. 成虫危害状（成虫在卷起的竹叶中取食，上表皮被完全剥食，竹叶卷起，下表皮完全枯白；卷叶中有2～3条成虫，竹叶半边枯死，有4～5条以上，竹叶全部枯死）

D. 公园中孝顺竹竹叶被害状（被幼虫危害的一般征状是大多数竹枝的中心1～2片叶都被食成枯黄）

C

D

发生期：在浙江1年1代，偶见2代，以成虫在被害竹子的枯叶中落地越冬。次年当上一年出笋生长成的竹子萌发新叶后，越冬成虫于4月上、中旬开始活动，卷食嫩叶。在浙江衢州于成虫于4月中下旬5月上旬产卵，在富阳4月底、5月上旬开始产卵，产卵后成虫死亡。卵经7～10天孵化，5月上旬在卷曲的嫩叶中可见幼虫，6月上、中旬卵终见。6月中旬幼虫开始化蛹，6月下旬发现成虫羽化，并卷新叶进行补充营养直至越冬。在富阳2000年发现其中部分早羽化的成虫于7月中旬产卵，8月出现幼虫，9月底至10月羽化成虫，经补充营养后越冬。

天敌：膨胸卷叶甲4个虫态均在卷包的竹叶中生活，天敌很少，在检查中偶见有步甲捕食幼虫和蛹。

14 白钩雕蛾

Glyphipterix semiflavana Lssiki

Glyphipterix semiflavana Lssiki, 1981. 中国蛾类图鉴. 1：13

分类地位： 鳞翅目 LEPIDOPTERA 雕蛾科 Glyphipterigidae。

分布： 中国吉林、辽宁、河北、河南、浙江、福建、江西、湖南等地；日本。

寄主及危害： 危害毛竹、金丝毛竹、花皮淡竹、安吉金竹、刚竹、淡竹、早竹、早园竹、方秆毛竹、衢县红壳竹等刚竹属竹种，幼虫取食当年新竹抽出叶鞘和老竹换叶后新抽叶叶鞘，使竹叶的中心叶不能抽出而枯蔫，被严重危害的竹林，50%新发出的中心叶不能抽出，影响光合作用，连年被害，竹林出笋减少，竹林衰败。

主要识别点：

成虫 体长4～5mm，翅展14mm左右，体灰黑色。触角丝状，灰褐色。前翅灰黑色，在前缘距翅基2/5处至翅顶角有短白色条斑6个，第2和第3条斑下方有银白色斑点1枚，臀角处有银白色斑点5枚，呈梅花形排列，在翅中至后缘处有斜行较宽而弯曲的白斑条1枚。足胫节、跗节上有黑色与白色相间的环纹。

卵 卵圆形，长径0.7～0.8mm，短径0.4～0.5mm。乳白色，卵面有纵条纹，端截状，截状四周有乳状突起。

幼虫 体长7.2～10.5mm，淡粉绿色，半透明，可隐约见体内白色的组织。头黑褐色，前胸背板灰褐色，被背线分割为二，尾部圆锥形，尾板黑色。气门橙黄色，略有突出，以前胸气门和尾气门较为明显，突出部分在呼吸时可以缩入皮下。越冬前幼虫背线、亚背线红色。幼虫5龄，各龄幼虫头壳宽依次为0.17～0.22、0.29～0.35、0.42～0.44、0.47～0.50、0.58～0.63mm。

蛹 体长6mm，初化时乳白色，后渐变为黄褐色，羽化前黑褐色。中胸两侧、翅芽上方为灰黄色，前胸背板两侧有1对棘，第2～7腹节气门突出呈棘状，以第5、6 腹节的突出最甚。

茧 纺锤形，长7.0～8.5mm，丝质结成网袋状，白色灰白色，略透明。

发生期： 在浙江1年发生1代，以老熟幼虫在被害竹枯叶鞘中越冬。翌年3月底4月上旬，经连续数天日均气温在10°C以上时，越冬幼虫开始活动，从侵入孔爬出，在叶鞘、小枝、竹秆上吐丝结网状茧。有时幼虫需爬行或吐丝下垂另找适宜地点吐丝结网状茧，在茧中化蛹，化蛹25天左右，即4月中旬至5月中旬，当日均气温20°C时，成虫羽化。成虫于竹叶叶鞘的上端或叶耳处产卵，初孵幼虫在叶鞘上爬行，大多由叶鞘基部钻入叶鞘，并在内危害，蛀入孔很细，1～2天后可见1个深褐色的小斑，6月下旬幼虫老熟，并在此越夏、越冬。

天敌： 由于该虫隐于叶柄中，天敌少，发现有种小鸟啄破叶柄，取食叶柄中幼虫；在幼虫爬出叶柄、织结茧时常被丽园蛛、猫蛛、盗蛛捕食。

A

B

C

D

A. 停息在竹叶上的成虫（初孵成虫色浅，前翅在前缘距翅基2/5处至翅顶角有短白色条斑6个）

B. 爬行寻找结茧场所的老熟幼虫（老熟幼虫体粗壮，头褐色，前胸背面硬皮板大，黑色，气门黑色）

C. 茧（老熟幼虫在竹叶鞘、小枝、竹秆上吐丝结茧，茧白色，网袋状）

D. 竹子中心叶被幼虫危害枯死状（毛竹叶芽发叶一般3片，幼虫在叶芽萌发时侵入，在竹子叶柄中取食，使中心叶失去水分、养分供给，而枯死不能展开）

15 毛竹尖蛾

Cosmopterix phyllostachysea Kuroko

Cosmopterix phyllostachysea Kuroko, 1957. Kontys, 25: 30~32

分类地位： 鳞翅目 LEPIDOPTERA 尖蛾科 Cosmopterigidae。

分布： 中国浙江、江西。

寄主及危害： 危害毛竹、刚竹、淡竹、红竹、早竹、白哺鸡竹、五月季竹、台湾桂竹、石竹、水竹、天目箬竹、苦竹、云和苦竹。幼虫潜入竹叶中危害，取食叶肉，造成竹叶仅留枯黄的上下表皮，失去光合作用的能力。虫口密度大时，竹上大量枯叶，影响竹叶翌年出笋的数量与质量。

主要识别点：

成虫　体长5.2～58mm，翅展12mm，黑褐色。头黑色，顶部密被黑色鳞片，中央具1条银白色纵纹；复眼红色，在复眼上缘各有1条银白色纵纹；喙发达，下唇须发达，第3节上翘，与第1、2节几乎成直角；触角丝状，末3节白色，余大多为黑白相间，将虫体展翅，触角几乎与前翅等长。胸背成心脏状，上有3条银白色纵纹，与头部3条相连接。前翅狭长，披针形，前后缘几乎平行，缘毛长，略短于翅宽，灰黑色，翅基近1/2黑色，翅面有4条银白色平行的纵纹，紧靠前缘1条较狭，第2条起于基角，下1条起点落后1段，后缘1条再落后1段，成阶梯式。翅中约有1/4 为金黄色，内端近黑色部位有3个黑点成三角形排列，外端有2个白点。后翅羽状。

幼虫　初孵幼虫体长1.5mm，乳黄色，半透明。老熟幼虫体长6.5mm，黄褐色，体扁，化蛹前乳白色，半透明。头部约1/2缩入前胸内，口器深褐色。前胸宽于头及中、后胸，前胸背板、尾板黑色，各体节两侧具1～2根刚毛。

蛹　体长6.6mm，初化蛹为白色，背具白粉，羽化前为红褐色。体细长，前翅芽长约占体长2/3，遮盖住第6腹节，第10腹节两侧各具刚毛3根，臀棘8根。

发生期： 在浙江余杭1年1代，以小幼虫潜伏于竹叶片内越冬。翌年3月下旬活动取食，取食量增大，被害状由狭增宽，4月底、5月初幼虫老熟并化蛹，蛹经11～23天于5月上旬开始羽化成虫，蛹期约1个月，5月中旬成虫产卵于小年竹竹叶背面基部，一般1叶1卵。在竹林中5月下旬发现幼虫，幼虫于竹叶背面基部中脉附近侵入叶内，在内取食，食量很小，10月后越冬。

天敌： 竹尖蛾成虫常被日本蚁蛛 *Myrmarachne japonica*(Karsch)、1种猫蛛捕食；寄生性天敌有长距茧蜂 *Macrocentrus* sp.、竹尖蛾瘤姬蜂 *Itoplectis alternaus spectabilis* (Matsumura)、广齿腿姬蜂 *Pristomerus vulnerator* Panzer、尖蛾姬小蜂 *Cotterellia* sp.、尖蛾小蜂 *Pnigalio* sp.、竹尖蛾寡脉茧蜂 *Oligoneurus cosmopterygivorus* He 等寄生。

A

B

C

D

E

A. 成虫标本（图示：亚林所昆虫标本室藏标本。成虫触角丝状，末3节白色，余大多为黑白相间，将成虫展翅触角几乎与前翅等长。头顶中央、复眼上方有3条银白色纵纹直通胸部背面）

B. 幼虫危害状（初孵幼虫从竹叶背面近中脉处侵入叶内，取食叶肉，留下枯白的上下表皮，幼虫虫龄增加，食叶量增大，被害状也增大、加宽。图示：叶背面枯白的下表皮上有4条褐色横纹，明显显示1～5龄幼虫的各龄取食量，横纹处有一半月形的开口，是呼吸及排粪孔，半月形开口下有丝将前后虫室隔开，幼虫蛀道内没有幼虫粪便）

C. 蛀道中的4龄幼虫（体长4.5mm，乳黄色，半透明，体扁，前胸宽。在竹叶中取食叶肉）

D. 蛀道中的老熟幼虫（体长6.5mm，黄褐色，体扁，化蛹前乳白色、半透明。头部约1/2缩入前胸内，口器深褐色。前胸宽于头及中、后胸，前胸背板、尾板黑色）

E. 蛀道中的蛹（体长6.6mm，羽化前为红褐色。体细长，前翅芽长约占体长2/3，遮盖住第6腹节，第10腹节两侧各具刚毛3根，臀棘8根）

16 两色绿刺蛾

Latoia bicolor (Walker)

Parasa bicolor (Walker)

A. 展翅成虫（图示：亚林所昆虫标本室藏标本。体长13～19mm，头顶、前胸背面绿色，腹部棕黄色。前翅绿色，在亚外缘线、外横线上有2列棕褐色的小斑点，外横线上两点较大，亚外缘线上有4～6个较小，有时仅见到2～3个；后翅棕黄色）

B. 产于竹叶背面的卵（卵以块状产于竹子叶背中脉两侧，卵扁椭圆形，上覆盖透明的薄膜，初产淡黄色，渐变乳白色，一般不易发现，卵块各卵间不相互覆盖，每卵块有卵10～24粒）

C. 在竹叶上取食的3龄幼虫（体长4mm，淡黄色，背线略显绿色，中、后胸及第8腹节刺瘤上枝刺已明显）

D. 4龄幼虫集队迁移（1～2龄幼虫群集于竹叶背面啃食竹叶下表皮。3龄后有迁移爬行习性。爬行时由1虫领头，其它幼虫1条条的头尾相接跟其后，有时有10多条像1列火车一样）

A

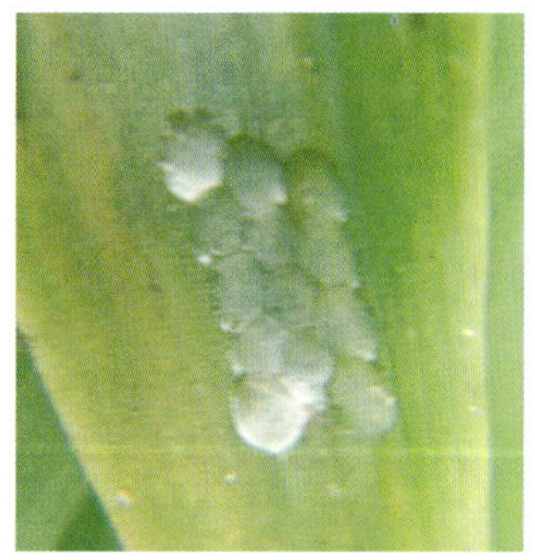

B

俗名：竹刺蛾。

分类地位：鳞翅目 LEPIDOPTERA 刺蛾科 Limacodidae 绿刺蛾属 *Latoria*。

分布：中国安徽、江苏、上海、浙江、台湾、福建、江西、湖南、湖北、广东、广西、四川、云南、贵州等地；斯里兰卡，印度，缅甸，锡金，印度尼西亚。

寄主及危害：危害毛竹、刚竹、淡竹、红竹、贵州刚竹、黄槽毛竹、衢县红壳竹、台湾桂竹、紫竹、五月季竹、花皮淡竹、白夹竹、寿竹、乌哺鸡竹、白哺鸡竹、篌竹、甜竹、角竹、石竹、早竹、雷竹、水竹、斑竹、早园竹、丽水苦竹、苦竹、撑篙竹、龙头竹、青皮竹、粉箪竹、木竹、孝顺竹、毛环唐竹、唐竹、白皮唐竹、红舌唐竹等。以小幼虫啃剥食取竹叶下表皮，造成竹叶枯白，失去光合作用；4龄后幼虫取食全叶，取食量随虫龄增大而加大，1条幼虫一生平均取食竹叶460cm^2，末龄幼虫食叶量约占一生食叶的50%，可将竹子部分竹叶吃光，严重危害可造成竹子枯死。

主要识别点：

成虫　雄虫体长14～16mm，翅展30～34mm；雌虫体长13～19mm，翅展37～44mm。头顶、前胸背面绿色，腹部棕黄色。雌成虫触角丝状；雄虫触角栉齿状，末端2/5为丝状。复眼黑色；下唇须棕黄。前翅绿色，前缘边缘、外缘、缘毛黄褐色。在亚外缘线、外横线上有2列棕褐色的小斑点，外横线上2点较大，亚外缘线上有4～6个较小，有时仅见到2～3个。后翅棕黄色，前、中足胫节、跗节外侧褐色，余为黄色。

卵　扁椭圆形，长径约1.6mm，短径1.3mm，扁平，上覆盖透明的薄膜，初产淡黄色，渐变乳白色。卵块产，各卵粒间不相互覆盖，每卵块有卵10～24粒，最多偶150余粒。

幼虫　初孵幼虫体长1.3mm，乳白色。幼虫8龄，各龄幼虫体长平均依次为1.52、2.15、3.88、6.15、9.17、12.53、18.63、29.05mm，老熟幼虫体长26～33mm，体宽5.5～7.5mm。头黑色，一般隐于中胸下，体黄绿色，背线较宽，青灰色；从后胸到第8腹节节间处各有1个半圆形的墨绿色斑，共9对，前后2对很小或隐约可见，均镶嵌入背线内；在亚背线与气门上线之间亦为青灰色、上方每节有半圆形的墨绿色斑1个，共8对，后胸1对隐约可见，第8 腹节1对消失，也镶嵌于青灰色线中，与背线斑相对；两线之间为黄绿色，正中各生有刺瘤1 个，共10个。气门黄色，圆形，生于青绿色气门线上；气门线与气门上线之间各节有刺瘤1个，刺瘤上方有绿色波状纵线1条，气门下方有黄色纵线1条；前胸节无刺瘤，与头同缩于中胸下，在爬行时可

C

D

伸出；中、后胸和第1、7、8腹节刺瘤上枝刺特别长；第8腹节后侧、第9腹节后缘各生黑色绒球状瘤状毛丛1对，每个瘤状毛丛下生有棕红色刺瘤1个。足特化为肉垫式的吸盘。

蛹　体长12～16mm，初化蛹乳白色，后渐变为棕黄色。翅芽尖达第6腹节末，后足跗节露出前翅外，腹部气门可见3对，腹部各节背面各节上半段着生很多棕色小刺组成的宽带，腹末圆钝。

茧　长15～21cm，双层，外层疏松，灰褐色，上端有1个圆形小孔；内层胶质，硬脆，棕色，上方较平，有一个成虫羽化后可顶开的盖，盖的上方在内外茧之间有一较大的空隙。

发生期：在江苏、浙江为1年发生1代，广东1年发生3代，均以老熟幼虫于土下的土茧中越冬。在浙江越冬幼虫于5月上、中旬化蛹，成虫于5月下旬初见，成虫颇长，约8月中、下旬终见，幼虫取食期为6月上旬至9月下旬，幼虫一生需取食42～53天老熟；在广东各代成虫出现期分别为4月中旬至5月下旬、6月下旬至7月下旬、9月上旬至10月上旬；幼虫取食期分别为4月下旬至6月中旬、7月上旬至8月下旬、9月上旬至11月上旬。

天敌：卵期捕食性天敌有中华草蛉、丽草蛉成虫、幼虫，捕食率约15%；幼虫期有黄足猎蝽、黑红猎蝽捕食中、小幼虫，寄生幼虫的有茧蜂 *Meteorus* sp.、竹刺蛾小室姬蜂 *Scenoharops parasae* He、紫姬蜂 *Chlorocryptus* sp.、小室姬蜂寄生率高时可达40%，另还有刺蛾寄蝇 *Chaetexorista* sp.、白僵菌寄生。成虫有浙江红螯蛛、武夷豹蛛 *Pardosa wuyiensis* Yu et Song、浙江豹蛛、黄褐狡蛛捕食。

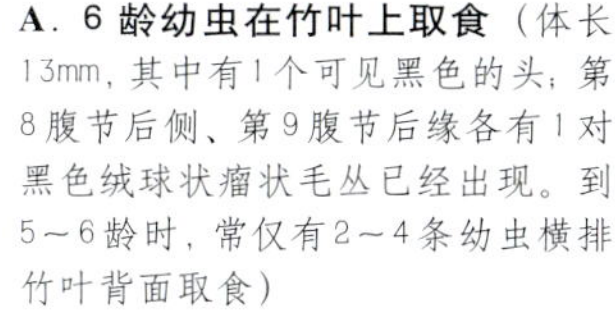

A

B

A. 6龄幼虫在竹叶上取食（体长13mm，其中有1个可见黑色的头；第8腹节后侧、第9腹节后缘各有1对黑色绒球状瘤状毛丛已经出现。到5～6龄时，常仅有2～4条幼虫横排竹叶背面取食）

B. 在竹枝上爬行的老熟幼虫背面（平均体长30mm，背线较宽、青灰色，从后胸到第8腹节节间处各有一半圆形的墨黑色斑，共9对，前后2对很小或隐约可见，与背线斑相对，亚背线位置正中各生有刺瘤1个，共10个。气门线与气门上线之间各节有刺瘤1个，刺瘤上方有绿色波状纵线1条，中、后胸及第1、7、8腹节刺瘤上枝刺特别长；第8腹节后侧、第9腹节后缘各生黑色绒球状瘤状毛丛1对，每个瘤状毛丛下生有棕红色刺瘤1个）

C. 结于土表下的茧（老熟幼虫落地后经爬行很快入土于2cm以内结茧，茧长卵圆形，深褐色，茧膨松，上端两层，外层顶端有一圆孔。图示：左2个茧成虫已羽化，留下蛹壳；右是好茧，内有虫）

D. 被白僵菌寄生的幼虫（在竹林中，幼虫常被白僵菌寄生，寄生率在10%以下。初寄生幼虫食叶量下降，逐渐体缩短、发黑、长出白色菌丝）

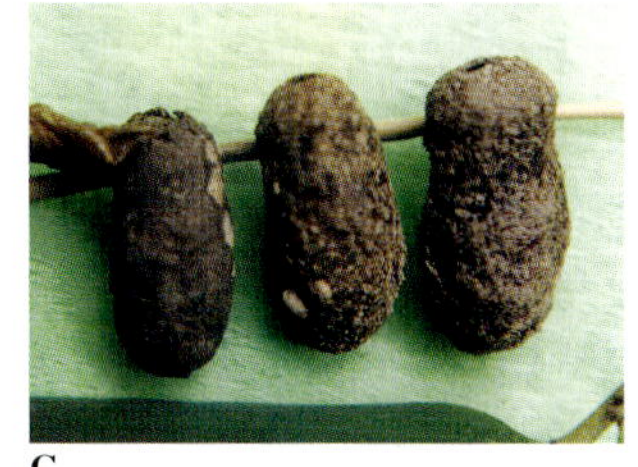

C

D

17 竹斑蛾
Artona funeralis (Butler)

A. 初羽化雌成虫（室内饲养初羽化成虫立即爬行，或爬上竹叶，在爬行中翅逐渐展开，待翅全部展开后停息。停息状体长10mm，全体黑色，带青蓝色的光泽，触角丝状）

B. 产于毛竹竹叶背面上的卵块（卵为短柱形，长径0.7mm，短径0.5mm。初产乳白色，半透明，有光泽。成块状分散产于较嫩的竹叶背面，每个卵块有卵50～150粒。此卵块有卵65粒。图示：左侧1单粒卵上停息的是赤眼蜂成虫在产卵）

C. 群集于竹叶背面的1龄幼虫取食状（体长0.9～1.8mm，乳白色，胸部、腹末有紫红色斑，体被长毛。初孵幼虫群聚于竹叶背面，休息后群聚取食竹叶下表皮，一般不分开，使竹叶仅留上表皮，呈枯薄膜状。1龄幼虫食叶量小，竹叶上表皮干枯明显）

D. 刚脱皮的6龄幼虫（5龄幼虫体长12.0～18mm。3～5龄幼虫群聚可以吃食全叶，均由叶尖向叶基取食。6龄幼虫体长18mm，以分散或群聚取食。幼虫在中胸以后各体节的亚背线、气门线均有毛瘤1个，每节4个，以中、后胸及腹1、2、8、9节毛瘤较大、色较深。老熟幼虫体长18mm，赭黄色或黄白色，头缩于胸下，在中胸以后各体节的亚背线、气门线上均有毛瘤1个，以中、后胸及腹8、9节毛瘤较大，亚背线上中胸及腹9节和气门线上的毛瘤具粗短刺及长毛）

B

C

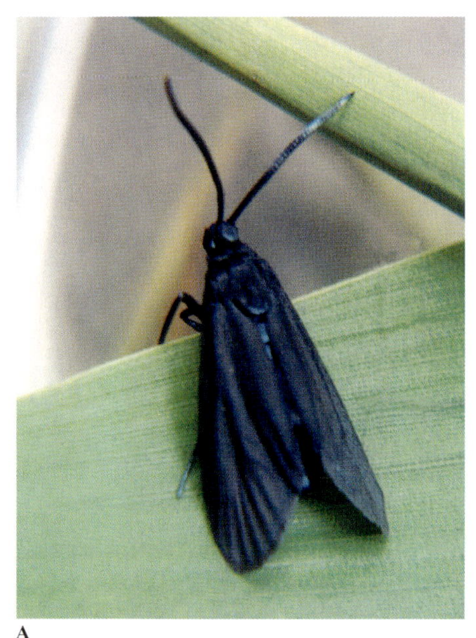
A

俗名：竹小斑蛾。

分类地位：鳞翅目LEPIDOPTERA斑蛾科 Zygaenidae。

分布：中国安徽、江苏、上海、浙江、福建、台湾、江西、湖南、湖北、广东、广西、四川、云南；日本，朝鲜，印度。

寄主及危害：危害毛竹、刚竹、淡竹、旱竹、黄秆竹、雷竹、早园竹、绿槽毛竹、白哺鸡竹、白夹竹、寿竹、乌哺鸡竹、斑竹、金镶玉竹、京竹、五月季竹、衢县红壳竹、篌竹、台湾桂竹、甜竹、水竹、石竹、安吉金竹等刚竹属，绿竹、吊丝单竹等绿竹属，苦竹、丽水苦竹、衢县苦竹等苦竹（大明竹）属，茶秆竹、笔秆竹等矢竹属，撑篙竹、青皮竹、大眼竹、粉箪竹、单竹、木竹、甲竹、孝顺竹等簕竹属，唐竹等唐竹属，大节竹大节竹属，麻竹等牡竹属各竹种百余个。以幼虫取食竹叶，3龄前幼虫群聚于竹叶背面，啃食竹叶下表皮，使竹叶上表皮呈枯白状，4龄后幼虫逐渐分散，以小群体聚集于竹叶背面吃食全叶，幼虫吃食猛，虫口密度大时，能将成片竹林竹叶吃光。1964～1965年广东省怀集县约700hm^{2}茶秆竹林，被竹斑蛾危害，损失较重。竹斑蛾危害轻者，影响竹子生长和出笋，重者造成竹子死亡。

主要识别点：

成虫　雌虫体长9.5～11.5mm，雄虫7.8～9.2mm；雌虫翅展22.8～25.4mm，雄虫17.8～21.5mm。体黑色，带青蓝色的光泽。触角雌成虫丝状，长7.5mm，雄成虫羽毛状。翅黑褐色，前翅狭长，后翅顶角较尖，基部及翅中半透明，缘毛黑褐色，前足胫节有1对端距，后足胫节有2对距，分别位于中部与端部。

卵　短柱形，两端略钝。长径0.65～0.78mm，短径0.46～0.56mm，初产乳白色，有光泽，近孵化时为淡蓝色。卵块状，均匀地散产于竹叶背面，每卵块有卵25～150粒，偶见1个卵块有卵近300粒，每雌一生产卵400粒，多达800粒。

幼虫　初孵幼虫体长为0.8～1.0mm。乳白色，体被长毛，胸部第1节较宽大，头微黄，缩于前胸下。1龄末期前胸背面显出2个棕色斑点，后胸、腹部1、4、8、9节亦显有棕色斑纹。幼虫6龄，从2龄起体长分别为1.3～3.0、3.5～4.5、5.0～8.0、7.0～13.0、12.0～18mm。2龄幼虫在中胸以后各体节的亚背线、气门线上，均有毛瘤1个，每节4个，以中后胸和腹1、2、8、9节毛瘤较大，色较深；亚背线上中胸及腹9节和气门线上的毛瘤具粗短刺及长毛，亚背线上其他各节毛瘤仅具粗短刺。以后各龄幼虫皆同，仅体色明显或更鲜艳。

D

蛹 体长8.0～10.0mm，体宽2.0～3.0mm，雄蛹较小。扁椭圆形，橙黄色，羽化前为蓝黑色，腹部各节背面前半端被刺状小突起，以第3～7腹节最为明显。臀棘约10余根，触角、翅芽达第4 腹节。

茧 茧长12～14mm，椭圆形或称瓜子形，棕褐色，革质，表面细密坚硬；底层软，膜质，表层一端或全部密被或散被白色毛绒。

发生期：在浙江1年发生3代，在广东1年发生5代，均以老熟幼虫在茧内越冬。在浙江余杭越冬幼虫于4月中下旬化蛹，4月底、5月上旬羽化成虫，5月中旬成虫交尾并产卵，5月下旬至7月上旬第1代幼虫危害，6月下旬幼虫老熟并化蛹。7月上旬第2代成虫羽化并产卵，第2 代幼虫从7月下旬至9月上旬危害，在8月中旬幼虫开始老熟并化蛹，8月底9月初羽化成虫。第3 代幼虫9月中旬至10月下旬危害，10月底至11月上旬化蛹越冬。在广州越冬幼虫1～2月能化蛹，2月中旬羽化成虫，各代成虫期分别为2月中旬至4月上旬、4月底至6月上旬、6月下旬至7月底、8月上旬至9月上旬、9月中旬至11月中旬。各幼虫取食期分别为3月初于5月下旬、5月中旬至7月上旬、6月底至8月下旬、8月中旬至10月下旬、10月上旬至12月下旬。在广州各代幼虫生活日期因气温不同而异，从第1代起平均分别为36、25、22、27、62天。

天敌：捕食性天敌成虫有竹鸡、画眉、杜鹃等鸟和浙江豹蛛、猫蛛、盗蛛、宽条狡蛛、武夷豹蛛等蜘蛛，卵期有牯岭草蛉、丽草蛉，卵与幼虫期有七星瓢虫、红点唇瓢虫、横带瓢虫；寄生性天敌有斑蛾赤眼蜂 *Trichogramma artonae* Chen *et* Pang，幼虫期有暗翅三缝茧蜂 *Triraphis fuscipennis* Chen *et* He、黄茧蜂 *Meteorus* sp.、绒茧蜂等，有瘦姬蜂 *Diadegma* sp.等 3种姬蜂及狭颊寄蝇、追寄蝇寄生，寄生率均不高。

A

B

C

A. 结于笋箨内壁的茧（越冬代老熟幼虫落地爬行，寻笋箨内壁、竹蒲头、石块等处结茧越冬。茧长12～14mm，椭圆形或称瓜子形，深棕褐色。革质、表面细密坚硬，底层软、膜质，表层一端或全部密被或散被白色毛绒）

B. 结于勾梢后竹腔上的茧（其他各代老熟幼虫不完全落地结茧。图示：老熟幼虫在竹叶上结的茧）

C. 剥开的茧，示蛹背面（体长8.0～10.0mm，雄蛹较小，扁椭圆形，橙黄色，腹部各节背面前半端被刺状小突起，以第3～7腹节最为明显。臀棘约10余根，触角、翅芽达第4腹节）

D. 刚从茧中羽化出的成虫（成虫羽化时蛹体蠕动顶破茧后，成虫爬出，蛹蜕大半留在茧内，羽化后即可爬行）

E. 寄生幼虫的茧蜂（幼虫在竹叶上取食，在幼虫约3～4龄时，体弯曲，从体中爬出茧蜂幼虫，在斑蛾幼虫尸体旁结白色的绒茧）

F. 被寄蝇寄生的蛹（在幼虫近老熟时被寄蝇寄生。斑蛾幼虫结茧化蛹后寄蝇羽化，剥开斑蛾茧，发现寄蝇的蛹壳留斑蛾茧中）

D

E

F

18 竹织叶野螟

Algedonia coclesalis Walker

Pyrausta coclesalis Walker

Algedonia coclesalis Walker, 1859

Pyrausta coclesalis Walker (Algedonia coclesalis Walker), 1980. 中国经济昆虫志．第21册．鳞翅目螟蛾科.179

A

B

C

A. 刚羽化成虫（初羽化成虫翅硬化后呈自然停息状，体长12mm。体、翅黄褐色，鳞毛完整；复眼大、草绿色；触角后倒，覆于体翅上。足纤细、银白色，外侧为深色斑。前翅3条横线宽、色深，但横线边模糊，这是与云纹野螟的重要区别）

B. 产于竹叶背面的卵（卵产于竹叶背面，扁椭圆形，片状，初产蜡黄色，逐渐变为淡黄色，卵粒饱满。卵块呈鱼鳞状排列，卵粒相叠紧密，隆起甚高）

C. 在虫苞中的小龄幼虫危害状（初孵幼虫呈10条到数十条在虫苞中取食竹叶上表皮。图示：竹叶上表皮被食，在虫苞外可见两头的危害状）

D. 在竹叶上取食的8龄老熟幼虫（体长25mm，老熟时体渐变赭红色，随后落地结茧）

俗名： 竹螟、竹苞虫、竹卷叶虫。

分类地位： 鳞翅目LEPIDOPTERA螟蛾科Pyralidae野螟亚科Pyraustinae织叶野螟属 *Algedonia*。

分布： 中国陕西、河南、山东、安徽、江苏、上海、浙江、台湾、福建、江西、湖北、湖南、四川、广东、广西等地；朝鲜，日本，印度，越南，泰国，缅甸，加里曼丹岛，爪哇均有发现。

寄主及危害： 危害毛竹、尖头青竹、黄古竹、乌芽竹、黄槽竹、黄秆京竹、京竹、毛环水竹、五月季竹、斑竹、白夹竹、寿竹、白哺鸡竹、甜竹、刚竹、淡竹、花皮淡竹、贵州刚竹、方秆毛竹、篌竹、富阳乌哺鸡竹、早竹、云和哺鸡竹、台湾桂竹、雷竹、早园竹、石竹、水竹等刚竹属，绿竹、大头典竹、吊丝球竹、黄麻竹等绿竹属，秋竹、苦竹、川竹、宜兴苦竹、衢县苦竹等苦竹属，茶秆竹、笔秆竹等矢竹属，箣竹、大眼竹、单竹、木竹、甲竹、孝顺竹、粉箪竹、青皮竹、龙头竹、观音竹、撑篙竹等箣竹属，牡竹、麻竹、吊丝竹等牡竹属约百余种竹子。幼虫取食竹叶，幼虫4龄前常数条幼虫缀叶成苞，取食当年新竹幼嫩竹叶上表皮，造成竹子幼叶下表皮满布枯白斑，竹叶不能生长；5龄后幼虫已分散为1条幼虫缀数张新竹或老竹竹叶成苞，可以吃食全叶，幼虫一生有7龄、8龄两类龄期，7龄期幼虫一生可食叶66.90～124.91cm^2，8龄期食叶104.09～147.49cm^2，7龄期末龄幼虫食叶占一生食叶量70%、8龄期占70%，此虫危害严重时竹上虫苞累累，遇天旱时虫苞久久不能打开而产生离层，造成大量落叶，竹子枯死。此虫在南方丛生竹上常年发生，但危害不重，日本早有报道。在散生竹上浙江省为1960年在安吉县初次发现，取食刚竹竹叶，竹叶被食殆尽；1970年在浙江安吉、德清、湖州市郊区（原吴兴县）再次大发生，被害毛竹、刚竹林面积超过2.3×10^{4}hm^2；1976年在江苏、浙江、安徽三省毗邻地区又暴发成灾，危害毛竹林、刚竹林面积约4.7×10^{4}hm^2，竹叶被食殆尽，远看一片枯白，竹秆下部数节积水枯死。仅当时浙江嘉兴地区所属4个县被害枯死毛竹420万余株。随后浙江宁波、衢州及福建、江西、湖南等地均有不同竹林面积发生危害。被害竹林翌年出笋减少或不出笋，所出的笋很细，新竹眉围下降，竹林衰败；被害未死毛竹，5年后砍伐，与同等围径毛竹相比，重量要轻35%～50%，利用率大为下降。

主要识别点：

成虫　雄虫体长9～11mm，翅展24～28mm；雌虫体长10～14mm，翅展23～32mm，体黄至黄褐色。复眼大，占头部大部分面积，草绿色，死蛾黑色，复眼与额面交界处银白色。触角丝状，黄色。前翅黄至深黄色，前缘褐色，端线与亚端线合并呈一褐色宽边，外线、中线与内线深褐色，外线下半线内倾与中线相接。后翅色浅，端线与亚端线合并呈一褐色宽边，中线弯曲褐色。足纤细，银白色仅外侧黄色。腹面银白色。

卵　扁椭圆形，片状，长径0.84mm，短径0.75 mm，初产蜡黄色，逐渐成淡黄色，卵粒饱满。卵块呈鱼鳞状排列，卵粒相叠紧密，隆起甚高。

幼虫　初孵幼虫体长1.2mm，青白色，前胸背板明显。老熟幼虫体长16～25mm，体色有乳白色、浅绿色、墨绿色及黄褐色，还有乳白色、半透明。前胸背板有黑斑6块，中、后胸背面各有褐斑2块，被背线分开为二，分开距离略大，腹部背面各节有褐斑2块，被背线分割为

D

四，气门前方上、下各有褐斑1块。幼虫分7龄、8龄，各龄幼虫头壳宽分别为0.34～0.39、0.50～0.51、0.62～0.68、0.95～1.05、1.16～1.27、1.67～1.82、2.18～2.33、2.38～2.48mm。

蛹　体长12～14mm，橙黄色。尾部突起中间凹入分为两叉，臀棘8根，均分着生于两叉突起上，中间两根略长。

茧　椭圆形，长径14～16mm，以丝粘细土筑成，外粘有土粒和小石粒，内壁光滑，灰白色。

发生期：竹织叶野螟生活史特别复杂，在浙江省1年发生1～4代，均以各代老熟幼虫于土茧中越冬。以第1代成虫一定产卵于当年新竹幼嫩竹叶上，幼虫期危害最重，第2代次之，3、4代较轻；南方危害青皮竹等丛生竹，4个世代均很严重。在浙江4代分布形式为：第1代幼虫于6月底7月上旬老熟、小部分于竹上虫苞中化蛹，大部分幼虫落地结土茧，其中有小部分化蛹共同产生第2代，余下的幼虫形成下一代或越冬；第2代幼虫老熟均落地结土茧，其中有小部分化蛹，同时第1代地下土茧中幼虫又有小部分化蛹共同形成第3代，余下的幼虫形成下一代或越冬；第3代幼虫老熟后仍落地结土茧，其中又有小部分化蛹，同时第1、2代地下土茧中幼虫又有小部分化蛹共同形成第4代；第4代幼虫老熟后亦全部落地结土茧，与第1、2、3代地下土茧中余下幼虫一起越冬。各代成虫出现期分别为5月中下旬到6月下旬、7月中旬到8月中旬、8月下旬到9月中旬和9月下旬到10月上旬；各代幼虫危害期分别为5月底到7月下旬、7月下旬到9月上旬、8月上旬到10月中旬和10月上旬到11月上旬。

天敌：竹织叶野螟天敌颇多，捕食性动物中：食虫鸟有长尾蓝雀、竹鸡、画眉、小噪鸟、燕子等鸟类捕捉成虫，在竹上啄破虫苞捕食幼虫；在竹上有横纹金蛛、宽条狡蛛、黄褐狡蛛、浙江豹蛛等蜘蛛捕食成虫和幼龄幼虫；地面有青蛙、蟾蜍捕食落地幼虫；捕食性昆虫有盲蛇蛉*Inocellia crassicornis* Schummel、枯岭草蛉、大草蛉等昆虫食卵，盲蛇蛉还钻入虫苞捕食幼虫，绿点益蝽*Picromerus virdiipunctatus* Yang刺吸幼虫；虎甲、双斑青步甲、双齿多刺蚁、日本黑褐蚁、食虫蝇能捕食成虫、转苞或落地幼虫。寄生性昆虫有赤眼蜂、黑卵蜂寄生螟卵；绒茧蜂、长距茧蜂*Macrocentrus* spp.、混腔室茧蜂*Aulacocentrum confusum* He *et* van Acht.、祝氏鳞跨茧蜂*Meteoridea chui* He *et* Ma、甲腹茧蜂*Chelonus* spp.、螟蛾顶姬蜂*Acropimpla persimilis* (Ashmead)、横带驼姬蜂*Goryphus basijaris* Holmgren、侧黑点瘤姬蜂指名亚种*Xanthopimpla pleuralis pleuralis* Cushman、广黑点瘤姬蜂*Xanthopimpla punctata* (Fabricius)、家蚕追寄蝇*Exorista sorbillans* Wiedemann、日本追寄蝇寄生幼虫或在蛹期出蜂。寄生菌有白僵菌、寄生越冬幼虫的粉质拟青霉*Paecilomyces farinosssus* (Holm *ex* Fr.) Brown *et* Smith，林间自然发病率约为34%，以往报道白僵菌自然发病率中往往包括粉质拟青霉的发病率。

D

E

F

A

B

C

A. 老熟幼虫落地待化蛹（幼虫老熟后多于夜间吐丝坠地，时间较为集中。清晨入林，落地虫丝密集，落地幼虫在地面停息，排完体内粪便，体渐红色，开始爬行，选土质较松软的地方，钻入地下结土茧）

B. 土茧及预蛹（土茧椭圆形，长径14～16mm，以丝粘细土筑成，外粘有土粒和小石粒，内壁光滑，灰白色。预蛹体为淡红或淡黄色，体收缩、粗短、无光泽）

C. 土茧及蛹（蛹体长12～14mm，橙黄色。翅芽达第5腹节末，尾部突起中间凹入分为两叉，臀棘8根，均分着生于两叉突起上，中间两根略长）

D. 早竹林新竹上虫苞密集状（幼虫在早竹林内严重危害，竹上虫苞累累。这样危害，竹叶将被幼虫全部吃光，会影响下年度竹林出笋，甚至会造成死竹）

E. 在早竹林新竹上6龄前幼虫危害状（图示：早竹林为6龄前幼虫危害，竹梢上竹叶已被吃光，幼虫已危害到竹子中、下部竹叶，如不防治，竹叶一定被吃光，因末龄幼虫食叶占幼虫期食叶60%～70%）

F. 赤眼蜂寄生产于竹叶上的卵块（卵块被赤眼蜂寄生后，卵块包括卵的边膜均发黑；如仅是卵内发黑，卵的边膜仍为白色，是正常卵发育的结果，幼虫待孵化。图示：卵块左上方、右下方白色膜是未被寄生的竹螟卵、幼虫孵化后已爬走，留下白色的卵膜）

19 竹绒野螟

Crocidophora evenoralis Walker

Crocidophora evenoralis Walker, 1859

Crocidophora evenoralis Walker, 1980. 中国经济昆虫志．第21册．鳞翅目螟蛾科．182

展翅成虫（图示：亚林所昆虫标本室藏标本。体长9～13mm，翅展26～29mm，雄虫略小。体金黄色，触角丝状，淡黄色，复眼草绿色，死后黑色。翅金黄色，缘毛长而密，外缘有一褐色宽边）

分类地位： 鳞翅目LEPIDOPTERA 螟蛾科Pyralidae 绒野螟属*Crocidophora*。

分布： 中国陕西、河南、山东、安徽、江苏、上海、浙江、台湾、福建、江西、湖北、湖南、四川、广西、广东；朝鲜，日本，缅甸。

寄主及危害： 危害毛竹、寿竹、白夹竹等刚竹属中主要种类及苦竹等。幼虫吐丝缀竹叶为苞，在虫苞中取食竹叶。被严重危害时，竹上虫苞叠叠，幼虫取食高峰期正是竹子出笋期，对竹笋生长、新竹质量影响较大。在浙江奉化1960年初见此虫大发生，1973年浙江省上虞县下管陈溪有近千公顷毛竹林被严重危害。

主要识别点：

成虫　体长9～13mm，翅展26～29mm，雄虫略小。体金黄色，触角丝状，淡黄色，复眼草绿色，死后黑色，下唇须粗壮、前伸。翅金黄色，缘毛长而密，外缘有1条褐色宽边，缘毛与外缘间有6～7个小黑点，前翅前缘色深，3条横线黑褐色非常清晰，外线在中室处内倾与中线相连接，后翅中央有1条弯曲的中线。

卵　扁椭圆形，长径1.2mm，短径0.9mm。初产乳白色，渐变淡黄色，卵块产，呈鱼鳞状排列，卵粒比较饱满，中间略隆起，卵粒排列较疏松。

幼虫　初孵幼虫体长1.6mm，乳白色，老熟幼虫体长22～30mm，头橙黄色，体淡绿色，胸部各节背面有褐斑3块，各斑明显地被背线整齐分开为二，即每节有褐斑6块，前胸前4块为黑色；腹部各节背面有褐斑2块，同样被背线分开为4块，前胸的前气门上方有1个较大的黑斑，中、后胸及腹部各节两侧各有3块黑斑；第1～2、7～9腹节腹面有4 块黑斑。

蛹　体长13.2～16.5mm，初化蛹金黄色，渐变为红棕色。臀棘上有微突3个，中间突上着生小钩2根，两边突上各着生小钩1根，臀棘与末节交界两侧各着生小钩1根，臀棘末端2/3处两侧各着生小钩1根。

发生期： 竹绒野螟在浙江、四川均为1年发生1代，以2～3龄幼虫在竹上以1片竹叶纵缀的虫苞中越冬。下年2月底气温上升，成虫开始活动取食，并爬出虫，苞缀3片竹叶为苞，随幼虫虫龄增长，取食量加大，换苞次数增多，幼虫于4月底老熟、在虫苞中化蛹，5月上旬开始羽化成虫，5月中旬为羽化高峰，6月上旬成虫终见；5月中下旬成虫于当年出笋小年的毛竹换叶后的新竹叶上产卵，6月上旬为小幼虫结苞取食期，7月幼虫在1张竹叶结成的虫苞中越夏。竹绒野螟以小幼虫越冬，下年在笋期危害当年正在出笋竹子的竹叶，此习性是危害竹子螟蛾中惟一的1种。

天敌：捕食性动物中食虫鸟有长尾蓝雀、画眉、燕子等捕捉成虫、幼虫；竹上有宽条狡蛛、黄褐狡蛛、斜纹猫蛛、拟环纹狼蛛、黑腹狼蛛捕食成虫和幼龄幼虫；捕食性昆虫有丽草蛉、中华草蛉、盲蛇蛉啄食卵和钻入虫苞捕食幼虫；双斑青步甲、双齿多刺蚁、日本黑褐蚁、食虫蝇能捕食成虫、转苞幼虫。寄生性昆虫有赤眼蜂、黑卵蜂寄生卵；绒茧蜂、祝氏鳞跨茧蜂、甲腹茧蜂、广黑点瘤姬蜂、舞毒蛾黑瘤姬蜂 *Coccygomimus disparis* (Viereck)、螟蛾顶姬蜂寄生幼虫或在蛹期出蜂。寄生菌有白僵菌。

A

B

A. 幼虫换苞时需转移在竹叶上爬行（4龄幼虫体长18mm，头橙黄色，体淡绿色，幼虫在虫苞中取食，每龄幼虫需换苞另织新苞，织苞前需爬行）

B. 幼虫虫苞被害状（幼虫初春开始取食，食叶很猛，需常换苞危害，难得见像此虫苞内幼虫，将虫苞竹叶吃穿，虫粪外露）

20 竹金黄镰翅野螟

Circobotys aurealis (Leech)

Circobotys aurealis (Leech), 1889

Circobotys aurealis (Leech), 1980. 中国经济昆虫志，第21册，鳞翅目螟蛾科，185

停息在竹叶上的成虫（初羽化雌成虫呈自然停息状，体长11 mm。体金黄色，鳞毛完整；触角丝状，淡黄色。前胸盾板、肩板披较长的黄色鳞片，前翅稍狭长，鳞片特厚，金黄色。前缘及外缘较深；后翅淡黄色，外缘略深，腹部均匀。左雌，右雄）

分类地位： 鳞翅目LEPIDOPTERA螟蛾科Pyralidae镰翅野螟属*Circobotys*。

分布： 中国安徽、上海、江苏、浙江、台湾、福建、江西、湖北、湖南、广东、广西；朝鲜，日本。

寄主及危害： 危害毛竹、刚竹、淡竹、红竹、台湾桂竹、五月季竹、红壳雷竹、早竹、乌哺鸡竹、白哺鸡竹、水竹等刚竹属主要竹种，苦竹、衢县苦竹等苦竹属主要竹种，孝顺竹、青皮竹、粉箪竹、龙头竹、大眼竹等簕竹属主要竹种。小幼虫吐丝缀叶剥食幼嫩竹叶的上表皮，仅留下残缺的下表皮，造成竹叶上枯斑。3龄后的幼虫吃食全叶，取食前幼虫吐丝在单张竹叶上结成丝幕，遮盖虫体，吃食下方载虫的竹叶，竹叶被食大半后，另换叶取食，幼虫一生平均取食竹叶90.42cm^2，末龄幼虫取食量占总食叶量的80%。此虫在竹林中虫口密度较高，但该虫食叶量小，造成损失不大。

主要识别点：

成虫　雌雄异型。雄成虫体长11～13mm，翅展29～31mm；雌成虫体长10～12mm，翅展31～34mm。头黄色，复眼草绿色，死后逐渐变为黑色，复眼与额交界处倾斜有白色绒毛；触角丝状，淡黄色。体金黄色，前胸盾板、肩板披较长的黄色鳞片，腹面银白色。雄成虫前翅狭长，前、后翅黑褐色，前翅前缘及基部色深，后翅基部色较浅，缘毛及外缘边金黄色，腹部细瘦；雌虫前翅稍狭长，鳞片特厚，金黄色，前缘及外缘较深；后翅淡黄色，外缘略深，腹部均匀。

卵　扁椭圆形，长径1.2mm，短径1.0mm，乳黄色，卵粒饱满。卵块中卵粒呈鱼鳞状排列，卵粒相叠部分较少，排列较疏松。

幼虫　初孵幼虫体长1.2～1.4mm，乳白色。老熟幼虫体长25～30mm，浅青绿色，略带黄色。头浅橙黄色，扁平，前伸。背线深绿色，较宽，亚背线粉黄白色；气门线较细，乳白色。4龄前幼虫胸部各节两侧各有1个黑斑，以前胸1对最大，5龄后幼虫中、后胸两侧黑斑消失。第8腹节背面有3对，第9腹节背面有1对黑斑，分别排于背线两侧。

蛹　体长12～15mm。初化蛹乳黄色，渐变为褐黄色，尾节突起圆钝。臀棘8根，着生于突起上，中间2根比其他4根长2倍。

茧　长扁圆柱形，长径26～29mm，皮革状，红褐色。

发生期： 在浙江1年发生1代，以老熟幼虫在似胶质茧中越冬。下年4月上旬开始化蛹，6月下旬蛹终见；4月下旬开始出现成虫，成虫有两个羽化高峰，第1次为5月中旬，第2次6月中旬，到7月上旬成虫终见；5月上、中旬成虫产卵，5月中旬出现幼虫取食，6月中下旬早孵化幼虫老熟结茧，迟孵化幼虫到8月上旬老熟结茧，分别越夏、越冬。

A

B

天敌：竹金黄镰翅野螟天敌颇多，捕食性动物中有杜鹃、画眉、灰喜鹊等鸟类，浙江红螯蛛、线纹猫蛛、宽条狡蛛、浙江豹蛛、黑腹狼蛛等蜘蛛捕捉成虫、幼虫；捕食性昆虫有大草蛉、丽草蛉啄食卵和钻入虫苞捕食幼虫，绿点益蝽刺吸幼虫；寄生性昆虫有广赤眼蜂 *Trichogramma evanescens* Westwood、绒茧蜂、甲腹茧蜂、横带驼姬蜂、广黑点瘤姬蜂寄生幼虫。寄生菌有白僵菌。

C

A. 在竹叶丝幕下的幼虫（老熟幼虫体长29mm，浅青色，头浅橙黄色，扁平、前伸。背线青绿色，较宽，亚背线粉白色，气门线较细、乳白色，前胸前缘两侧各有1个黑斑。幼虫一生在丝幕下，头向叶尖生活取食，此幼虫刚转移到竹叶上正在结丝幕，丝幕较薄，尚未取食）

B. 结于笋箨内壁上的茧（茧长扁圆柱形，长径26～30mm，宽5～7mm，内为皮革质，外附笋箨纤维，两头以皮革质封死，其中1头较疏以羽化用，茧红褐色到枯黄色）

C. 茧、蛹（蛹体长14mm。初化蛹乳黄色，渐变为褐黄色，尾节突起圆钝。臀棘8根，着生于突起上，中间2根比其他4根长2倍）

21 竹云纹野螟

Demobotys pervulgalis (Hampson)

A

A. 羽化后待飞成虫（成虫羽化后待飞前呈自然状态停息，体长9.5mm，体淡黄至黄白色；复眼突出，草绿色；触角丝状，平覆于背、翅上。前、后翅淡黄白色，缘毛长，缘毛内有1列6～7个黄褐色小点，前翅3条横线狭而清晰，外线呈大波浪形内倾，其下半段不与中线相接，中线淡灰色）

B. 幼虫取食毛竹竹叶卷缀虫苞（4～5龄幼虫卷3～6片毛竹叶为虫苞。幼虫虫苞特征：为虫苞缀粘很紧，每片竹叶包括竹叶尖端均被吐丝苞粘在一起）

俗名：竹淡黄绒野螟。

分类地位：鳞翅目 LEPIDOPTERA 螟蛾科 Pyralidae。

分布：中国安徽、江苏、浙江、福建、江西、湖南、湖北等地。

寄主及危害：危害毛竹、淡竹、红竹、早竹、乌哺鸡竹等，幼虫取食小年竹竹叶。1973年浙江余姚四明山被害毛竹林约667hm^2。

主要识别点：

成虫　雄虫体长8～10mm，翅展22～26mm；雌虫体长8～11mm，翅展24～28mm。体淡黄至黄白色，腹面银白色。头淡黄色；复眼突出，草绿色；触角丝状，淡黄色。前、后翅淡黄白色，缘毛长，缘毛内有1列6～7个黄褐色小点，前翅3条横线细而清晰，外线呈大波浪形内倾，其下半段不与中线相接，中线淡灰色；后翅中线弯，浅灰色。足纤细，黄白色，胫节有褐色环。

卵　扁椭圆形，长径1mm，短径0.8mm，乳白至淡黄色，卵粒欠饱满，中央较平。卵块产，卵块呈鱼鳞状排列较松。

幼虫　初孵幼虫体长1.2～1.4mm，乳白色。老熟幼虫17～24mm，淡黄色到黄褐色，头橙黄色，前胸背板有黑斑6块，以三角形排列于背线两侧，腹部各节背面有横形褐斑2块，后面斑被亚背线分隔为3。气门上下各有褐斑1块。

蛹　体长12～14mm，初化蛹乳黄色，后渐变为橙红色，尾节圆，臀棘上有小钩8根，中间较长、两侧较短，呈弧形排列。

发生期：在浙江1年发生1代，以老熟幼虫（预蛹）于落地竹箨中越冬。下年4月下旬开始化蛹，5月中旬为化蛹高峰，5月下旬为化蛹末期，蛹经10天左右，约在日均气温20℃时，即5月下旬成虫开始羽化，竹林中终见于6月下旬，成虫于6月上旬产卵于当年出笋小年竹已经换叶后新叶的背面，卵约10天孵化，幼虫发生于6月上旬至8月上旬，幼虫需食叶30～44天老熟，吐丝坠落地面，在地面爬行寻找地被物，幼虫绝不入土结茧，钻入卷缀起的笋箨内吐丝非常简单地将笋箨上下一粘连或不粘连在内越冬，或钻入像博落回等茎空的杂、灌秆中越冬。

天敌：竹野螟天敌也多，捕食性动物鸟类有竹鸡、画眉、燕子，蜘蛛有斜纹猫蛛、拟环纹狼蛛、宽条狡蛛、细纹猫蛛、斑管巢蛛；捕食性昆虫有牯岭草蛉、丽草蛉、大草蛉、日本弓背蚁、日本黑褐蚁、步甲、虎甲、大红瓢虫、二星瓢虫、龟纹瓢虫、异色瓢虫捕食卵及

B

A

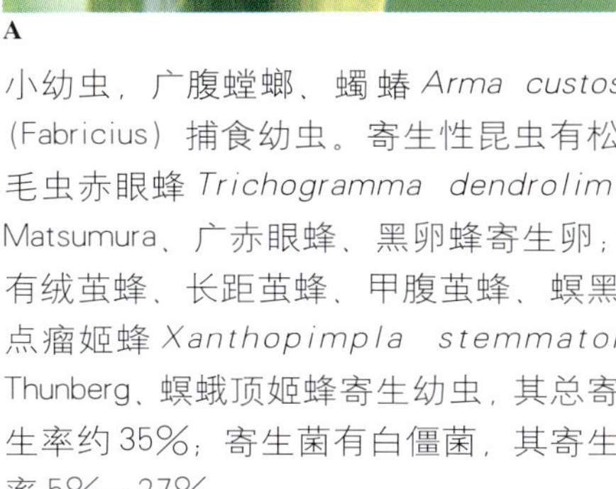

小幼虫，广腹螳螂、蠋蝽 *Arma custos* (Fabricius) 捕食幼虫。寄生性昆虫有松毛虫赤眼蜂 *Trichogramma dendrolimi* Matsumura、广赤眼蜂、黑卵蜂寄生卵；有绒茧蜂、长距茧蜂、甲腹茧蜂、螟黑点瘤姬蜂 *Xanthopimpla stemmator* Thunberg、螟蛾顶姬蜂寄生幼虫，其总寄生率约35%；寄生菌有白僵菌，其寄生率5%～27%。

B

C

D

A. 在虫苞中取食的3龄幼虫（体长7.5mm，青绿色，头淡黄色。卷单片竹叶为苞，幼虫啃食竹叶上表皮，造成竹叶下表皮枯死）

B. 落地的老熟幼虫（平均体长20mm，淡黄色到黄褐色，体有褐色斑块。老熟幼虫化蛹特性：落地幼虫爬行，绝不入土，当寻找到地面卷起的笋箨或像博落回等茎空的杂、灌秆时钻入，吐丝非常简单地将笋箨上下一粘连，或不粘连在内停息，待越冬）

C. 在笋箨中化蛹（蛹长12～14mm，初化蛹乳黄色，后渐变为橙红色，臀棘上小钩钩于幼虫虫蜕上。图示：笋箨上留下幼虫钻入笋箨后吐的几根丝简单地连缀笋箨的痕迹）

D. 白僵菌感染的幼虫、蛹（老熟幼虫在笋箨中越冬，防御功能较差，受白僵菌感染，姬蜂寄生率均较高，是不能大发生的重要原因之一）

22 赭翅双叉端环野螟

Eumorphobotys obscuralis (Caradja)

Calamochrous obscuralis Caradja, 1925

Eumorphobotys obscuralis (Caradja) ,1980. 中国经济昆虫志．第21册．鳞翅目螟蛾科．173

A. 展翅成虫（图示：亚林所昆虫标本室藏标本。上雄、下雌，雄虫翅展32mm，雌虫翅展35mm。体灰黄色，头部两复眼间额较宽；复眼草绿色，死后黑色；触角丝状，淡黄色。雄成虫前翅灰黄色、后翅灰黑色，无闪光，缘毛黄色；雌成虫前翅黄色，缘毛较短，缘毛与外缘间有一棕黄色的线，向内渐淡，后翅淡黄色，前、后翅均有玫瑰红或黄色闪光）

B. 小幼虫于丝下停息（1～2龄幼虫常在竹叶背面结成小丝幕，丝幕将竹叶拉成小凹陷，幼虫隐于其中度夏，幼虫也取食此竹叶）

C. 老熟幼虫在丝幕下取食（体长30～35mm，淡绿色。头淡橙黄色，活虫较扁平，似前口器式。体背线深绿色，较宽两边衬托浅黄白色线；气门线较细，浅黄白。前胸气门前方有一大黑斑，第8腹部背面有小黑斑6个）

C

A

B

俗名：竹大黄绒螟。

分类地位：鳞翅目LEPIDOPTERA 螟蛾科Pyralidae 双叉端环野螟属 *Eumorphobotys*。

分布：中国安徽、江苏、浙江、福建、江西、湖北、湖南、广东、广西、四川、云南；日本。

寄主及危害：危害五月季竹、斑竹、白夹竹、寿竹、白哺鸡竹、甜竹、毛竹、刚竹、淡竹、红竹、早竹、石竹、台湾桂竹、雷竹、早园竹、水竹、苦竹、青皮竹等。小幼虫吐丝在嫩竹叶背面拉起皱折，幼虫隐藏于丝下取食竹叶下表皮，使竹叶上表皮上出现很多枯白小斑，影响竹叶生长和光合作用。4龄以后幼虫吃食全叶，取食时幼虫吐丝将一张竹叶背面与另一张竹叶正面粘缀一起，取食上面竹叶。

主要识别点：

成虫　雄虫体长12～14mm，翅展30～35mm；雌虫体长13～16mm，翅展34～37mm。体灰黄色、腹面银白色，头部两复眼间额较宽；复眼草绿色、死后黑色；触角丝状，淡黄色。前胸背面颈板、盾板上绒毛较长，雄成虫前翅灰黄色、后翅灰黑色，无闪光，缘毛黄色；雌成虫前翅黄色，缘毛较短，缘毛与外缘间有1条棕黄色的线，向内渐淡，后翅淡黄色，有2条灰黑色斑，前、后翅均有玫瑰红或黄色闪光。后足胫节有1对内距，外侧有1枚距、长为内侧距的1/3。

卵　扁椭圆形，长径1.7mm，短径1.2mm。乳白色，卵粒中央较平，不突出；卵块多产于竹叶正面，少见产于叶背面。卵块鱼鳞状排列，卵粒边缘相叠处不多，排列较疏松。

幼虫　初孵幼虫体长2mm，乳白色。老熟幼虫30～35mm，淡绿色。头淡橙黄色，活虫较扁平，似前口器式，颅侧区单眼到唇基部分黑色。体背线深绿色，较宽两边衬托浅黄白色线；气门线较细，浅黄白。胸部各节两侧在气门线上各有1个黑斑，以前胸黑斑为大，后依次减小，第

8 腹部背面有小黑斑6 个，以三角形排列于背线两侧。

蛹 体长19～21 mm，红褐色。尾部突出部分呈截状，臀棘8根着生截状突出的部位上，中间2根略长。

茧 圆形，丝质，白或黄白色，茧丝膜直径32～40mm，1、2代丝膜茧薄，越冬幼虫丝膜茧厚或双层。虫口密度大时，在竹腔内丝膜茧可以重叠，1个竹节腔内，有茧30余个。

发生期：在浙江省为1年发生2～3代。1年2代者以老熟幼虫在竹子基部残留笋箨内或竹子钩梢后的竹腔内结平而圆的丝质膜状茧，紧贴于笋箨或竹腔内，预蛹在丝膜下越冬，于4月底化蛹；1年3代者以5～6龄幼虫在立竹竹叶上越冬，4月再取食竹叶，于5月中、下旬化蛹，成虫分别于5月上旬及5月下旬羽化，6月中旬终见；第1代卵期为5月中旬到6月中旬、幼虫期5月下旬至7月下旬、蛹期为7月上旬到8月中旬，成虫期为7月下旬至8月下旬；第2代卵期为7月下旬至8月下旬，幼虫一部分早孵化者形成3代，即从8月上旬到8月底，9月上旬老熟化蛹，成虫期为9月上旬到9月底；幼虫9月中、下旬开始取食到11月越冬；一部分迟孵化者发育为1年2代者，即幼虫从8月下旬开始取食至10月上旬老熟，爬至笋箨、竹腔内结丝茧。

天敌：捕食性动物有长尾蓝雀、画眉、白头翁、噪鸟等鸟类捕捉成虫、幼虫，蟾蜍捕食落地幼虫，浙江红螯蛛、丽园蛛、浙江豹蛛、黄褐狡蛛、黑腹狼蛛等蜘蛛捕食成虫和幼龄幼虫。中华草蛉、大草蛉取食卵及小幼虫；双齿多刺蚁、广腹螳螂、步甲、双斑青步甲、黄足猎蝽、茶褐猎蝽 *Isyndus obscurs* (Dallas)、蠋蝽、绿点益蝽捕食幼虫。寄生性昆虫卵期有松毛虫赤眼蜂、广赤眼蜂，幼虫期有绒茧蜂、内茧蜂*Rhogas* sp.、祝氏鳞跨茧蜂、甲腹茧蜂、螟蛾顶姬蜂、横带驼姬蜂等。

B

C

D

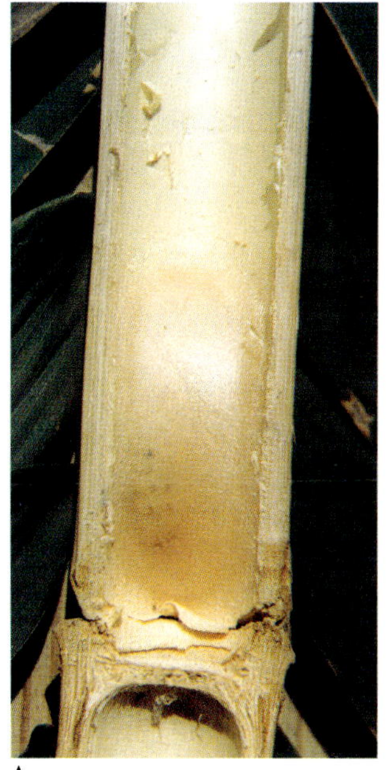
A

A. 结于竹筒内膜茧（老熟幼虫爬行从竹秆的伤孔钻入竹腔内，或从竹钩梢口爬入竹腔内，结丝质膜茧，在内越冬、化蛹。丝膜茧近圆形，直径32～40mm，1、2代丝膜茧薄，越冬幼虫丝膜茧厚或双层。虫口密度大时，在竹腔内丝膜茧可以重叠，在1个竹节腔内，有茧30余个。图示：此丝膜较厚，仍可见膜下隐约幼虫体斑）

B. 蛹、茧（此蛹结于竹笋箨内壁，体长19～21mm，红褐色。尾部突出部分呈截状，臀棘8根着生截状突出的部位上，中间2根略长，以丝钩于茧上）

C. 被寄生的幼虫（幼虫被寄生后，幼虫未老熟，但体色变黄，爬行隐于竹箨下，寄生蜂幼虫也老熟爬出竹螟幼虫体外）

D. 石竹秆上益蝽成虫正在吸食幼虫（益蝽成虫在竹枝、叶丛中爬行觅食，见到捕食对象，成虫会迅速用前足爬往幼虫，喙即刺入幼虫体内，被捕对象会反抗、摆动身体，益蝽即将喙举起，使幼虫悬空，并叼着幼虫逃离现场，在竹枝、秆上吸食）

23 竹灰斜枯叶蛾

Cosmotriche sp.

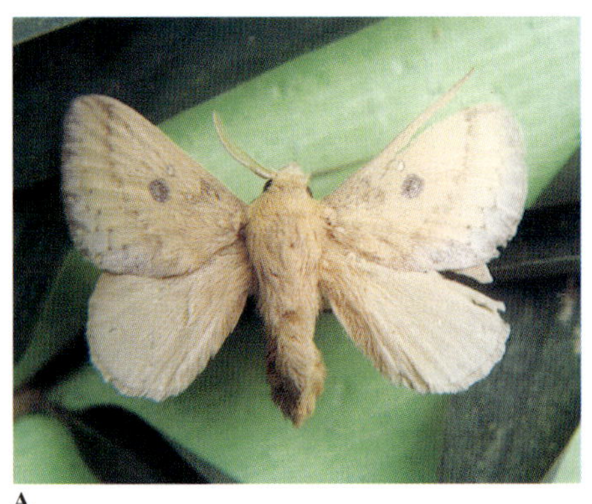

A

分类地位：属鳞翅目 LEPIDOPTERA 枯叶蛾科 Lasiocampidae 小毛虫属 *Cosmotriche*。

分布：中国浙江、福建、江西、湖南、广东、广西等地。

寄主及危害：危害紫秆竹、油竹、青皮竹、粉箪竹、撑篙竹、簕竹、崖州竹、大眼竹、小佛肚竹、孝顺竹、绿竹、吊丝球竹等。幼虫取食竹叶，虫口密度高时，能将竹叶吃光，严重影响竹子光合作用，致竹材干脆，影响下年竹林出笋数量和新竹质量；严重危害时，可造成竹子枯死。

主要识别点：

成虫　雄虫体长 23～25mm，翅展 47～54mm；雌虫体长 24～26mm，翅展 54～60mm。体翅灰黄色。复眼黑色。前翅前缘色较深，在中室近中线处有 1 个黄色斑，上方有 1 个黄白色小斑，从外线起至内线有一灰色、锯齿状弧形向下斑纹，亚端线以外为暗紫色；后翅灰黄色，无斑纹。雄成虫前翅特征同雌性，惟中室处是 1 个黑色斑，上方为淡黑色小斑，亚端线由 6～7 个小黑点或黑线条组成。

卵　卵圆形，长径 2.0～2.1mm，短径 1.6～1.8mm，乳黄色，卵顶略凹陷，正中有 1 个灰黑色圆斑，卵接触竹叶 1 面略平。

幼虫　初孵幼虫体长 5.0～5.8mm，头壳宽 1.6～1.8mm，体黑色，各节有棕黄或黄白色斑，前胸毛束黑色，前、中胸及第 8 腹节背面毛束白色。老熟幼虫体长 70～90mm，头壳宽 6.5～7.5mm，体黄色，前胸气门前方和前下方各有 1 个突出的毛瘤，长有黑色毛束，毛端黄白色。前胸后方、中胸前方两侧及第 8 腹节的第 3 小节背中各生 1 束棕色毛。幼虫各体节明显分为 4～6 小节。

蛹　雄蛹长 25～27mm，雌蛹长 32～34mm，雄蛹翅芽部分占体长 54%，雌蛹占 40%；橙红色，体壁光滑无毛，尾端近截状，无臀棘，仅有很短的白色稀绒毛。

茧　茧长 55～72mm，鲜黄色，长梭形，附有毒毛及黑色短毛丛。

A. 展翅成虫（图示：亚林所昆虫标本室藏标本。雌成虫体长 23～26mm，翅展 47～60mm，雄成虫略小。体黄色，体翅灰黄色。复眼黑色，前翅在中室近中线处有一黄色斑，上方有一黄白色小斑，从外线起至内线有一灰色锯齿状弧形向下的斑纹，后翅灰黄色，无斑纹）

B. 产于竹叶上的卵（卵卵圆形，长径 2.0～2.1mm，短径 1.6～1.8mm，初产乳黄色，渐变为白色；卵顶略凹陷，正中有一灰黑色圆斑）

B

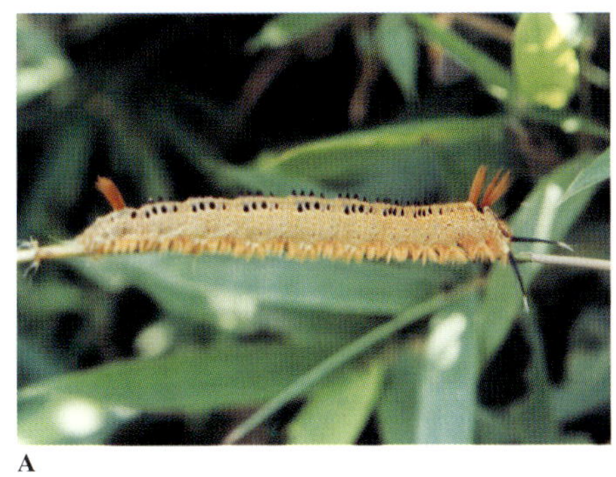
A

发生期：竹灰斜枯叶蛾在浙江、江西两省为1年2代，以3～4龄若虫越冬。越冬若虫在晴天中午可少量取食，3月中旬恢复活动，取食量渐增，到5月中旬若虫老熟开始结茧化蛹，5月下旬羽化成虫，竹林中6月中旬成虫终见；第1代卵产于6月上旬到6月下旬，若虫6月中旬孵化取食，到9月初老熟结茧化蛹，9月中旬全部化蛹，同时9月中旬成虫羽化，并交尾产卵，卵于9月底孵化，幼虫开始取食，10月上旬成虫终见，卵也孵化完毕，幼虫取食至11月中旬越冬。

天敌：捕食性天敌有中华大刀螂、广腹螳螂、黑红猎蝽 *Haematoloecha nigrorufa* (Stål)、勺猎蝽捕食幼虫或小幼虫；寄生性天敌卵期有松毛虫赤眼蜂、广赤眼蜂、松毛虫黑卵蜂 *Telenomus dendrolimusi* Chu寄生，幼虫期有松毛虫匙鬃瘤姬蜂 *Theronia (Poecilopimpla) zebra diluta* Gupta、松毛虫黑点瘤姬蜂 *Xanthopimpla pegator* Krieger、狭颊寄蝇、追寄蝇寄生。

B

C

A. 爬行于竹小枝上的老熟幼虫（体长70～90mm，头壳宽6.5～7.5mm，体鲜黄色。前胸气门前方和前下方各有一突出的毛瘤，长有黑色毛束，毛端黄白色。前胸后方、中胸前方及第8腹节的第3小节背中各生1束棕色毛。幼虫各体节明显分为4～6小节）

B. 结于竹小枝上的茧（长55～72mm，鲜黄色，长梭形，茧上附有毒毛及黑色短毛丛）

C. 蛹、茧（蛹长25～34mm，雄蛹较小。初化蛹橙红色，渐变为红褐色；体壁光滑无毛，雄蛹翅芽部分占体长54%，雌蛹占40%；尾端近截状，无臀棘，仅有很短的白色稀绒毛）

24 环斜纹枯叶蛾

Euthrix tangi (Lajonquiere)

Philudoria tangi Lajonquiere, 1978. Pnnls.Soc.Ent.(N.S.), 14: 381～413

Philudoria tangi Kirby, 1892. Synmymic Cat.Lepid.tleterocera, 1: 820

Euthrix meigen, 1830. Syst.Besehreibung eur.Schmett, 2 (4): 191

A. 停息在竹小枝上的初羽化雌成虫（雌成虫自然停息状，体翅长平均37mm，雌雄成虫胸部颈、盾片毛密；前翅前缘边、缘毛边黑褐色；从R_5脉到2A脉有1列同向的褐色弯曲的“鸟飞”状纹，分布在各脉间，共有6～7枚）

B. 停息在地面初羽化雄成虫（雄成虫自然停息状，体翅长平均24mm。雌雄成虫复眼黑褐色，在停息时触角均夹于翅下，翅同体色，足灰褐色）

C. 产于竹叶上边缘的卵（卵为卵圆形，长径1.78～1.95mm，短径1.38～1.48mm，白色，卵上方有一较大黑色圆点；卵产于竹叶背面一侧或两侧，每侧有卵7～9粒或18～21粒）

D. 产于地面的卵（雌雄成虫性迟钝，停息在竹小枝上的成虫，很易被风吹落地面，落地后不爬动，即使成虫翅面着地就原样躺着。所以有一些落地雌成虫就在地面产卵）

C

D

A

B

俗名：丹霞竹枯叶蛾。

分类地位：属鳞翅目LEPIDOPTERA枯叶蛾科Lasiocampidae斜纹枯叶蛾属*Euthrix*。环斜纹枯叶蛾为Lajonquiere氏于1978年发表的新种，用的*Philudoria*属名。后来人们发现*Philudoria*属是Kirbg氏于1892年建立，用的指定种是*Philudoria potatoria* Linnaeus，1758，而有1个属*Euthrix*，是Meigen氏于1830年建立的，用的指定种也是*Philudoria potatoria* Linnaeus，1758，因为Meigen氏建立*Euthrix*在先，所以现在*Philudoria tangi* Lajonquiere的属名就都改用*Euthrix tangi* (Lajonquiere）了。

分布：仅发现中国广东省局部地区有分布。

寄主及危害：危害毛竹、青皮竹、撑篙竹、粉箪竹。环斜纹枯叶蛾20世纪60年代在广东能常发现，随后几十年未见发生，在广东省仁化县1996年海拔550m毛竹林中初现，1997年扩大面积150hm^2，随后每年跟踪观察，1998年发现面积仍在扩大，但发生地虫口密度下降，2002年不仅虫情面积缩小，虫口密度也下降。

主要识别点：

成虫　体长24.5～28.5mm，翅展45～59mm，雄虫较小。体深赭黄色；头灰黄色，复眼黑褐色；雄虫触角长栉齿状，雌虫触角短栉状，灰黄赭色，触角干浅枯黄色。翅同体色，前翅前缘边、缘毛边黑褐色，从后缘近基角1/3处到前缘顶角边有1条深黑褐色略弯曲线，基线浅黑褐色，两线之间在中室正中处有1个白色小三角形斑，略显“人”字形；R_5脉到2A脉有1列与上述弯曲线同向的褐色弯曲的“一”字形纹，分布在各脉间，共有6～7枚。后翅色浅，略显环纹。足灰褐色。

卵　卵圆形，长径1.78～1.95mm，短径1.38～1.48mm。初产卵似黏稠的水滴状、很脆，经风吹后卵壳质地呈乒乓球似的坚硬，白色，卵上方有1个较大黑色圆点，长径两端各有1个略小的圆点。卵产于竹叶背面一侧或两侧，每侧有卵7～9粒或18～21粒不等，被产卵竹叶常枯死落地。有时卵产于茧上，甚至产于地面杂草中，最多1处产卵198粒。

幼虫　初孵幼虫体长约3.5～4.5mm，头黑色，前胸两侧毛较长；灰老熟幼虫体长70 mm，体色为黑、绿、黄相杂。头草绿色，有复杂的条纹。体分成若干小节，其中前胸分2节、中胸至腹末节每节分为4小节，其中有的小节又分2小节。背线很宽，灰黑色，背线正中有1条红色纵线，每节节间中断；亚背线较宽，灰绿色，在草绿色亚背线中夹有较细的、短的、弯曲的、杂乱的深棕色线纹；在背线与亚背线之间有间断的鲜黄纵线、每节3段；气门上线灰绿色，上有很细的虎皮色斑纹，在线下每节从前往后偏斜，下有细白色纹，在腹部有与上述斑纹平行的黑色粗条纹，并穿过气门线，直到腹足；气门线与气门下线被黄色簇毛覆盖。前胸第1小节偏后为气门，偏前方在气门上下各生1个毛瘤，生有长长的毛簇，在前胸前缘、背线两边、亚背线位置2个毛簇之间前方共生有6个黄色短毛簇。中胸第3、4小节背中有一长毛簇；第8腹节第4小节背中有1长毛簇；腹部各节每小节在背线两侧有1对漆黑色很短的毛簇。

蛹　蛹体长19.2～29.4mm，初化橙黄色，渐变黄褐色，翅芽仅达第3腹节中部，腹部长大，气门黑色，无臀棘。

茧　长梭形，长径39～60 mm，两头细灰褐色，中间粗的部分长卵形，长径30～40 mm，雄虫茧短小，茧外附黑色毛。茧结于竹小枝上或杂灌木小枝上。

发生期：在广东为1年1代，以卵越冬。在广东仁化3月初越冬卵开始孵化，在浙江室内、外饲养均为3月底孵化。2001年在仁化9月底到10月上旬老熟结茧，10月底11月上旬成虫羽化，并交尾产卵，11月中旬为羽化高峰。12月上旬竹林中蛹及成虫终见。2002年竹林中结茧，成虫羽化比前1年晚10天左右。

天敌：捕食性动物鸟类有长尾蓝雀、画眉、灰喜鹊、大杜鹃，蜘蛛有横纹金蛛、黑腹狼蛛、盗蛛、武夷豹蛛捕食成虫与幼虫；捕食性昆虫有中华大刀螂、广腹螳螂、茶褐猎蝽、黑红猎蝽、黄足猎蝽捕食幼虫或小幼虫；寄生性天敌卵期有松毛虫赤眼蜂、舟蛾赤眼蜂 *Trichogramma closterae* Pang *et* Chen、松毛虫黑卵蜂 *Telenomus dendrolimusi* Chu 寄生，幼虫期有松毛虫匙鬃瘤姬蜂、松毛虫黑点瘤姬蜂、狭颊寄蝇、日本追寄蝇寄生，幼虫期还有粉质拟青霉寄生。

A

B

C

D

E

A. 产于虫茧上的卵（雌成虫如落到虫茧上，就会在茧上产卵，此情况较少。卵长径两端各有一略小的黑圆点）

B. 初孵幼虫（体长3mm，头黑色，全身被毛。初孵幼虫需取食卵壳至大半，然后分散爬行到竹叶上，再群聚取食）

C. 取食颇猛的2龄幼虫（体长10～15mm，头黑色，前胸橙红色，背线宽，从后胸到尾部为深黑色，亚背线鲜黄色。幼虫群聚取食，吃食猛）

D. 在竹枝中穿梭爬行的老熟幼虫（体长70 mm，体色为黑、绿、黄相杂。背线很宽，为暗红色线；背线为断续黄色，再下灰绿色；体每节分成若干小节，前胸分2节，中胸至腹末节，每节分为4小节，其中有的小节又分2小节。从后胸后缘起，每节在背中线两侧各有3对黑色短毛簇，以中间1对为长；第8腹节第4小节背中有一长毛簇）

E. 结茧前贪食的老熟幼虫侧面（老熟幼虫侧面可见气门黑色，上方为赭黄色，下方为白色或灰白色。每节从亚背线前方有一黑色斜纹向下延至气门线下、腹足上方，每腹足上有黑色纵纹2条）

A. 老熟幼虫的头壳斑纹（老熟幼虫头壳宽5.6mm，斑纹特别复杂，脱裂线三角区草绿色或灰绿色，三角区内有上2、下3的5个黑色小纵斑，上方沿脱裂三角区两侧为较宽的“八”字形黑斑纹，八字形纹下方上伸形成一狭长的“U”形纹。两颊边近前胸各有1条由上而下较细的纵黑纹。前胸第1小节偏前方在气门上下各生1个毛瘤，上生较长的毛簇，黑色，尖端1/4为白色；在前胸前缘、背线两边和亚背线位置两个长毛簇之间共生有6个黄色短毛簇；中胸第3、4小节背中有一长毛簇）

B. 茧及雌蛹背面（雌蛹体长26.8～29.4mm，背面长柱形，头、尾圆，腹部占全蛹长近3/4，初化橙黄色，渐变黄褐色到黑褐色）

C. 茧、蛹侧面及寄蝇蛹（雌蛹侧面：蛹腹面几乎为直线，背面弧形，翅芽尖达第3腹节中部，气门黑色。雌蛹茧长梳形，长54～60mm，黄白色，中间部分膨大，长40mm，茧外附黑色毛。蛹后为寄生此蛹的寄蝇蛹，寄蝇幼虫老熟后从枯叶蛾蛹中爬出后，在土面上化蛹）

D. 白僵菌感染的雄蛹及茧（雄蛹体长19.2～22.6mm，腹部占全蛹长近2/3，翅芽尖达第3腹节末。雄蛹茧长39～46mm。雌蛹已被白僵菌寄生，幼虫感染白僵菌后，可以继续生长发育，结茧化蛹，同时白色菌丝从蛹的气门冲出，蛹僵死，但不能羽化）

A

B

C

D

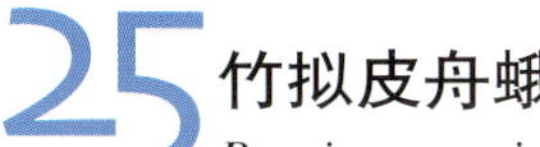

竹拟皮舟蛾

Besaia anaemica (Leech)

Pydna insignis Leech, 1988. Trans. Soc. Lond., 301（四川峨嵋山，湖北长阳）

Mimopydna insignis (Leech), 1979, 中国经济昆虫志，第16册，鳞翅目舟蛾科，83

分类地位：鳞翅目 LEPIDOPTERA 舟蛾科 Notodontidae 篦舟蛾属 *Besaia*。

分布：中国江苏、上海、浙江、福建、江西、湖南、湖北、四川、云南等地。

寄主及危害：危害黄秆京竹、毛环水竹、斑竹、毛竹、五月季竹、刚竹、淡竹、早竹、红竹、篌竹、光箨篌竹、孝顺竹、青皮竹等。幼虫取竹叶，4龄后幼虫食叶量大，末龄幼虫食叶量占一生总食量的76%，取食最多的是第1个世代，幼虫食叶量为549.78～719.76cm^2，雌虫多于雄虫。因幼虫食叶量大，当虫口密度大时，常将竹林竹叶吃光，造成较大的损失；但一次大发生后，因幼虫个体较大、体壁光滑、裸露于竹叶上，天敌也较多，特别是一种病毒感病较高，造成竹林中虫口密度往往较低，危害不大。20世纪70年代安吉、余杭曾严重发生，近年来黄岩虫口密度在上升。

主要识别点：

成虫　雄虫体长28.5～31.4mm，翅展53.5～60.5mm；雌虫体长23.5～28.8mm，翅展64～70mm。体色、前翅上斑纹变化大，有黄白色、黄褐色。头灰白色；复眼大，黑褐色；触角雄虫短栉齿状，灰褐色，雌虫丝状，黄白色。前胸颈片、盾片覆盖密、长绒毛，雄虫黄白色，雌虫色深。前翅鳞片厚，雄虫灰枯黄色或灰黄色，雌虫初羽化为鲜黄色，后渐退为枯白色，缘毛短而密，缘毛与外缘间有1列黑点或不清，只少在外缘近顶角处有2～4枚黑点；外缘近顶角处、前缘正中及后缘边缘为淡灰褐色，在中室处有与外缘平向有小黑点2列，外1列有10余个、内1列有8～9个，雌虫黑点较雄虫大，而且清晰，在翅后缘还散生大块褐色斑；后翅雄虫为褐色，雌虫为黄白色；翅的反面雄虫中间为褐色，雌虫为黄白色。足被长而密黄白色绒毛，前足胫节末端和中后足胫节中端、末端各有距1对，其中1长1短；腹部深黄白色，雄虫瘦长，双翅折叠时腹末长出翅外，雌虫粗短，腹末平截。

卵　圆球形，长径1.74mm，短径1.52mm。乳白色，卵壳平滑，有光泽，无斑纹，以2～5粒呈1条产于竹叶背面。

幼虫　初孵幼虫体长3.2～4.0mm，淡黄绿色。老熟幼虫体长58～70mm，翠绿兼淡黄色，头柠檬黄色，线纹颜色复杂，中裂线为淡灰绿色，上唇至亚背线为深灰色，唇到气门上线为红色、唇到气门线为深黑色，往下为黄色。体背线为青色，亚背线到气门上线位置有3条纵线均为浅青绿色，气门线为黄色，上方紧贴着1条绿色线，气门下线黄绿色或黄色。胸足为红色，腹足为绿色，末节及趾钩红色，气门棕黄色。

蛹　体长25～31mm，纺锤形，在舟蛾蛹形中体特别，头部小，特别尖，后胸节、第1腹节最宽，宽为长的近1/3，腹部到腹末直线削尖，翅芽尖近达第4腹节末。臀棘呈弧形截状，扁平，有极短齿状突，无小钩；初化蛹翠绿色，随后从背部开始渐变红色到暗红色，最后全体变为深黑色。老熟幼虫在地面下2cm

A

B

A. 停息于毛竹秆上初羽化的雄成虫（雄成虫自然停息时尾部露出翅外，体长30mm，未飞行前触角隐于前翅内，鳞片完整，前胸背颈片、盾片绒毛茂密；前翅灰白色，各斑点清晰，前足腿节、胫节绒毛茂密，胫节末端有距2枚，1长1短）

B. 停息于毛竹叶上初羽化的雌成虫（初羽化雌成虫自然停息时尾部在翅内，体翅长36mm，鳞片完整，触角丝状，前胸背颈片、盾片绒毛茂密；前翅橙黄色，各斑点清晰）

C. 产于竹叶背面的卵（卵圆球形，长径1.74mm，短径1.52mm。乳白色；卵壳平滑、有光泽、无斑纹，以2～5粒呈一条产于竹叶背面）

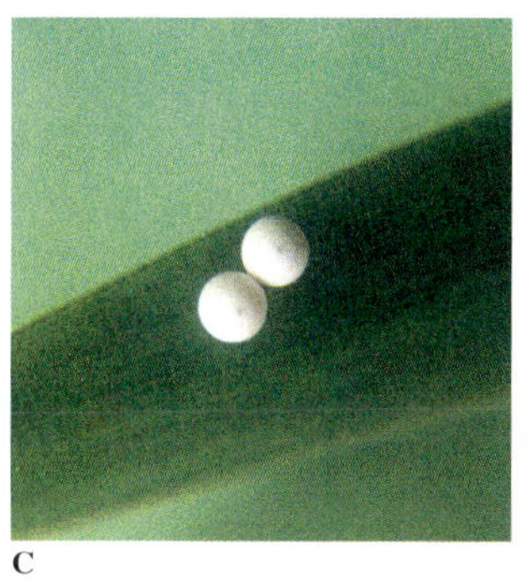

C

A

处结茧，茧长35～40mm，以丝粘细土及土粒建成，化蛹后幼虫皮蜕留于土茧中。

发生期： 在浙江1年发生4代，以蛹越冬。越冬蛹于5月上旬羽化成虫，第1代幼虫于5月中旬到7月上中旬取食，7月上旬到7月下旬化蛹；第2代成虫于7月中旬开始羽化，幼虫取食期为7月下旬到9月中旬，8月中旬到9月中旬化蛹；第3代成虫于8月下旬开始羽化，幼虫取食期为8月下旬到10月中旬，9月中旬到10月下旬化蛹；第4代成虫于9月下旬开始羽化，幼虫取食期为10月上旬到下年5月中旬，从5月上旬开始化蛹到5月下旬结束。

天敌： 捕食性动物鸟类有长尾蓝雀、画眉、杜鹃，蜘蛛有横纹金蛛、黑腹狼蛛、拟环纹狼蛛捕食成虫与幼虫；捕食性昆虫有广腹螳螂、中华大刀螂、蠋蝽、绿点益蝽、黄足猎蝽；寄生性天敌在卵期有茶毒蛾黑卵蜂；幼虫期有内茧蜂*Rhogas* sp.、野蚕黑瘤姬蜂*Coccygomimus luctuosus* (Smith)、瘦姬蜂*Campoplex* sp.、毛圆胸姬蜂指名亚种*Colpotrochia (Colpotrochia) pilosa pilosa* (Cameron)、伞裙追寄蝇*Exorista civilis* Rondani；幼虫期寄生到蛹期出蜂的有舟蛾啮小蜂、细颚姬蜂*Enicospilus* sp.等，幼虫还有病毒感染，寄生率比较高。

B

C

D

A. 在竹枝上停息的老熟幼虫背面（体长65mm，停于竹小枝上，此时取食最猛，吃完一叶即爬行到另叶上取食。此虫头、体背面各纵线最为清晰、标准，背线、亚背线、气门上线均为青绿色）

B. 蛹腹面（蛹纺锤形，头部小、特别尖；后胸节、第1腹节最宽，宽为长的近1/3，腹部到腹末直线削尖，翅芽尖近达第4腹节末。臀棘呈弧形截状、扁平，有极短齿状突，无小钩）

C. 被黑卵蜂寄生的卵（产于竹叶背面的单个卵被黑卵蜂寄生，全卵发黑，1个卵粒内可羽化出10多只黑卵蜂成虫）

D. 被病毒感染的幼虫（老熟幼虫被病毒感染后行动迟钝，口吐液体而死。图示：感病幼虫爬行于竹秆节上，体不支下落，幼虫硬是用腹足抓住笋箨痕支挂虫体，尾末留有1粒粪便，口吐液体润湿竹秆而死）

竹篦舟蛾

Besaia goddrica (Schaus)

Pydna goddrica Schaus 1928 , Proc. U.S.Nat.Mus.,73: 87（四川峨嵋山）

Besaia rubiginea simplicior Gaede in Seitz ,1930

Besaia goddrica (Schaus),1979, 中国经济昆虫志．第16册．鳞翅目舟蛾科．93

俗名： 纵褶竹舟蛾、竹青虫。

分类地位： 鳞翅目 LEPIDOPTERA 舟蛾科 Notodontidae 篦舟蛾属 *Besaia*。

分布： 中国陕西、河南南部、安徽、江苏、浙江、福建、江西、湖北、湖南、广东、广西、四川等地。

寄主及危害： 危害毛竹、毛环水竹、五月季竹、衢县红壳竹、刚竹、水竹、淡竹、红竹、篌竹、浙江淡竹、早竹、白哺鸡竹、石竹、孝顺竹、青皮竹、撑篙竹、观音竹等竹叶。幼虫取食竹叶，各代幼虫发育期不一，幼虫一生取食量也不同，从第1代起分别为338～446cm²、386～394cm²、254～446cm²、297～352cm²，末龄幼虫取食量占一生取食量的73%～83%，因幼虫期短，也是取叶食量较大的一种害虫。1935年前后浙江富阳曾大发生，被害竹林损失数万元。1972年湖南桃江、株洲曾与竹镂舟蛾同时大发生，1973～1976年浙江省西北部先后发生危害，1979年安徽南部被害竹约1.3×10^4hm²，竹叶几乎被吃光，严重被害者毛竹枯死，下年新竹减少30%，新竹胸径下降40%，竹林荒芜。

主要识别点：

成虫　雄虫体长19～25mm，翅展43～51mm；雌虫体长20～25mm，翅展50～58mm。体灰黄至灰褐色，头前毛簇、基毛簇特长。雌成虫前翅黄白到灰黄色，从顶角到外线下，有一灰色斜纹，斜线下臀角区灰褐色，雄蛾灰黄色，前缘黄白色，中央有一暗灰褐色纵纹，下衬浅黄白色边。外缘线脉间有黑色小点5～6个，后翅深灰褐色。

卵　圆球形，长径1.4mm，短径1.2mm。乳白色，卵壳平滑，无斑纹。

幼虫　初孵幼虫体长3mm，淡黄绿色。老熟幼虫体长48～62mm，翠绿色，体被白粉，背线、亚背线，气门上线粉青色，镶于翠绿色体上，但仍很清晰，气门线为从大颚、触角至单眼下方延伸而来，深棕黄色，部分个体在后胸以后线体较细，气门黄白色，前胸气门附近棕红色，上方及中后胸和腹部气门后方各有1个黄点。不同世代幼虫有5、6、7龄之别，均以5龄、6龄为最常见，幼虫5龄者各龄幼虫平均体长分别为3.4、8.7、14.0、32.5、56.2mm；6龄者平均体长3.4、8.3、13.5、37.5、47.7、57.6mm。

蛹　体长20～26mm，红褐至黑褐色，臀棘8根，以6、2分两行排列。

茧　长35mm，在土表下2cm处以丝粘土建成，茧较薄，内灰白色，平滑，茧外附有土粒。

A

B

A. 雌成虫停息在竹枝叶柄上（雌成虫侧面；自然停息状时，体翅长为28mm，前翅从顶角到外线下，有一灰色斜纹，斜线下臀角区灰褐色，前翅中央有一暗灰褐色纵纹特清楚）

B. 成虫停息在竹叶上（雌成虫背面；自然停息在竹叶上，可见复眼黑色，触角栉齿状，前胸前毛簇、基毛簇特长，前翅缘毛内有5个小黑点）

C. 产于毛竹叶上的卵（卵圆球形，长径1.4mm。乳白色，卵壳平滑、无斑纹。以5～8粒为块，多产于竹叶正面；与竹卵的区别是卵粒小，卵块中卵粒多）

C

A

A. 在毛竹上爬行取食的4龄幼虫（体长32.5mm，头湖蓝色，体被白粉；背线、亚背线粉青色，气门上线粉青色，较宽，各有狭黄色边；足末节及趾钩黄色）

B. 在竹小枝上爬行取食的末龄幼虫（可见头粉青色，大颚、触角至单眼下方深棕黄色，与气门线相结，气门黄白色，前胸气门附近棕红色，上方及中后胸和腹部气门后方各有1个锈黄色点。幼虫取食猛，竹枝上竹叶大多被食完）

C. 停息在竹小枝上老熟幼虫（体长60mm，翠绿色，幼虫已完全老熟，静息停于竹小枝上，待落地入土结茧化蛹。图示是一幅非常精彩的拟态照片）

D. 茧、蛹（蛹体长平均24mm，红褐至黑褐色。土茧长35mm，在土表下2cm处以丝粘土建成，茧较薄，内平滑，茧外附有土粒）

发生期： 在浙江省竹篦舟蛾1年发生4代，以幼虫在竹上越冬。当日均气温在3℃以下一般不会取食，日均气温在8℃以上时，越冬幼虫中午可以取食，3月份取食量增大，4月上旬幼虫老熟化蛹，到5月上旬蛹终见。第1代成虫4月上旬开始羽化，羽化高峰在4月下旬到5月上旬，6月上旬成虫终见；卵期在4月中旬到6月上旬，幼虫取食为4月下旬到7月初，5月下旬到7月中旬为蛹期。第2代成虫期为6月上旬至7月下旬，卵期6月中旬到7月下旬，幼虫取食期为6月下旬到8月下旬，蛹期为7月下旬到9月上旬。第3代成虫为8月上旬至9月中旬，卵期为8月上、中旬到9月下旬，幼虫取食期为8月中旬到10月中、下旬，蛹期为9月上旬到10月下旬。第4代成虫期为9月中旬至11月上旬，卵期为10月上旬到11月上、中旬，幼虫从10月上旬开始孵化，取食至2、3龄开始越冬。

天敌： 捕食性动物鸟类有长灰喜鹊、画眉、杜鹃，蜘蛛有横纹金蛛、细纹猫蛛、斜纹猫蛛、浙江红螯蛛捕食成虫与幼虫；捕食性昆虫有广腹螳螂、蠋蝽、绿点益蝽；寄生性天敌在卵期有松毛虫赤眼蜂、广赤眼蜂、油茶枯叶蛾黑卵蜂 *Telenomus lebedae* Chen et Tong；幼虫期有内茧蜂 *Rhogas* sp.、野蚕黑瘤姬蜂、瘦姬蜂 *Campoplex* sp.、毛圆胸姬蜂指名亚种、日本追寄蝇、伞裙追寄蝇；幼虫期寄生到蛹期出蜂的有舟蛾啮小蜂、细颚姬蜂等。

B

C

D

27 竹篓舟蛾

Ceira retrofusca de (Joannis)

Norraca retrofusca de Joannis, 1907, Bull .Soc .Ent .France .367

Norraca retrofusca de Joannis,1979, 中国经济昆虫志．第16册．鳞翅目舟蛾科．95

A

A. 停息竹枝上的雄成虫（初羽化雄成虫自然停息状态，体长26mm，体色鲜，鳞片完整；由于前翅外缘基部与前缘平行，端部弧形与前缘相接，后缘特短，臀角近直角，在自然停息时，臀角必然竖立在胸背。这也是篓舟蛾属成虫的特征，在停息时与其它舟蛾科成虫差异之处）

B. 在竹枝丛中交尾刚分开的成虫（成虫交尾时，常呈1字形挂于竹小枝上，不受惊时不动，久久不分开，因摄影惊动分开，分开后雄虫抓住竹小枝停息，未飞去。前翅臀角从胸部背面突出，远远可以识别这一特征）

B

分类地位： 鳞翅目 LEPIDOPTERA 舟蛾科 Notodontidae 篓舟蛾属 *Ceira*。

分布： 中国江苏、安徽、浙江、福建、江西、湖北、湖南、四川；越南。

寄主及危害： 危害毛竹、刚竹、淡竹、红竹、乌哺鸡竹、早竹、石竹、水竹、五月季竹等刚竹属主要竹种及孝顺竹。幼虫取食竹叶，幼虫一生平均食叶第2代为448.59cm^2，第3代为662.46cm^2，末龄幼虫食叶量占幼虫一生总食叶量的80.56%～87.52%。20世纪80年代，在浙江省西北部普遍发生，现在杭州、湖州、宁波、衢州等市县又有抬头趋势。该虫虫体大、食叶猛、危害重，在竹林中常与其他竹舟蛾同时危害，加重竹林被害程度。

主要识别点：

成虫　雄虫体长21.2～25.5mm，翅展48.2～63.5mm；雌虫体长19.5～24.5mm，翅展56.0～68.5mm。体淡黄色。头灰褐色；复眼灰绿色；触角雄成虫短栉齿状，触角干黄白色，栉齿一面灰黑色，雌成虫丝状，淡黄色。前胸翅基片上毛密壮，背中央有1条灰褐色纵线延至头顶；前翅前缘正常，外缘基部与前缘平行，随后呈弧形与前缘相接，后缘很短，臀角近直角，使前翅狭长，呈老式菜刀形。雄虫前翅黄白色，在前缘室位置有两列中断的灰褐色斑，亚中褶处有1个灰褐色斑，后翅在前缘内、后缘内各有1块浅褐色斑；雌虫前翅浅黄色，后缘基灰红褐色，外缘隐约可见有1列小点。

卵　近圆球形，直径1.25～1.43mm，高1.15～1.31mm，色洁白，光亮，不透明，珐琅质，特似小乒乓球，孵化前卵顶出现1个黑点。卵单粒产于竹叶正面尖端。

幼虫　初孵幼虫体长3mm，体青灰色，毛片明显；头污黄色，顶颊有一酱黑色圈，足黑色。老熟幼虫体长62～70mm，体色变化很大，基本为黄、灰色，头为肉黄或肉白色，上颚肉黄色，与脱裂线持平有1个黑色或深灰色长条斑，从口器沿前胸气门到后胸有1条黑斑，在后胸节末分开，向上到背线，向下到气门下线；在第1～3胸节从背线下方至气门线间为1个

A

B

A. 产于竹叶尖端的卵（成虫将卵单粒产于竹叶正面尖端。这是卵惟一的重要特征，是其他10多种取食竹叶舟蛾所产的卵在产卵地点和卵质地所不同之处）

B. 4龄幼虫停息在竹枝上（体长31mm，口器沿前胸气门到后胸有1条黑斑，在后胸节末分开，向上到背线，向下到气门下线；腹部背面暗黑色。尾角黑色，末端肉红色）

C. 刚脱皮后的5龄幼虫（头大，色鲜，胸足有黑圈，腹面、腹足黑色）

D. 老熟幼虫黄色个体背侧面（幼虫体色多变，此老熟幼虫体长为65mm，体色、斑纹最常见。头肉黄色，在头顶及颊有灰色浅斑。颊部斑沿前胸气门到后胸，在后胸节末分开，向上经第1腹节到亚背线，向下到气门下线，在第1～3胸节、从背线下方至气门线间为1黄色斑，斑内可见黑色的亚背线。黄斑后方为一纵向灰色宽线，越向后色越深，气门上线褐色，气门线淡绿色，腹末2～3节背面及尾角黑色，肛门处肉黄色。腹部背面淡黄色）

E. 老熟幼虫深色个体（此老熟幼虫近70mm，其它特征与上图无异，即背部为暗紫色，并与亚背线下黄斑后面纵向灰色宽线合并，腹背色更深，尾部已近黑色，体背毛片白色。下方是1条5龄幼虫）

C

黄色斑，斑内可见黑色的亚背线、气门上线；亚背线以上至背面色深，有淡肉红色、青灰色、紫灰色；气门上线较细，青灰色或浅灰色；气门线黑色，基线鲜黄色，胸足有黑圈，腹面、腹足黑色，有较短的尾角，黑色，后面肉黄色。该虫体色变化特多，甚至还有仅肉黄色的个体，体上斑纹很少，仅后胸到第3腹节，在亚背线以下有黑色颗粒状的黑点。

蛹　体长18～24mm，初化为鲜红褐色，后渐为深褐色。触角尖抵中足下，雄蛹可见栉齿痕迹，雌蛹光滑。臀棘8根，中间6根集中成1束，较长；另2根偏背面，左右分开着生，为中间6根的1/2长；臀钩明显、鲜红色，有光泽。

茧　长32 mm，土茧以丝粘土筑成，茧很薄，内光滑，外附土粒。

发生期： 在浙江1年发生3～4代，以蛹于表土下结茧越冬。1年3代者越冬蛹于3月底到4月上旬，1年4代者于4月中旬羽化成虫，竹林中越冬代成虫5月上旬终见。各代成虫发生期依次分别为4月上旬到5月上旬、6月上旬到7月上旬、7月下旬到8月下旬、9月下旬到10月中旬；各代卵期分别为4月中旬到5月中旬、6月中旬到7月上旬、8月上旬到9月上旬以及10月上中旬；各代幼虫取食期分别为4月中旬到6月中旬、6月中旬到8月上旬、8月中旬到10月下旬、10月中旬到11月下旬；各代蛹期第1代为5月下旬到6月下旬，第2代为7月中旬到8月下旬，1年4代者其第3代为9月上旬到10月中旬，越冬蛹1年3代者为10月中旬到次年4月中旬、1年4代者为11月下旬到次年5月上旬。

天敌： 捕食性动物鸟类有灰喜鹊、画眉，蜘蛛有斑管巢蛛、浙江豹蛛、斜纹猫蛛、浙江红螯蛛捕食成虫与幼虫；捕食性昆虫有中华大刀螂、勺猎蝽、黄足

D

E

A

B

猎蝽、绿点益蝽；寄生性天敌在卵期有舟蛾赤眼蜂、松毛虫赤眼蜂、松毛虫黑卵蜂；幼虫期有内茧蜂、松毛虫黑点瘤姬蜂、螟黑点瘤姬蜂、瘦姬蜂、家蚕追寄蝇、伞裙追寄蝇；幼虫期寄生到蛹期出蜂的有舟蛾啮小蜂等。

C

A. 老熟幼虫绿色个体（此末龄幼虫体长68mm，头部在头顶及颊有2条灰色浅斑色深。亚背线下方的黄斑后面纵向灰色宽线变为白斑，体背面为暗绿色，气门上线浅灰色；气门线绿色略宽，腹末有较短的尾角，黑色，后面肉黄色）

B. 体色很浅的末龄幼虫（幼虫体色多变，而此图老熟幼虫体淡肉黄色，只是体侧有少数褐色小刻点。只能从头形、尾末很短的尾角能看出些幼虫的样子。但此虫是经饲养证实的）

C. 茧、蛹（蛹侧面，体长22mm，深褐色；触角尖抵中足下；雄蛹可见栉齿痕迹，雌蛹光滑。土茧椭圆形，长30mm；茧以丝粘土筑成，茧很薄，内光滑，外附土粒）

D. 绿点益蝽若虫在捕食幼虫（老熟幼虫在竹小枝上爬行，益蝽若虫爬到幼虫体上刺吸体液，初刺入虫体，幼虫身体扭动，企图摆脱益蝽侵袭，随着体液被抽，幼虫逐渐不支而挂在竹枝上，任益蝽摆布，最后体液被吸光而死）

D

28 竹镂舟蛾

Periergos dispar (Kiriakoff)

Pydna dispar Kiriakoff, 1962. Bonn.Zool.Beitrrr., 13: 220,f.2, 3, phot

Loudonta dispar (Kiriakoff), 1979. 中国经济昆虫志．第16册．鳞翅目舟蛾科．83

A. 展翅的成虫（图示：亚林所昆虫标本室藏标本。从上而下依次为：1、2为雄成虫；3、4为雌成虫。在竹林中，2、4成虫形态是自然界正常状态，属于多数，体没有太多的斑纹；1、3成虫形态，前翅从翅基到翅尖有1条斜行的浅褐色斑纹，从正中两侧有4～5条同色短斑纹组成，属异态，在林间和室内饲养中常见，是少数）

B. 产于毛竹竹叶正面的受精卵（受精卵初产亦为黄色，渐变为红色，中间凹陷呈柿子形。以3～5行呈弧形排列成卵块，整齐地产于竹叶正面，在竹林中取食竹叶的10余种舟蛾中，惟有竹镂舟蛾的卵是此颜色、卵形和产卵排列方式）

C. 2龄幼虫正在脱皮（2龄幼虫平均体长8.7mm，中、后胸的侧面及第8腹节的背面各有一黑斑，群聚取食。图示：幼虫正群聚停息于被食殆尽毛竹叶的叶脉上，静伏脱皮，最下面1条幼虫已完成脱皮，头向上，头壳很大、色浅；其余幼虫头已缩入前胸部位，头壳待脱落）

B

C

A

俗名：竹青虫、异镂竹舟蛾。

分类地位：鳞翅目 LEPIDOPTERA 舟蛾科 Notodontidae 纡舟蛾属 *Periergos*。

分布：中国安徽、江苏、浙江、福建、江西、湖北、湖南、四川、广西、贵州、云南等地。

寄主及危害：危害毛竹、黄槽竹、黄秆京竹、毛环水竹、斑竹、白哺鸡竹、甜竹、花哺鸡竹、淡竹、五月季竹、红竹、红壳雷竹、台湾桂竹、浙江淡竹、篌竹、光箨篌竹、富阳乌哺鸡竹、紫竹、早竹、奉化水竹、水竹、刚竹、乌哺鸡竹、石竹等刚竹属各竹种，苦竹、衢县苦竹等苦竹属竹种。以小幼虫取食各种竹子的嫩竹叶，3龄后幼虫取食全叶，幼虫一生食叶量以第4代最少，平均仅为131.97cm²；第1代最多，平均为427.37cm²；第2、3代平均近400cm²，末龄幼虫取食量占一生食叶的72%～83%，常将竹林竹叶吃光，在幼虫取食时，还会将竹叶咬碎落叶，增加竹林被害程度，从地面落叶也可以诊断竹林虫情。在生产上，要特别注意1～3代的虫情，同时虫情严重，防治一定要掌握在3～4龄之前。1961年在浙江省安吉县首次发现此虫危害，1963年湖南省耒阳县仅小面积竹林成灾，次年波及到益阳、祁阳、桃江等7个县，仅耒阳2个公社被害竹林2700hm²，严重被害竹林、被害死竹20%以上；同年衡山被害竹林5400hm²，成灾面积2700 hm²，被害枯死毛竹约400×10⁴株。1972年湖南省桃江、株洲再次大发生，严重被害竹林枯死毛竹约30%以上。1972年、1980年在浙江省余杭、安吉、长兴等县分别大发生，被害竹林损失较重，枯死毛竹无利用价值，被害竹林下年度出笋减少，新竹眉围下降，被害竹林一时难以恢复。

主要识别点：

成虫　雌虫体长16～23 mm，翅展46～54mm。头、体黄白色，复眼黑色，触角丝状。前翅狭长，翅尖突出，底色与斑纹变化较大，以黄、橙色为主；前缘到外缘色深，后缘外侧较浅、近苍白色；翅面散生有模糊褐色雾点纹，翅中有1个暗红褐色斑点纹。雄虫体长12～18mm，翅展35～42mm。触角双栉齿状，体黄褐色。前翅锈黄色，具有灰褐色雾点，翅中有1个黑点。雌雄成虫中均有少数个体前翅从翅基到翅尖有1条斜行的浅褐色斑纹，正中两侧有4～5条同色短斑纹。

卵　扁圆形，橙红色。顶端平，中心凹陷成柿子状。直径1.69～1.88mm。卵以块状、单层产于竹叶正面，少数产于竹叶背面。

幼虫　初孵幼虫体长约3mm，乳白色，全身被原生刚毛。各代幼虫均有5个龄期和6个龄期老熟，第2代还出现少数7个龄期的个体。5个龄期各龄幼虫头壳宽平均分别为0.685、1.023、1.639、2.691、4.338mm；体长平均分别为8.21、12.28、19.65、32.26、51.50mm，6个龄期各龄幼虫头壳宽分别平均为

0.660、0.995、1.469、2.299、3.288、4.861mm，体长平均分别为7.87、11.87、17.53、27.43、39.25、55.06mm。不同虫龄的幼虫体色变化较大，基本上是从土黄到翠绿色转变，老熟幼虫体长45～60mm，气门下线为黄白色，前胸前缘有1个黑丝绒色、肾状形斑。

蛹　体长18.5～26.5mm，初化蛹深翠绿色，羽化前为黑褐色。翅芽达第4腹节末，腹末背面有半圈突起的边，着生有细小的刚毛，有臀棘8根。

茧　土茧长30 mm，以丝粘泥混合做成，茧很薄，内光滑，外附土粒。

发生期：竹镂舟蛾在浙江为1年发生3～4代，湖南省1年4代。在浙江1年3代者以蛹越冬、1年4代者以老熟幼虫（预蛹）越冬。越冬幼虫于3月下旬化蛹，到5月上旬终止。4月中旬至5月中旬羽化成虫，4月下旬到5月底产卵，幼虫取食期为5月上旬至6月下旬，5月底到6月底化蛹；第2代成虫6月中旬至7月上旬羽化，6月下旬到7月中旬产卵，6月下旬到8月中旬幼虫为取食期，7月下旬到8月下旬幼虫化蛹；第3代成虫于8月上旬至9月上旬羽化，8月中旬到9月中旬产卵，幼虫取食期在8月中旬至10月上旬，其中一部分于9月中旬到10月中旬化蛹产生第4代，另一部分于9月下旬到10月中旬后结茧越冬；第4代成虫于9月下旬至10月下旬羽化，10月上旬到10月底产卵，幼虫于10月中旬孵化取食，至下年2月上旬老熟下地结茧。在湖南省各代成虫发生期分别为4月上旬到5月中旬、6月中旬至8月上旬、7月下旬至9月上旬、9月上旬至11月上旬；各代幼虫取食期分别为4月下旬至6月上旬、7月上旬至8月中旬、8月上旬至10月上旬、9月中旬至11月上旬，各代重叠现象明显。

天敌：竹镂舟蛾天敌较多，捕食性动物鸟类有长尾蓝雀、杜鹃、大杜鹃、灰喜鹊、画眉，蜘蛛有斑管巢蛛、线纹猫蛛、拟环纹狼蛛、黑腹狼蛛、黄褐狡蛛、宽条狡蛛捕食成虫与幼虫；捕食性昆虫有中华大刀螂、广腹螳螂、双齿多刺蚁、日本黑褐蚁、茶褐猎蝽、黑红猎蝽、勺猎蝽、黄足猎蝽、绿点益蝽、蠋蝽；寄生性天敌在卵期有舟蛾赤眼蜂、松毛虫赤眼蜂、毒蛾赤眼蜂、松茸毒蛾黑卵蜂

A

B

C

D

A. 停于竹小枝上待脱皮的3龄幼虫（平均体长18mm。土黄色，中、后胸两侧及腹8节背面的黑点仍在。气门线以下为青白色，此虫也近脱皮，胸部增粗）

B. 5龄幼虫停息于毛竹竹叶上（体长42.5mm。体光滑、无毛，体绿色，密布纵行黄色细条纹，臀足伸出腹末节外，并牢固地抓住被停息物，各龄幼虫均有如此习性）

C. 爬行于毛竹小枝上的末龄幼虫（体长55mm，此时幼虫取食量最大，体色逐渐由黄转绿，黑色绒斑明显）

D. 末龄幼虫停息于毛竹小枝上（体长为58.6mm，幼虫生长体已达到最长。气门线以上为翠绿色，被白粉，气门以下为粉白色或略显黄色）

E. 结茧的末龄老熟幼虫已结茧待化蛹（在饲养缸内饲养的老熟幼虫，常吐丝粘叶于饲养缸边结茧，在此潜伏待化蛹。在竹上、地面亦有幼虫吐丝粘2～3片竹叶缀成蛹苞在内化蛹。预蛹尾部弯曲，体紫红色，腹面翠绿色）

E

Telenomus dasychili Chen *et* Wu、松毛虫黑卵蜂、油茶枯叶蛾黑卵蜂；幼虫期有内茧蜂、细线细颚姬蜂Enicospilus lineolatus（Roman）、稻苞虫黑瘤姬蜂*Coccygomimus parnarae*（Viereck）松毛虫黑点瘤姬蜂、满点黑瘤姬蜂*Coccygomimus aethiops*（Curtis）、瘦姬蜂、毛圆胸姬蜂指名亚种、野蚕黑瘤姬蜂*Coccygomimus luctuosus*（Smith）、日本追寄蝇、伞裙追寄蝇；蛹期有舟蛾啮小蜂、细颚姬蜂等。

A

B

C

D

A. 土茧和蛹（一般老熟幼虫在土表面下2～3mm处吐丝粘泥土结茧，茧软、很薄，外壁粘土粒、碎草，内壁光滑，在内化蛹，初化蛹体为翠绿色，后渐变深橙红色，羽化前为黑褐色）

B. 被黑卵蜂初寄生的卵（刚产的卵色黄并渐变红；被黑卵蜂寄生，舟蛾卵壳色不会变红）

C. 黑卵蜂在卵已发育完成的卵（被黑卵蜂寄生的卵，颜色由黄渐变灰色到黑色，卵顶凹陷加深。图示：黑卵蜂已发育为成虫，其中1只蜂正在羽化出卵）

D. 益蝽若虫正在吸食竹镂舟蛾4龄幼虫（在竹林中，此绿点益蝽若虫停息在竹镂舟蛾体上取食。在室内培养皿中喂养幼虫，再放入益蝽若虫，很快益蝽若虫爬到舟蛾幼虫体旁取食，并能很好发育、羽化为成虫）

竹叶涓夜蛾
Rivula sp.

A

B

分类地位：鳞翅目 LEPIDOPTERA 夜蛾科 Nnoctuidae 涓夜蛾 *Rivula*。

分布：中国浙江、台湾；日本。

寄主及危害：危害毛竹、方秆毛竹、黄槽毛竹、雷竹、早园竹、天目早竹、甜竹、角竹、淡竹、浙江淡竹、刚竹、水竹、红竹、白哺鸡竹、乌哺鸡竹、花哺鸡竹、斑竹、石竹、高节竹等刚竹属中的主要竹种及苦竹。中国大陆为1996年在浙江慈溪初次发现，1997年在浙江余姚发现被害毛竹林70hm^2，1999年危害面积扩大1800 hm^2，造成经济损失1000×10^{4}元。1998年在浙江湖州毛竹林发现危害，2000年在杭州植物园竹类植物区毛竹被此虫危害较重，2001年在浙江富阳亚热带林业研究所毛竹示范林中发现此虫危害。至此此虫已在浙江省东、中、北部竹子产区普遍发生。而且此虫系突发性的发生，一旦发生危害颇重，将竹叶吃光，造成竹子死亡。

主要识别点：

成虫　体长9～13 mm，翅展19～23mm。淡黄白色，头淡黄色，头顶灰白色，下唇须两侧橙黄色，上部白色；复眼灰黑色；触角丝状，基部1/6为白色，余渐变为黑色。初羽成虫翅黄到黄褐色，前缘为淡枯黄色，外缘、后缘黄褐色，缘毛长，前、后翅缘毛内有1列7～8个小淡褐色点，外线由5～7个浅褐色点组成，中线、内线也由隐约浅褐色小点组成；翅背面正中有1个较大的黑点，以后翅更明显。足黄色，中足胫节有1对距，后足胫节有2对距。

卵　馒头形，底直径0.5～0.6mm，高0.3～0.4mm，乳白色，从卵顶向卵底径周围有整齐放射状纹，卵散产于竹叶背面。

幼虫　初孵幼虫体长为0.9～1.2mm，乳白色，被原生刚毛。老熟幼虫体长22～24mm，青绿色。头淡黄色，体背线很宽，深绿色，在腹部背线两侧每节各有1个小白点；亚背线白色或淡黄色，非常清晰，但在节间处断裂；气门线白色，在背线两侧、亚背线下方、气门上线、气门下线位置，每节各有1个毛瘤，着生黑色或灰白色刚毛1根。

蛹　体长11～14 mm。初化蛹翠绿或淡绿色，数天后胸背显出黑色，逐渐扩大，形成3条黑色斑纹；腹背两侧各有斜向的黑色斑纹，羽化前为淡黄褐色。蛹头圆，尾突尖，臀棘突出，端部着生10根小钩。体被稀疏的白色细毛，以尾节略多。蛹化于竹叶背面，蛹头、尾均以白色的丝固定。

A. 初羽成虫停息于毛竹竹叶上（成虫刚刚羽化，成虫体长13mm；触角丝状，基部1/6为枯白色，余渐变为黑色；前翅前缘为淡枯黄色，外缘、后缘黄褐色，缘毛长中室位置有2个黑点，成虫后面留有以丝固定初羽化后的蛹壳）

B. 老熟幼虫在毛竹竹叶上爬行（老熟幼虫体长22～24mm，青绿色。背线深绿色，在腹部背线两侧每节各有1个小白点；气门线白色，在背线两侧、亚背线下方、气门上线、气门下线位置，每节各有1个毛瘤，着生黑色或灰白色刚毛1根）

A

B

A. 在毛竹竹叶背面的初化蛹（蛹体长11～14mm。初化蛹翠绿或淡绿色，蛹头圆，尾突尖，臀棘突出，端部着生10根小钩。体被稀疏的白色细毛。蛹化于竹叶背面，蛹头、尾均以白色的丝固定）

B. 羽化前蛹（化蛹后数天后胸背显出黑色，逐渐扩大形成3条黑色斑纹；腹背两侧各有斜向的黑色斑纹，羽化前为淡黄褐色）

发生期：竹叶涓夜蛾在浙江1年发生4～5代，以幼虫及少数蛹越冬。在浙江富阳2月下旬、3月上旬越冬幼虫开始取食，4月上中旬幼虫老熟，吐丝自缚于竹叶叶面，经2～3天化蛹，4月中下旬羽化成虫，5月上旬以幼虫越冬的蛹也羽化成虫。各代各虫态发生期分别为：第1代卵期为5月上旬到5月底，幼虫期为5月中旬到6月下旬，蛹期为5月底到6月下旬；第2代成虫期为6月上旬到7月初，卵期为6月中下旬到7月中旬，蛹期为7月上旬到8月初；第3代成虫期为7月中旬到8月上旬，卵期为7月中旬到8月上旬，幼虫期为7月下旬到8月底，蛹期为8月中旬到9月上旬；第4代成虫期为8月下旬到9月中旬，卵期8月底到9月中旬，幼虫期为9月上旬到10月初，蛹期为9月中旬到10月中旬，同时以蛹越冬；其中有较大部分蛹于9月下旬到10月中旬羽化成虫，于10月上旬到10下旬产卵，10下旬到11上旬孵化幼虫，幼虫于11月底到12月上旬越冬。

天敌：捕食性鸟类有大山雀*Parus major*、小噪鸟、杜鹃、画眉、麻雀，蜘蛛有横纹金蛛、黄褐狡蛛、盗蛛、猫蛛捕食幼虫和蛹；捕食性昆虫有广腹螳螂、日本黑褐蚁捕食幼虫；寄生性天敌卵期有广赤眼蜂，幼虫期有广大腿小蜂*Brachymeria lasus* (Walker)、次生大腿小蜂*B. secundaria* (Ruschka)、菲岛黑蜂*Ceraphron manilae* Ashmead、柠黄姬小蜂*Cirrospilus ogimae* (Howard)、夏威夷美丽姬小蜂*Melittobia hawaiiensis* Perkins、姬小蜂*Necremnus* sp.、卵跳小蜂*Ooencyrtus* sp.、悬小蜂*Meteorus* sp.、金小蜂*Pasteon* sp.、白跗柄腹姬小蜂*Pediobius ataminensis* Ashmead、稻苞虫柄腹姬小蜂*Pediobius mitsukurii* (Ashmead)、螟卵啮小蜂*Tetrastichus schoenobii* Ferriere、菱室姬蜂*Mesochorus* sp.、2种横脊姬蜂*Stictopisthus* sp.、2种盘脉茧蜂*Colesia* sp.等20余种。

30 刚竹毒蛾

Pantana phyllostachysae Chao

Pantana phyllostachysae Chao, 1977. 昆虫学报，20 (3): 329

Pantana phyllostachysae Chao, 1979. 中国经济昆虫志，第42册，鳞翅目毒蛾科（二），73

A

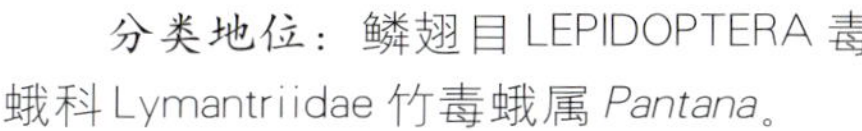

B

C

A. 羽化后雌成虫停于竹小枝上（雌成虫自然停息时，体、翅长26mm，黄白色，复眼黑色，前翅前缘色深，后缘中间隐约可见一锈色斑，足黄白色。雌成虫羽化后一般不飞翔，停息于固定地点等待雄成虫前来交尾）

B. 羽化后雄成虫停息于竹叶上（雄成虫自然停息时，体、翅长18.5 mm，灰黄色，前胸颈板、盾板上绒毛发达，锈黄色，前翅后缘中间有1块非常明显的锈红色斑。羽化后雄成虫即可飞翔，寻雌虫交尾）

C. 产于竹叶背面的卵（林中常见卵以数粒到10余粒，分1排或2排产于竹叶背面或竹子主秆上。产于竹叶上的卵似此图有30余粒者少见。卵鼓形，浅黄白色，顶部稍平，中间略凹，顶缘有一浅褐不均匀环纹）

分类地位：鳞翅目LEPIDOPTERA毒蛾科Lymantriidae竹毒蛾属*Pantana*。

分布：中国浙江、福建、江西、湖南、四川、广西、贵州等地。

寄主及危害：危害毛竹、淡竹、刚竹、五月季竹、红竹、早竹、石竹、早园竹、台湾桂竹、奉化水竹、白夹竹、寿竹等刚竹属各竹种及苦竹。以幼虫取食竹叶，1973年在浙江、江西省初见，江西大茅山被害竹林面积170hm^2，被害致死毛竹2×10^4余株，1976年浙江庆元等县被害毛竹林面积超过1×10^4hm^2，1981年江西上饶被害毛竹林面积7000hm^{2}多，1999年浙江江山、2001年浙江衢县、2002年浙江龙游毛竹林均不同程度发生迄今福建南平每年仍有数千公顷竹林被害。大发生时可将竹叶吃光，使竹腔内各节内积水，致严重被害竹林成片死亡，下年度出笋减少，成竹眉围下降，竹林荒芜。

主要识别点：

成虫　雄虫体长9.5～12.2mm，翅展29～32mm；雌虫体长13.5～15.8mm，翅展36～40mm。雄成虫体黄色，头顶覆黄色毛，下唇须锈黄色；复眼灰黑色；触角栉齿状，触角干淡黄白色，栉齿灰黑色。前胸颈板、翅基片上绒毛发达，前翅淡黄至棕黄色，前缘翅基色深、后缘中央偏前有1个较大的橙红色斑，后翅黄白色，无斑，足黄白色，腹部瘦，底色暗黑色，上覆黄色绒毛。雌成虫体白色略带黄，头部覆毛较少，下唇须黄白色。触角短栉齿状，触角干灰白色，栉齿短稀，灰黄白色；复眼灰黑色。前、后翅均浅黄白色，半透明，前翅后缘与雄成虫同位置有很浅橙黄色斑，后翅白色，腹部粗大，底色暗黑色，上覆短白色绒毛。

卵　鼓形，高0.8mm，浅黄白色，顶部稍平，中间略凹，顶缘有1条浅褐不均匀环纹。

幼虫　初孵幼虫体长2.7mm，淡黄白色，有黑色毛片，前胸侧毛瘤各有1个黑色的长毛束。3龄幼虫第1～4腹节背面各有1束刷状毛初现，锈黄色。老熟幼虫体长20～28mm，浅灰黑色，被黑色和黄色长毛。前胸两侧中央具突出毛瘤，各生1束向前伸的灰黑色羽状毛，长约10mm；第1～4腹节背面中央各生1束红

A

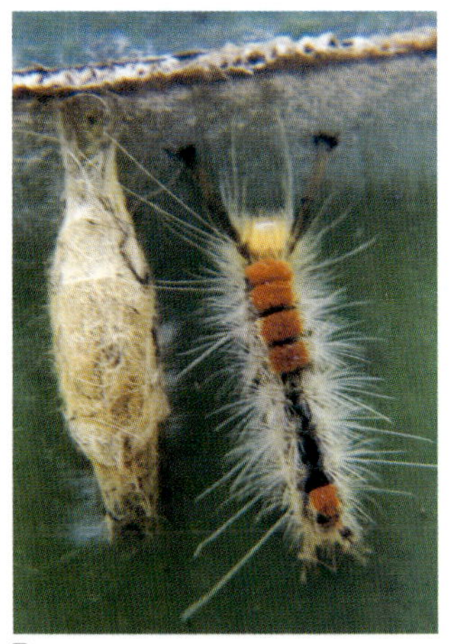
B

A. 在毛竹叶上刚脱皮的4龄幼虫（体长18.5mm，刚脱完皮的幼虫体鲜，簇毛完整，头明显的大。前胸两侧伸出的两簇黑色八字毛较长，第1～4腹节4簇刷状毛常形成1团，与第8腹节毛片同为鲜橙红色，毛片上后竖的1束黑色毛比华竹毒蛾幼虫的短，毛末端分叉呈绒球状，毛束内混有羽状毛从绒球毛中伸出。后方为幼虫脱皮后的皮蜕）

B. 在毛竹秆上待结茧的老熟幼虫（图示：毛竹秆上1头幼虫结茧刚完成，另1头老熟幼虫待结茧，此时幼虫头发白，胸部收缩，前胸两侧毛簇、第1～4、8腹节刷状毛明显，亚背线上毛瘤上的毛簇白色分布均匀）

C. 蛹及茧（此两茧均结于竹小枝上，剪开的茧拉出雌蛹，体长17mm，橙红色，触角短栉齿状，不遮翅芽及足）

D. 寄生于幼虫体的绒茧蜂（幼虫被绒茧蜂寄生，当毒蛾幼虫生长到4龄前后，虫体缩短，茧蜂幼虫钻出毒蛾幼虫虫体，并立即于毒蛾虫体上结成小的白色的茧，一般有茧蜂14～26头。从前胸两侧八字黑色长毛束、第8腹节竖起的毛束可证实此为刚竹毒蛾幼虫）

E. 寄生于刚竹毒蛾幼虫体的寄蝇幼虫（幼虫结茧后，尚未化蛹，寄蝇幼虫即钻出毒蛾幼虫虫体，再钻出茧，落地化蛹。毒蛾幼虫虫体腐烂）

C

棕色刷状毛、4个毛刺常聚在一起呈一大红毛刺块；第8腹节背中有1个红棕色的毛瘤，上着生黑色的毛束，此毛束比华竹毒蛾同位置的毛束短，而且末端膨胀成1个毛绒球，毛束内混有羽状毛。这是与华竹毒蛾重要区别点。各节侧毛瘤、亚背线毛瘤均着生短毛丛。

蛹　雄蛹体长10～13mm，雌蛹体长15～18mm，黄棕或红棕色，体各节被黄白色毛，臀棘上有小钩30余根，共成1束。

茧　长椭圆形，长16～25mm，丝质薄，土黄色，茧上附有毒毛。

发生期：刚竹毒蛾在浙江、福建1年3代；江西、四川1年4代。以幼虫在卵内越冬和以1～3龄小幼虫在竹上越冬。在浙江南部各代幼虫取食期分别为3月中旬到6月上旬、6月下旬到8月上旬、8月中旬到10月上旬；福建省各代发生期分别比浙江提前10～15天。江西省4代，各代幼虫取食期分别为3月中旬到5月上旬、5月下旬到6月下旬、7月上旬到8月上旬、8月下旬到10月上旬，11月上下旬孵化的小幼虫需取食10～35天越冬。

天敌：卵期有毒蛾赤眼蜂 *Trichogramma ivelae* Pang et Chen、松茸毒蛾黑卵蜂、松毛虫黑卵蜂寄生；幼虫期有绒茧蜂、细颚姬蜂、松毛虫黑点瘤姬蜂、野蚕黑瘤姬蜂、刚竹毒蛾核型多角体病毒 Baculovirus-A亚组，该核型多角体病毒，在福建建瓯、闽清室内人工感染试验，3龄前幼虫染病死亡率高达80%。

D

E

31 华竹毒蛾

Pantana sinica Moore

Pantana sinica Moore, 1877. Ann & Mag.Nat Hist, 4 (20): 92

Pantana sinica Moore, 1978. 中国经济昆虫志．第12册．鳞翅目毒蛾科．62

A

B

分类地位：属鳞翅目LEPIDOPTERA毒蛾科 Lymantriidae 竹毒蛾属 *Pantana*。

此虫是摩尔（Moore）于1877年定名，模式标本采于湖北长阳，由于此虫冬型雄成虫前翅前缘半部、外线到端线部分黑色或灰黑色，余为白色，常被误认为是灰顶竹毒蛾*Pantana droa* Swinhoe。灰顶竹毒蛾是斯温霍（Swinhoe）于1906年定名，模式标本采于香港，但国内迄今尚未采到此虫标本，已发表研究论文，后检查标本仍为华竹毒蛾，属于误定。从文献记载应是2个种，我们在国内所见危害竹子的灰顶竹毒蛾均是华竹毒蛾。

分布：中国安徽、江苏、上海、浙江、福建、江西、湖北、湖南、重庆、四川、广东、广西、贵州、云南等地。

寄主及危害：危害毛竹、黄槽竹、黄秆京竹、白夹竹、白哺鸡竹、甜竹、贵州刚竹、水竹、方秆毛竹、篌竹、红竹、淡竹、紫竹、衢县红壳竹、刚竹、乌哺鸡竹、奉化水竹、早竹等刚竹属主要竹种。幼虫取食竹叶，食叶量各代不一，第1代为144.01～215.34cm^2、第2代为88.03～136.59cm^2、第3代为108.53cm^2，以第1代危害最重。1958年江苏江宁东坑林场发生危害；1963年浙江安吉双一西坞里毛竹林竹叶被食尽；1973年湖南桃源、桃江、常德、汉寿、益阳、株洲等地先后暴发成灾，被害面积超过4000 hm^2；1974年江苏宜兴阳羡林场约53hm^{2}毛竹林被害，约33 hm^{2}竹叶被食尽；同年浙江上虞长塘约33 hm^{2}毛竹林竹叶被食尽；1978年浙江嵊县约133 hm^{2}毛竹林被严重危害，造成竹枯死；安徽徽州、休宁170hm^{2}竹林发生华竹毒蛾，有虫株率30%，重者每竹有虫300～500条（《江淮晨报》2002-08-28报道）。此虫危害严重时每竹有虫多达2000条，少则500条，被害竹可枯死，下年度出笋减少或不出笋，该虫幼虫体被毒毛，触及人体会引起红肿、痒痛，影响人们上山作业。

主要识别点：

成虫　成虫具3型，即雌成虫、冬型雄成虫、夏型雄成虫。雌成虫体长12～16mm，翅展35～39mm。触角干灰白色，栉齿较短，灰黑色；复眼黑色；下唇须橙黄色。头、前翅、腹部灰白色，略显棕色。前翅白色，翅基、前缘及外缘略被浅棕色鳞片，在M_2与M_3、M_3与Cu_1、Cu_1与Cu_2、Cu_2与Cu各翅脉相交夹角处各有1个黑斑；后翅乳白色。腹面及足均为灰白色，略带棕黄色。冬型雄成虫体长9～13mm、翅展29～35mm。触角羽状，黑色或灰黑色；复眼黑色；下唇须锈黄色。头、前胸灰白色或灰黄色，腹部黑色，后

A. 成虫三型展翅标本（图示：亚林所昆虫标本室藏标本。上为夏型雄成虫，前翅全为黑色，前翅肘脉(Cu)及臀脉（2A）为灰棕色，其它翅脉处色浅。中为冬型雄成虫，前翅前缘半部、外线到端线部分黑色或灰黑色，其它翅脉处色浅，与雌成虫前翅同等位置处有4个黑斑，余为白色；后翅白色。下为雌成虫，前、后翅白色，在M_2与M_3、M_3与Cu_1、Cu_1与Cu_2、Cu_2与Cu各翅脉相交夹角处各有一黑斑）

B. 产于竹叶上的卵（卵常呈1行或2行，5～6粒或10余粒产在竹秆或竹叶上，卵略呈鼓形，宽0.9mm，高0.8mm，灰白色，顶部较平，中央略凹陷，周围有一浅褐色的圆环）

C. 停息在竹叶上的老熟幼虫（体长30mm，体黄褐色，在爬行时前胸两侧毛瘤上的毛束、第8腹节背中毛束均竖起，第1～4腹节背面有4丛棕红色刷状毛，各节侧毛瘤、亚背线毛瘤均着生短毛丛）

C

胸两侧及尾部绒毛灰白色。前翅前缘半部、外线到端线部分黑色或灰黑色，有翅脉处色浅，与雌成虫前翅同等位置处有4个黑斑，余为白色；后翅白色，少数个体翅基及顶角为暗灰色。夏型雄成虫体大小同冬型，惟体、翅全为黑色，前翅肘脉（Cu）及臀脉（2A）为灰棕色，其他翅脉处色浅，腹面及足为灰白色，略带棕色。

卵　略呈扁圆形，宽0.9mm，高0.8mm，灰白色，顶部较平，中央略凹陷，周围有1个浅褐色的圆环，下部略圆。

幼虫　初孵幼虫体长2.5mm，淡黄白色，有黑色毛片，前胸侧毛瘤各有1个黑色的长毛束。3龄幼虫第1～4腹节背面各有1束刷状毛初现，橙黄色，体黄白色，较发灰。4龄幼虫头暗灰色，上述4束刷状毛较长，背线、亚背线灰黑色，毛灰白色，将亚背线切断呈断续状。老熟幼虫因各代幼虫龄数不一，幼虫体长变化较大，约为20～31mm，暗黄褐色，前胸两侧毛瘤突出，各着生1束黑色长毛，背线宽阔，黑色，亚背线、气门上线灰白色。第1～4腹节背面有4丛棕红色刷状毛，第8腹节背面有1束向后竖长的黑色长毛，基部有棕黑色毛瘤2个，各生棕红色短毛丛，各节侧毛瘤、亚背线毛瘤均着生短毛丛，腹面灰白色。第1、3代幼虫有5、6、7个龄期；第2代幼虫有6、7、8个龄期。

蛹　雄蛹体长11～15mm，雌蛹体长16～19mm。橙黄色，额的两边各生1根刚毛，体背各节密生黄白色短毛，以胸部背面毛较长。雄蛹触角宽大，遮去前翅芽的2/5，两触角尖端相接，遮去3对足的中间部分，前翅芽长达第4腹节末端，臀棘上有许多钩刺；雌蛹触角宽短，与下颚等长，前翅芽仅达第4腹节中间。

茧　梭形，长为18～26mm，灰黄色或黄褐色，丝质。夏茧较薄，越冬茧两层，外层结构细密，灰黑色，附少量体毛，内层黄褐色，结构疏松。

发生期：在浙江1年发生3代，以蛹越冬。下年4月下旬越冬蛹开始羽化成虫，到5月下旬结束，各代卵期依次为4月下旬到5月下旬、6月上旬到8月上旬、8月下旬到9月下旬；各代幼虫期依次为5月上旬到7月中旬、7月上旬到8月上

A

B

A. 结于竹叶上的茧（茧梭形，长为18～26mm，灰黄色或黄褐色，丝质，茧外附少量体毛。图下是已孵化的卵，卵壳被食去大半）

B. 从茧中取出的雄蛹（体长13.5mm，橙黄色，复眼已发黑，近羽化，触角栉齿状、宽大，占前翅芽的2/5）

旬、9月上旬到12月上旬；各代蛹期依次为6月上旬到7月中旬、8月上旬到9月下旬、10月上旬到下年5月上旬；第2、3 代成虫分别为6月中旬到8月上旬、8月中旬到9月下旬。成虫羽化后可立即交尾、产卵，各代卵分别需经11～13、7～8、7～9天孵化；各代幼虫分别需经34～49、28～42、30～74天取食方老熟化蛹；各代蛹分别需经10～21、10～13、168～192 天羽化成虫；各代成虫寿命分别为7～8、5～14、4～15 天。综合累计华竹毒蛾第1 代平均需时 30.82 天，第2代需时 63.68 天，第3代需时 248.32 天。

天敌： 卵期有松毛虫赤眼蜂、毒蛾赤眼蜂、松茸毒蛾黑卵蜂、茶毒蛾黑卵蜂寄生。赤毒蛾绒茧蜂、竹毒蛾内茧蜂、细颚姬蜂、野蚕黑瘤姬蜂寄生，重寄生有菱室姬蜂。赤眼蜂人工放蜂寄生率为28%～45%；黑卵蜂自然界总寄生率为8.8%～28.5%。幼虫寄生蜂有2种：绒茧蜂寄生率为4%～6%，内茧蜂寄生率为1%～3%。华竹毒蛾天敌对控制该虫的虫口密度起重要作用。

A

B

A. 在竹秆上幼虫被内茧蜂寄生（当内茧蜂幼虫近老熟时，幼虫已死，体缩短、僵硬，很牢地固定于竹秆上；待内茧蜂发育为成虫，从毒蛾幼虫第8腹节处背面咬孔爬出。图为内茧蜂成虫刚羽化爬出，翅尚未完全展开）

B. 幼虫被姬蜂寄生（幼虫被姬蜂寄生，待幼虫老熟结茧化蛹后，姬蜂幼虫亦老熟化蛹。姬蜂成虫从毒蛾蛹中羽化，咬破虫茧爬出）

32 鱼尾竹环蝶

Stichophthalma howqua (Westwood)

Stichophthalma howqua (Westwood), 1994. 中国蝶类志. 309

A

B

A. 雄成虫在林间补充营养（雄成虫主要特征是前、后翅背面中横线外侧、红褐色眼斑内侧无白色带。图示：雄蝶头抬起在竹林地被物上补充营养，肉黄色的吻管从复眼正中伸出在吸食烂竹头）

B. 雌成虫背面（图示：亚林所昆虫标本室藏标本。雌成虫体平均长32mm，翅展98mm，翅正面缘毛短、白色，缘毛与外缘间有一黑褐线，在前翅似水渍浸润状，前、后翅M_1至Cu_2脉上或脉间有鱼尾纹斑6个，因此得名。后翅后缘有一片白色）

C. 产于竹叶背面卵、卵块（圆球形，浅绿色，数天后逐渐变为暗黄色，卵散产或块产，块产由整齐的条状组成，1卵块最多有卵120粒）（徐志宏摄）

C

俗名： 箭环蝶、赭环蝶。

分类地位： 鳞翅目LEPIDOPTERA环蝶科Amathusiidae环蝶亚科Amathusiinae箭环蝶属*Stichophthalma*。

鱼尾竹环蝶中国有4个亚种，此种为指名亚种*Stichophthalma howqua howqua* (Westwood)。

分布： 中国陕西、浙江、福建、台湾、江西、湖北、四川、广东、海南、广西、云南、西藏等地；越南、老挝、缅甸、不丹、泰国、柬埔寨、印度、孟加拉国、菲律宾、马来西亚、新加坡。

寄主及危害： 危害毛竹、五月季竹、甜竹、红竹、淡竹、篌竹、衢县红壳竹、台湾桂竹、刚竹、水竹、乌哺鸡竹、青皮竹、粉箪竹、撑篙竹等竹竹叶。该虫个体大，但幼虫期特别长，单位时间取食量小，再者幼虫裸露，天敌多，竹林中难以形成大量虫口，故危害不大，20世纪70年代在浙江安吉竹林中偶见，1999年在龙游溪口约13 hm^2毛竹林虫口密度颇高，2000年浙江省余姚市梁弄毛竹林中虫口密度特高，每竹最多有幼虫达百条，但竹林未造成损失，2001年竹林中也很难见到该虫。该虫成虫是很好的工艺装饰品。

主要识别点：

成虫　体长29～35mm，翅展95～105mm。体、翅黄色、黄褐色；复眼大，突出，深褐黑色。触角黄褐色，棒末端膨大部分小。前胸盾板被绒毛，翅正面深橙黄色，缘毛短，黄白色，外缘与缘毛间有1条黑褐色线，前翅似水渍浸润状；前、后翅M_1至Cu_2脉上或脉间有鱼尾纹斑6个，前翅第1枚与顶角黑斑相混，后翅末1枚也较含糊，后翅后缘色浅或黄白色。翅背面缘毛黄褐色，外缘有2条波状纹；在中央及近基部各有1条波状横线，前翅在两横线间有1条似S形线，均深黑褐色，雌蝶在中横线外侧有1条白带，缘室中央有清晰和模糊的5个红褐色眼斑，前翅末1枚有半个和后翅前、末有2枚围黑边，中心有清晰和模糊的半月形白瞳点。

卵　圆球形，直径1.2mm，浅绿色，渐变暗黄色，卵散产或块产，块产由整齐的条状组成，1个卵块最多有卵120粒。

幼虫　初孵幼虫体长2.5mm，乳白色。老熟幼虫体长70mm左右，头淡绿色，头顶有1块黄斑，斑中有2纵条红斑，每斑前方各生1丛黑色长毛簇；体底为浅黄色，上均分各条青绿色线，使体似乎呈青绿色，每体节分为4～6个小节，体密被白色细茸毛，气门黑色，下方有黄色半围圈，腹面淡黄色。末端有青绿色尾角1对。

蛹　体长37～44mm，腹面似橄榄形，初化蛹淡黄翠绿色，渐变黄浅绿色、被白粉。头前方突出分两叉，黄色；第3～4腹节间特宽阔并突起，突起前方有赭红横线，后方为黄色横线。体每节有10余个小黑点，呈2条横排于体节上。臀棘扁阔，有小钩。

A

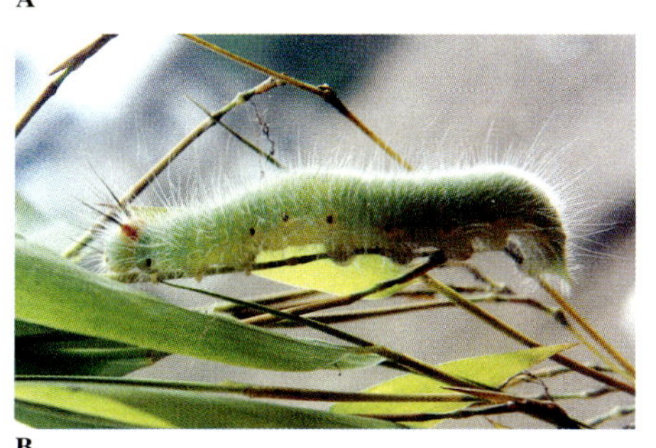
B

发生期：在浙江1年发生1代，以2～3龄小幼虫在11月上、中旬于地被物下或在竹叶上缀叶越冬，次年3月底、4月初幼虫活动取食，5月上旬取食颇猛，5月底幼虫老熟并开始化蛹，蛹期长达1个月，6月上旬成虫开始羽化，6月中、下旬为羽化高峰，成虫期长达1个半月，7月中旬终见。6月底为产卵高峰，卵约经10天孵化，竹林中6月中下旬见幼虫，7月上旬为幼虫孵化高峰。幼虫在竹叶上取食，食叶量很小，10月底后停食准备越冬。

天敌：由于鱼尾竹环蝶幼虫个体大、幼虫期长、身体裸露，天敌很多。捕食性动物鸟类有大山雀、画眉、大杜鹃，蜘蛛有宽条狡蛛、拟环纹狼蛛、黄褐狡蛛，中华大刀螂、广腹螳螂、黑红猎蝽、蜾蠃蜂 *Rhynchium* sp.捕食大、小幼虫；寄生性天敌卵期有松毛虫赤眼蜂、舟蛾赤眼蜂、油茶枯叶蛾黑卵蜂、松茸毒蛾黑卵蜂；幼虫期有内茧蜂、松毛虫黑点瘤姬蜂、松毛虫匙鬃瘤姬蜂、日本追寄蝇、伞裙追寄蝇。

C

A. 室内饲养的5龄幼虫（体长57mm，体翠绿色，被白色绒毛，除体略小外，特征同老熟幼虫）

B. 在竹枝上爬行的老熟幼虫（体长70mm左右，头淡绿色，头顶正中有1块黄斑，斑中两侧有2条纵红斑，每斑前方各生1丛黑色长毛簇，体密被白色细长茸毛）

C. 在竹小枝上化蛹 —— 背面、侧面（初化蛹淡黄翠绿色，体长37～44mm，第3～4腹节间特宽阔并突起，突起前方有赭红横线，后方为黄色横线，体每节有10余个小黑点呈2条横排于体节上，臀棘扁阔，有小钩。化蛹4～5天后体色斑渐褪为黄浅绿色，被白粉。蛹头前方突出，分两叉，黄色）

D. 被寄蝇寄生的老熟幼虫（幼虫被寄蝇寄生后，幼虫体壁寄蝇侵入处出现黑疤，体表逐渐出现水渍状，并逐渐扩大，数天后幼虫死亡）

D

33 四星云眼蝶

Paraplesia adelma (Feld)

Penthema adelma Feder, 1994. 中国蝶类志．368

A

B

A. 成虫展翅标本背面（图示：亚林所昆虫标本室藏标本。成虫体长32mm，头黑褐色，复眼漆黑色；触角黑褐色，端部棒状不明显粗。前、后翅外缘为浅波浪状，波凹处白色，中室端有1列4枚大白斑而得名）

B. 成虫展翅标本腹面（图示：亚林所昆虫标本室藏标本。成虫复眼下半圆周外有2条各占1/4周的白斑。前翅反面在基角处有3～5块零星白斑，其它斑位同正面；后翅亚外缘有1列白斑，前缘3个较大，后4个似“人”字形，中域有1列淡黄斑，在上述2列之间有1列5 个小白点）

C. 在竹叶上停息的老熟幼虫侧面（老熟幼虫头、尾角均尖长，背面观均有分开痕迹，以尾更深，在亚背线位置每节有1块较大的黑斑）

D. 蛹（蛹长41～45mm，枯黄色，头鹰喙状，前胸隆起，腹部每节从背到亚背线位置有一斜行向下的4～5个黑点，腹气门较宽，蛹倒挂于竹小枝上）

C

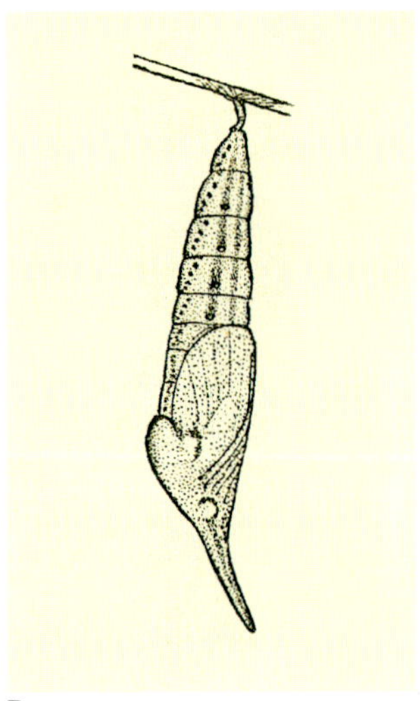
D

俗名： 白斑云眼蝶。

分类地位： 鳞翅目LEPIDOPTERA眼蝶科Satyridae锯眼蝶亚科Elymninae斑眼蝶属*Paraplesia*。

本属全世界记载5种，中国有3种。

分布： 中国陕西、浙江、台湾、福建、江西、湖北、湖南、四川、广东、广西等地。

寄主及危害： 危害白哺鸡竹、五月季竹、寿竹、白夹竹、花哺鸡竹、淡竹、奉化水竹、毛竹、花毛竹、篌竹、台湾桂竹、光箨篌竹、石竹、高节竹、刚竹、乌哺鸡竹、箣竹、撑篙竹、青皮竹、橡竹、粉箪竹、油竹、龙头竹、孝顺竹、绿竹、大头典竹、云和苦竹、苦竹等竹竹叶。幼虫多静伏，少取食，幼虫期特别长，天敌也多，多以拟态保护，是竹林中稀有种类。

主要识别点：

成虫　体长28～36mm，翅展83～90mm，头黑褐色；复眼漆黑色，椭圆形，竖置，长径2.4mm，短径1.9mm，复眼下半圆周外有2条各占1/4周的白斑，上半圆周外各有2个白点；上唇须上翘，长超过头顶；触角黑褐色，端部棒状不明显粗。体、翅黑色。前翅外缘浅波浪状，波凹处白色，正面亚外缘有2列白斑，内侧1列稍大，前缘中部斜向后角有1列白斑，前1个常分为3～4个斑条，中室端1列白斑最大，4枚，得名称四星云眼蝶；后翅外缘大波浪状，波凹处白色更丰富，正面亚外缘有1列白斑。背面前翅在基角处有3～5块零星白斑，其他斑位同正面；后翅亚外缘有1列白斑，前缘3个较大，后4个似“人”字形，中域有1列淡黄斑，在上述2列之间有1列5 个小白点。

幼虫　体长老熟幼虫82～90mm。3龄前幼虫翠绿色，老熟幼虫枯黄色。体长梭形，密布刻点。头尖，背面观有分开痕迹；体背侧面可见，每个体节又分为4～6个小节，刻点更粗，在亚背线位置每节有1块较大的黑斑，尾角尖长，背面观分开痕迹更深。

蛹　体长41～45mm，枯黄色，头鹰喙状，前胸隆起，前翅芽达第4腹节末；腹部每节从背到亚背线位置有1排斜行向下的4～5个黑点，腹气门较宽，气门线为断断续续小黑点组成，气门下线较浅，蛹倒挂于竹小枝上。

发生期： 在浙江1年发生1代，以幼虫在竹子竹叶上越冬。下年3月中旬幼虫活动，取食竹叶，到5月上中旬幼虫老熟，爬行至竹子中上部化蛹，到6月中旬全部化蛹结束，蛹经半月羽化成虫，成虫期发生于5月下旬到7月上旬，卵产于6月中旬到7月上旬，幼虫取食期为6月下旬到下年6月上旬。幼虫于11月下旬越冬。

天敌： 捕食性动物鸟类有画眉、大杜鹃、竹鸡，蜘蛛有盗蛛、线纹猫蛛、细纹猫蛛捕食成虫、幼虫，捕食性昆虫有广腹螳螂、茶褐猎蝽、黑红猎蝽捕食幼虫；寄生性天敌卵期有松毛虫赤眼蜂、广赤眼蜂、茶毒蛾黑卵蜂；幼虫期有内茧蜂、螟黑点瘤姬蜂、家蚕追寄蝇、追寄蝇等。

34 竹曲纹黛眼蝶

Lethe chandica Moore

Lethe chandica Moore, 1994. 中国蝶类志. 329

分类地位： 鳞翅目LEPIDOPTERA眼蝶科Satyridae锯眼蝶亚科Elymninae黛眼蝶属 *Lethe*。

曲纹黛眼蝶中国有4个亚种，此种为云南亚种 *Lethe chandica flanona* Fruhstorfer。

分布： 中国安徽（潜山天柱山）、浙江、福建、台湾、江西、湖南、广东、广西、四川、云南、西藏等地；越南，锡金，老挝，泰国，缅甸，印度，孟加拉国，新加坡，马来西亚，印度尼西亚，菲律宾。

寄主及危害： 危害白哺鸡竹、五月季竹、花哺鸡竹、淡竹、水竹、红竹、篌竹、台湾桂竹、石竹、早竹、乌哺鸡竹、孝顺竹、青皮竹、粉箪竹、油竹、苦竹、云和苦竹等。小幼虫在竹叶背面取食竹叶，4龄后幼虫食叶量增大，危害不太严重。成虫补充营养需吸取竹林地被物花蜜，早年竹林地被物被破坏，此虫虫口下降，在竹林中几乎绝迹，近年来竹林中又见此蝶飞翔。但仍是竹林中少见种类。

主要识别点：

成虫　体长18mm，翅展54～60mm，头黑色；复眼黑色，大而突出；触角棕黄褐色，端部1、2节黑色，末节端部黄色。体、翅棕黑色，雄蝶前翅正面黑褐色，无斑纹，后翅正面黑褐色，后缘色浅，外缘有2条红横线或红横线色浅。雌蝶前翅正面在顶角处有1个白斑，中域自前缘至M_3有1条斜行的较宽白带，Cu_1室有1个白点，后翅正面外缘有2条红线。雄蝶前翅背面外缘为黑色，依次向内有1条红色横线、灰白色波状横线、黑褐色波状横线，前缘顶角到中横线一片灰白色，在此域内亚外缘位置有明显或不明显6个眼状纹，内横线为1条微曲的条纹，从前翅直至后翅后缘中域，后翅6个眼状纹明显，近前缘1个中心有1个小白点，从上而下依次第2、5眼状纹有2个，第3、4、6眼状纹有3个小白点。雌蝶背面与雄蝶相近，但较模糊。

卵　馒头状，直径1.5mm，初产乳白色，渐变白色，卵顶精孔为淡黄色，略有光泽，卵单粒产于竹叶背面。

幼虫　初孵幼虫体长4mm，体细长，乳黄色；头黑褐色，头不尖，有1对尾角。老熟幼虫体长50mm，体翠绿色。头前端两侧有1对侧角，长为头长2倍，紫红色，头布满刻点。中胸背面到第9腹节背面有中间宽、两头狭的红、黄大斑纹，以黄色镶边；中、后胸背中各有1个深褐色斑；在第3、4腹节背中有3条深褐色纵斑，以三角形排列；第5、6腹节背中有3条浅褐色纵斑，亦以三角形排列；第8、9节背中各有1条褐色纵斑。尾角尖，可见微分为二，体各节可见分成4～6小节，并布满刻点。

B

C

A. 成虫停息在毛竹竹林地被物上（成虫以花蜜、树木伤流液、腐生物等为补充营养。图示：成虫在竹林地面菊科植物的花上吮吸花蜜）

B. 雄成虫背面展翅标本（图示：亚林所昆虫标本室藏标本。成虫体长18mm，体、翅棕黑色，头黑色，复眼黑色、大而突出；触角棕黄褐色，末节端部黄色。雄蝶前翅正面黑褐色、无斑纹；后翅正面黑褐色，后缘色浅，外缘有2条红横线或红横线色浅）

C. 雄成虫腹面展翅标本（雄蝶前翅背面外缘为黑色，依次向内有一红色横线、灰白色波状横线、黑褐色波状横线，亚外缘位置有明显或不明显6个眼状纹，后翅6个眼状纹明显，近前缘1个中心有1个小白点，其余眼状纹有2～3个小白点）

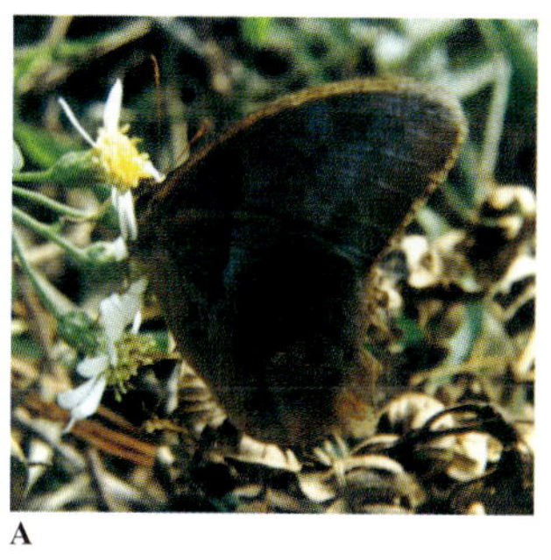
A

蛹　体长2.5mm，淡黄色，士兵蓓蕾帽状。头、尾尖，从中胸部隆起，隆起尖角近直角，隆起后方背与腹面几乎平行，腹中部后突然变细到尾部。从头尖角到腹背中部有1条灰褐色斜纹，以此纹为基线有1棱形斑纹，腹侧共有7～8条，体布刻点。蛹倒挂于竹小枝上，半透明状。

发生期： 在浙江1年3代，以2～3龄小幼虫越冬。下年3月底、4月上旬越冬幼虫活动取食，幼虫于5月上中旬老熟并开始化蛹，蛹经半个月羽化成虫，约到6月下旬羽化完毕。成虫期颇长，在林中约7月中旬终见，在6月上旬到7月中旬成虫产卵，卵经7～10天孵化，6月上中旬到8月下旬为第1代幼虫取食期，幼虫经50余天取食老熟，8月上旬见蛹。8月中旬到9月下旬为第2代成虫期，8月上中旬到9月下旬为第2代幼虫取食期。第3代成虫发生期在10月上旬到11月下旬，10月中旬第3代幼虫开始出现，11月下旬、12月上旬开始越冬。

天敌： 捕食性动物鸟类有画眉、杜鹃，蜘蛛有浙江红螯蛛、黑腹狼蛛；捕食性昆虫有大刀螂、黄足猎蝽、食虫蝇。寄生性天敌卵期有广赤眼蜂、舟蛾赤眼蜂；幼虫有稻苞虫黑瘤姬蜂、日本追寄蝇等。

A

B

C

A. 产于竹叶背面卵（卵馒头状，直径1.5mm，初产乳白色，渐变白色，卵顶精孔为淡黄色，略有光泽，卵单粒产于竹叶背面）

B. 在竹叶背面爬行的2龄幼虫（体长7mm，体细长、乳黄色，头黑褐色，头不尖，有1对尾角）

C. 在毛竹叶上爬行的3龄幼虫（生长的3龄幼虫体长14mm，体细长，淡黄绿色，头顶两尖角黑褐色）

A

B

C

A. 停息在毛竹竹叶上的老熟幼虫（体长42～58mm，体翠绿色。头前端两侧角长为头长2倍，紫红色。除4龄背面2斑增大外，另腹1节前方增一小黄斑；腹5、6、7、9背面正中各增有1个依次减小的黄色斑。也有从中胸到第9腹节背面有中间宽、两头狭的红、黄色大斑纹，斑中在中、后胸背中各有一深褐色斑，在第3、4和5、6腹节背中各有3条深褐色纵斑，均以三角形排列，第8、9节背中各有1条褐色纵斑；尾角尖，可见微分为二，体各节可见分成4～6小节，并布满刻点）

B. 已固定在竹枝上待化蛹的老熟幼虫（老熟幼虫化蛹先吐丝将尾部粘贴于竹小枝上，体变灰黄色，头胸弯曲贴近腹部腹面，即将化蛹）

C. 在毛竹枝上已化成的蛹（体长2.5mm，淡黄色，士兵蓓蕾帽状。从中胸部隆起，隆起尖角近直角，隆起后方背与腹面几乎平行，腹中部后削小到尾部。从头尖角到腹背中部有1条灰褐色斜纹，以此纹为基线有一棱形斑纹）

35 竹连纹黛眼蝶

Lethe syrcis Hewitson

Lethe syrcis (Hewitson), 1994. 中国蝶类志. 338

A

B

A. 停息于竹叶丛中的成虫（成虫复眼黑色，眼后有白色绒毛，足橙黄色）

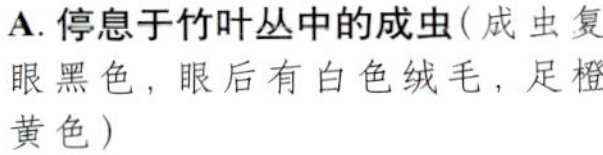

B. 成虫展翅标本腹面（成虫体、翅棕褐色，翅正面缘毛很短、白色。前翅无斑，亚外缘、外横线为2条深色纹；后翅亚外缘有4个大黑斑，黑斑外围有一黄色环，后缘一片为粉白色）

C. 产于毛竹叶背面的卵（卵单粒产于竹叶背面，呈馒头状，直径1.2mm，淡黄绿色，略有光泽。发育后卵面一侧出现2个茶褐色小斑点，正面有不清斑纹）

D. 在竹叶上爬行的2龄幼虫（体长6.5mm，乳白色，头淡黄色，尾尖黄色）

C

D

俗名： 四斑黛眼蝶、四斑隐眼蝶、平原竹眼蝶、淡黄竹眼蝶。

分类地位： 属鳞翅目LEPIDOPTERA眼蝶科Satyridae锯眼蝶亚科Elymninae黛眼蝶属*Lethe*。

分布： 中国黑龙江、陕西、河南、安徽、江苏、浙江、福建、江西、湖南、湖北、四川、广东、广西等地。印度，印度尼西亚。

寄主及危害： 危害黄秆京竹、白哺鸡竹、五月季竹、花哺鸡竹、淡竹、奉化水竹、水竹、毛竹、花毛竹、红竹、篌竹、台湾桂竹、光箨篌竹、石竹、早竹、高节竹、早园竹、刚竹、乌哺鸡竹、撑篙竹、青皮竹、粉箪竹、油竹、孝顺竹、绿竹、衢县苦竹、苦竹等。幼虫取食量小，在竹林中幼虫、蛹常被伞裙追寄蝇寄生，寄生率颇高，所以对竹林危害不大。

主要识别点：

成虫　体长17～19mm，翅展52～62mm。头、胸黑色，翅表棕褐色，缘毛很短，白色。前翅无斑，亚外缘、外横线为2条深色纹；后翅亚外缘有4个大黑斑，黑斑外围有1个黄色环，后缘一片为粉白色。翅背面淡黄白色，缘毛深褐色，前翅亚外缘、外横线、内横线深褐色，后翅亚外缘有5个眼斑，以M_1、Cu_1室2个最大、Cu_2室为2个眼斑相连，中线棕褐色纹中部顺眼斑向外弯呈尖角状突起，在下端和内横线棕褐色纹的后端相连。足棕褐色。

卵　馒头状，直径1.2mm，淡黄绿色，略有光泽，卵单粒产于竹叶背面。

幼虫　初孵幼虫体长4mm，休乳黄色，头淡黄色，体不尖，尾尖、淡黄色。老熟幼虫体长52mm，体黄绿色，背线黄色，头、尾均尖。

蛹　体长，初化蛹为翠绿色，渐变为黄绿色，尤以腹部变化为大。头部前端分叉成为两个尖角，黄色。中胸背面突起甚高，尖端黄色，从头部尖经前胸、顺前翅后缘有一黄色纹，到外缘处终止。气门黄色。腹部腹面各节短缩，使尾部内弯。蛹倒挂于竹叶背面、竹小枝上。

发生期： 在浙江1年3代，以2～3龄小幼虫越冬。下年4月上旬越冬幼虫活动取食，幼虫于5月上中旬老熟并开始化蛹，蛹经半个月羽化成虫，约到6月上旬羽化完毕。成虫期颇长，在林中约7月中旬终见，在6月上旬到7月上旬成虫产卵，卵经7天左右孵化，6月上中旬到8月下旬为第1代幼虫取食期，幼虫经50余天取食老熟，8月上旬见蛹。8月中旬到9月下旬为第2代成虫期，8月上中旬为第2代幼虫取食期。第3代成虫发生期在10月上旬到11月下旬，10月中旬第3代幼虫开始出现，11月下旬、12月上旬开始越冬。

天敌： 仅见有追寄蝇、白僵菌寄生。

A

C

B

D

E

A. 在竹叶上停息的4龄幼虫（体长25mm，体底为翠绿色。头、尾均成为尖角状，并可见正中有裂沟分为二，头尖角红色，背线黄白色，亚背线、气门上线淡黄白色）

B. 在竹叶上爬行取食的5龄幼虫（体长39mm，淡黄绿色，头尖角仍为红色，气门线以下及腹面白色）

C. 在毛竹竹叶背面的蛹（初化蛹为翠绿色，渐变为黄绿色。头部前端分叉成为2个尖角，黄色。中胸背面突起甚高，尖端黄色，从头部尖经前胸、顺前翅后缘有一黄色纹，到外缘处终止。气门黄色。腹部腹面各节短缩，使尾部内弯）

D. 被白僵菌寄生的老熟幼虫

E. 寄蝇成虫及蛹壳（从被寄生竹连纹黛眼蝶老熟幼虫体内爬出的寄蝇幼虫，在土表化蛹，并羽化出成虫）

36 蒙链眼蝶

Neope muirheadii (Felder)

Neope muirheadii (Felder), 1994. 中国蝶类志．349

A

B

C

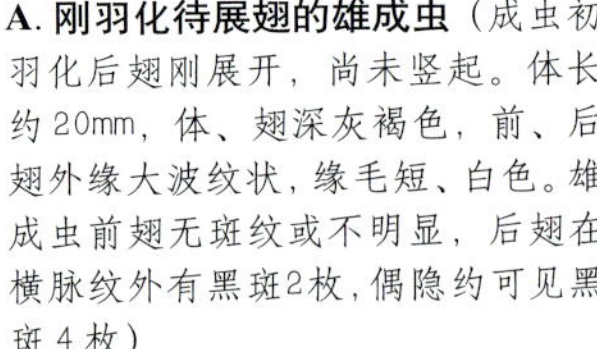

A. 刚羽化待展翅的雄成虫（成虫初羽化后翅刚展开，尚未竖起。体长约20mm，体、翅深灰褐色，前、后翅外缘大波纹状，缘毛短、白色。雄成虫前翅无斑纹或不明显，后翅在横脉纹外有黑斑2枚，偶隐约可见黑斑4枚）

B. 展翅雌成虫的背面（图示：亚林所昆虫标本室藏标本：成虫触角棕色，近末端黑色；复眼灰棕色，复眼后方有一白色环纹。胸部密被长绒毛，雌成虫前翅在外线到中线间有一浅灰色带，于Cu脉后消失，带区内有大黑斑3～4枚；后翅在横脉纹外有黑斑5枚）

C. 展翅成虫的腹面（图示：亚林所昆虫标本室藏标本：成虫翅反面色较浅，前后翅中部有深褐色横带，横带两侧有黄白色边，前翅在与正面黑斑位置处有4枚、后翅有8枚黑色眼状纹，均有黄白色环和白色的中心）

D. 产于竹叶上的卵块（卵以块状产于竹叶背面，卵近圆球形，直径1.3mm，白色，半透明，略有光泽。卵块上卵粒排列不整齐，每卵块有卵18～36粒）

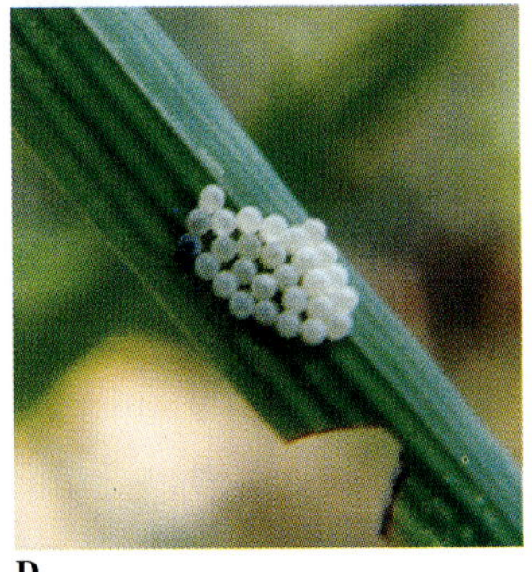
D

俗名：蒙链荫眼蝶。

分类地位：鳞翅目LEPIDOPTERA眼蝶科Satyridae锯眼蝶亚科Elymninae荫眼蝶属*Neope*。

蒙链眼蝶中国有3个亚种，此为指名亚种*Neope muirheadii muirheadii*（Felder）。

分布：中国陕西、河南、安徽、浙江、台湾、福建、江西、湖南、湖北、广东、广西、海南、四川、云南等地；日本，越南，缅甸，泰国，老挝。

寄主及危害：危害罗汉竹、斑竹、白哺鸡竹、五月季竹、甜竹、花哺鸡竹、淡竹、水竹、毛竹、红竹、篌竹、紫竹、台湾桂竹、石竹、旱竹、高节竹、金竹、刚竹、乌哺鸡竹、黄纹竹、撑篙竹、青皮竹、油竹、孝顺竹、绿竹、苦竹及水稻。幼虫取食竹叶，第1代幼虫需食竹叶283.2～332.3cm²，第2代幼虫需食竹叶282.6～311.2 cm²，末龄幼虫取食量占总食叶量80%以上，雌成虫比雄成虫多取食10%～15%。此虫大发生情况不多见，但由于虫口密度较大，幼虫取食也猛，常将局部竹林竹叶吃光，造成一定的损失。

主要识别点：

成虫　雄成虫体长18～22mm，翅展60～65mm；雌成虫体长19～23mm，翅展62～70mm。体灰褐色。触角棕色，近末端黑色；复眼灰棕色，复眼后方有1个白色环纹。胸部密被长绒毛，前、后翅灰褐色，外缘大波纹状，缘毛短，白色，雌成虫前翅在外线到端线间有1条浅灰色带，于Cu脉后消失，带区内有黑斑3～4枚，近前缘2枚较小。后翅在横脉纹外有黑斑4～5枚，近前缘2枚较小。雄成虫前翅深灰褐色，斑纹或无或隐约可见，后翅在横脉纹外有黑斑2枚，偶隐约可见黑斑4枚。翅反面色较浅，前后翅中部有深褐色横带，横带两侧有黄白色边，前翅在正面黑斑位置处有4枚、后翅有8枚黑色眼状纹，均有黄白色环和白色的中心。

卵　近圆球形，直径1.3mm，乳白色，较透明，有光泽。有细微不规则花纹，卵块产于竹叶背面，卵块上卵粒排列不整齐，每卵块有卵25～74粒。卵孵化前先在卵顶出现品字形3个红点，待红点变黑时即将孵化。

A

幼虫　初孵幼虫体长3.5mm，取食后体渐增长，乳白色，取食后渐转为青绿色，有细毛。3龄后体呈黄褐色，显出气门线，灰黑色。4龄幼虫各体节出现小节，黑色背线。末龄幼虫体长46～49mm，土褐色，头圆形，麻土黄色，额部较平，布满颗粒状突起，口器黑色。体各节明显出现3～5小节，全体布满刻点。前胸节较细，中胸节与头等粗，第1～6腹节特粗，背线较粗，黑色，亚背线较细，气门上线、气门线均土黄色，气门下线以下及足细毛较长，白色。腹部色浅呈淡灰色。尾部有尾角1对，黄色。幼虫5龄，极少数有6龄，各龄幼虫平均体长依次为7.35、12.23、20.31、29.87、47.21mm。

蛹　体长15～18mm，初化时浅褐色，后为深褐色，羽化前黑色，长椭圆形，后胸节背面凹陷，前翅芽达第4腹节末端，第5～8腹节腹面短而紧缩，使蛹腹面向前弯曲，臀棘长而宽扁，向前伸出与体垂直，尖端毛糙，附粘于枯叶上。

发生期：在浙江1年发生2代，以蛹越冬。4月中旬成虫开始羽化活动，到6月中旬终见，6月上旬产卵，7月上旬卵终见，6月中旬到7月下旬为第1代幼虫取食期，7月上旬到8月底化蛹；第2代成虫于7月下旬开始羽化，8月底、9月初终见，8月上旬到9月上旬产卵，幼虫取食期为8月中旬到10月底，9月中旬到10月底化蛹越冬。

天敌：画眉、广腹螳螂捕食幼虫；黑卵蜂寄生卵；伞裙追寄蝇寄生幼虫，并在蛹期出蝇，寄生率高时可达30%。

B

C

D

E

A. 2龄幼虫群聚取食竹叶（取食后2龄初期幼虫体长8.6mm，头淡黄色，体背为青绿色，体侧黄白色，有细毛；幼虫群聚取食时，身体多平行排列，有时可分几小群头向一个方向）

B. 3龄幼虫群聚取食竹叶（3龄前期幼虫体长18.5mm，头短椭圆形、横置，头顶有一黑色横线，前胸明显缩小，体淡土黄色，背线青绿色，尾部出现双叉尾角，幼虫仍群聚取食，有时也群集结苞）

C. 于虫苞中的6龄老熟幼虫（6龄老熟幼虫较少，常1虫停于竹叶上，吐丝裹体，体色渐褪，被白粉，待化蛹）

D. 倒挂于竹叶背面的蛹（蛹体长15～18mm，长椭圆形，后胸节背面凹陷，前翅芽达第4腹节末端，腹部背面有黑色云状斑纹，第5～8腹节腹面短而紧缩，使蛹腹面向前弯曲，臀棘长而宽扁，向前伸出与体垂直，尖端毛糙，以丝粘附于竹叶上）

E. 被寄蝇寄生的幼虫（被寄蝇寄生的老熟幼虫死于竹叶虫苞中，寄蝇成虫羽化后，幼虫尸体腹部末端显出腐生的霉菌）

37 竹红眼玛弄蝶

Matapa aria Moore

Matapa aria Moore, 1994. 中国蝶类志．737

A

B

C

A. 初羽化成虫背面（初羽化成虫鳞片完整，深褐色，头棕黄色，复眼红色，前、后翅深褐色至黑色，无斑纹，前翅前缘近基角1/3处稍突出，2/3处略凹陷；前缘及基角为棕黄色，缘毛黄白色，腹部末端为黄白色）

B. 成虫展翅标本腹面（成虫下颚须粗壮，触角棕灰色，节间为灰白色，前、后翅反面为深棕黄色，腹部腹面密被棕黄色毛）

C. 在竹叶虫苞中取食的2龄幼虫（体长为9.5mm，头黑色，体暗红色。剥开虫苞，可见竹叶上白色物，即为幼虫咬断竹叶后吐丝结苞的丝的痕迹，在虫苞中幼虫仅取食竹叶上表皮，使下表皮为枯白色）

俗名： 竹褐弄蝶。

分类地位： 鳞翅目LEPIDOPTERA弄蝶科Hesperidae弄蝶亚科Hesperiinae玛弄蝶属*Matapa*。

本属种类较少，中国仅有2种。

分布： 中国浙江（温州）、江西、福建、四川、广东、广西、海南、香港等地；印度，斯里兰卡，菲律宾，锡金，缅甸，老挝，马来西亚，印度尼西亚。

寄主及危害： 危害箣竹、小簕竹、小佛肚竹、孝顺竹、观音竹、凤尾竹、紫秆竹、大佛肚竹、龙头竹、绿竹，有报道危害毛竹、刚竹等刚竹属植物，在观察中未有发现，用上述竹子叶喂养，幼虫能正常发育。是观赏竹子的重要害虫。主要危害是幼虫卷叶为苞，在苞内取食，严重危害的竹上，虫苞叠叠，影响竹子生长发育，尤其在公园内的路边、庭院内的观赏竹上，吊挂虫苞，被害残叶，影响美观。

主要识别点：

成虫　雌虫体长13.4～16.8mm，雄虫体长14.8～20.7mm，翅展40.5～45.8mm。全体深褐色，头棕黄色，下颚须粗壮，复眼红色，死后数日渐变为浅褐色。触角棕灰色，节间为灰白色。前、后翅深褐色至黑色，无斑纹，前翅前缘近基角1/3处稍突出、2/3处略凹陷；前缘及基角为棕黄色，缘毛黄白色，翅面，有棕黄色闪光。前后翅反面为深棕黄色，腹部腹面密被棕黄色毛。成虫腹部末节平截、略呈弧形，为黄白色。

卵　馒头形，直径1.6～1.9mm，高1.0～1.2mm。初产卵灰白色，后渐变为灰褐或灰绿色。从卵顶向卵边有放射形突起；孵化前卵顶部有红色的斑点。雌成虫产卵时常将尾部鳞片附于卵上，也常被误为是小棘刺。

幼虫　初孵幼虫体长2mm，体暗红色，头黑色、发亮。3龄后幼虫体为黄绿色，幼虫5龄，各龄幼虫头壳宽平均分别为0.86、1.08、1.41、2.13、2.94mm，老熟幼虫体长26.5～37.5mm，体淡黄绿色，体各节又分为3～4小节，被较厚的白粉，前胸在气门前上方有一狭长的黑条斑，沿体背升到另侧气门上方。气门黑色，第1、9气门特大。

蛹　体长19.5～25.2mm，初化蛹淡黄色，渐为乳白色；3天后前胸背板出现灰黑色，复眼为红色；随后头、胸部也为灰黑色，逐渐全身均为灰黑色。羽化前全体黑色，复眼红色。吻超出翅芽、达腹6节末，翅芽基部有1双棘状突起，背部两侧各有1枚较大的突起，上生有3簇丛毛。

发生期： 竹红眼玛弄蝶在广东省仁化县为1年发生5代，11月下旬到12月上旬，以2、3龄幼虫于竹上以竹叶卷成的虫苞中越冬，虫苞被破坏，可以重建

A

B

C

D

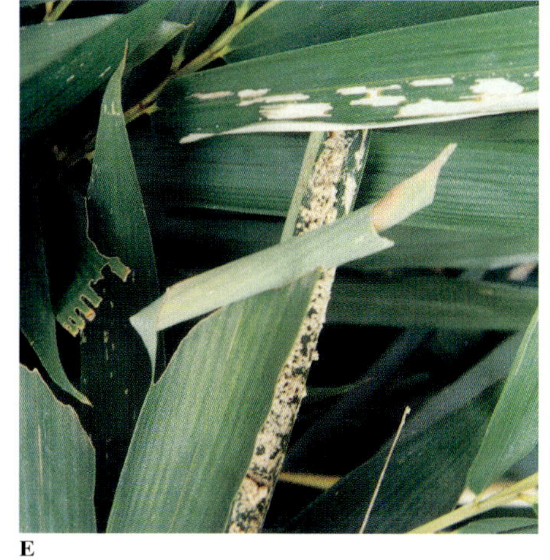

E

一次。越冬幼虫于3月上中旬开始取食，4月中旬化蛹，4月底5月初羽化成虫。从第1代起各代幼虫取食期分别为5月上旬到6月上旬、6月中旬到7月下旬、7月下旬到8月下旬、8月下旬到9月下旬、10月下旬到下年4月下旬，各代成虫发生期从第1代起分别为4月底到5月中下旬、6月中旬到7月上旬、7月中旬到8月上旬、8月中旬到9月中旬、9月下旬到10月下旬。各代各虫态有重叠现象。

天敌：常有盗蛛、猫蛛、真猎蝽、广腹螳螂在弄蝶幼虫转苞缀叶时捕食；有赤眼蜂寄生卵、有稻苞虫黑瘤姬蜂、日本追寄蝇寄生幼虫。

A. 4龄若虫（体长23mm，体淡黄绿色，被较厚的白粉，前胸在气门前上方有一狭长的黑条斑，沿体背升到另侧气门上方。气门黑色，前胸和腹末气门特大，此虫仅见腹末气门）

B. 初化蛹（蛹体长22.mm，初化蛹淡黄色，渐为乳白色，复眼突出，鲜红色，剥开蛹苞竹叶，可见老熟幼虫化蛹时脱下的皮蜕）

C. 化蛹3天的蛹（3天左右先在前胸背板出现灰黑色，随后头、胸部也为灰黑色；复眼为红色；喙超出翅芽，达腹6节末）

D. 幼虫取食虫苞（幼虫取食虫苞为幼虫咬断竹叶切口面大，虫苞卷叶较紧，虫苞较细）

E. 化蛹虫苞（化蛹虫苞为老熟幼虫咬断竹叶切口面小，虫苞粗而短）

38 竹真片胸叶蜂

Eutomostethus deqingensis Xiao

Eutomostethus deqingensis Xiao, 1993. 林业科学研究，6（专刊）：51～52

A

A. 在毛竹叶上爬行的成虫（成虫体长6.6～8.2mm，雄虫略小。体黑色，具蓝黑色光泽。在晴朗天气的白天非常活跃，飞行、交尾，在竹叶面产卵）

B. 从毛竹叶表皮下剥出的卵（卵长椭圆形，长径2mm，短径0.8mm，翠绿色）

C. 在毛竹上取食的3龄幼虫（体长11mm，头黄褐色，体淡黄白色，因刚大量取食，体腹前端显深绿，3龄幼虫取食已猛，日平均取食量为40cm²，幼虫刚爬上叶，顷刻竹叶已被食一块）

D. 正在竹叶上取食的6龄幼虫（老熟幼虫体长23mm，背淡绿色，头黄色，两颊各有1个大圆形黑色斑，胸部腹面淡黄色，气门淡黄色，可清晰看见各气门间相连的气管。胸足淡黄色，腹足淡黄白色）

分类地位： 膜翅目HYMMENOPTERA叶蜂科Tenthredinidae真片胸叶蜂属*Eutomostethus*。

分布： 中国江苏、浙江、江西等地。

寄主及危害： 危害毛竹、早竹、角竹、红竹、石竹、刚竹、淡竹。此虫于1991年在浙江省德清县初次发现危害毛竹，幼虫取食竹叶，取食量大，幼虫一生需食竹叶320cm²。1991年突然危害竹林面积约67 hm²，当年调查严重危害的约3 hm²毛竹林，被害致死毛竹784余株，大部分活竹处于濒死状态，被害竹林下年出笋减少，新竹眉围下降68%。随后在浙江杭州、衢州等地多次发生危害。

主要识别点：

成虫　体长6.6～8.2mm，雄虫略小。体黑色，具蓝黑色光泽。头横置，黑色，稀布细刻点，唇基前缘中部呈弓形。复眼大，圆形，黑色；单眼3枚，呈三角形排列，深褐黑色。触角黑色，9节，触角沟深，第2节最短，第3节最长，末节较细。胸部黑色，翅淡烟黑色，前翅翅痣、翅脉黑色，膜质部略带黑褐色。足为烟褐色。

卵　长椭圆形，长径2mm，短径0.8mm，翠绿色，孵化前为浅灰色。以4～6粒产于竹叶正面两侧的上表皮下，竹叶上表皮出现泡状隆起。

幼虫　初孵幼虫体长2.5mm，体淡黄白色，幼虫6龄，各龄幼虫平均体长分别为3.01、6.49、10.88、13.24、16.23、19.83mm。老熟幼虫体长23mm，背淡绿色，头黄色，两颊各有1个大圆形黑色斑，胸部腹面淡黄色，气门淡黄色、可清晰看见各气门间相连的气管。胸足淡黄色、跗节爪黑色，腹足淡黄白色，肛上板被黑色刚毛。

蛹　体长6.2～8.2mm，初化蛹体淡黄绿色，腹翠绿色，足淡黄白色，后渐变为棕黑色，足的跗节白色。

茧　椭圆形，长径8.5～10.2mm，胶质，外附泥土。

发生期： 在浙江1年发生1代，以老熟幼虫在茧中越冬。下年4月下旬至5月初开始化蛹，5月上旬为化蛹盛期，5月中旬化蛹结束。5月上旬开始羽化成虫，5月中旬为羽化盛期，成虫羽化延至6月上旬。成虫于5月中旬产卵，可延续到6月中旬。幼虫于5月下旬孵化，约经38～45天取食，幼虫于7月上旬开始老熟，7月上中旬落地入土结茧，7月下旬为老熟幼虫落地高峰，老熟幼虫以预蛹在土茧中越夏、越冬。

天敌： 在竹叶中常见有大杜鹃、画眉、广腹螳螂、黄足猎蝽、黑红猎蝽捕食成虫、幼虫，落地幼虫易被白僵菌感染，幼虫结茧后发病而死。

B

C

D

四、竹枝、秆害虫

竹枝、秆害虫又称为竹子嫩枝、幼秆害虫。在研究中发现有不少害虫对老竹的竹枝、竹秆也一样危害，如竹卵圆蝽以取食老竹枝秆为甚。这类害虫约有5目，近30科250种，多为刺吸式口器的昆虫。危害竹子的同翅目、半翅目近400种昆虫中，约有2/3危害竹子的枝、秆，或者既取食竹叶又危害竹枝、秆；危害竹枝、秆的咀嚼式口器昆虫种类很少，如天牛科中的竹红天牛危害竹子老秆，坡天牛属*Polyzonus*中有几个种，能危害竹子嫩秆，膜翅目广肩小蜂、长尾小蜂危害竹子嫩小枝，最近发现竹秆大草螟*Eschata miranda* Bleszymsk危害竹子的嫩枝、老秆，而且危害较重。竹枝秆害虫危害方式是刺吸式口器昆虫多为裸露危害，仅竹沫蝉隐蔽在自身分泌的泡沫中危害，竹后刺长蝽隐蔽在竹腔内危害。而隐蔽危害多为咀嚼式口器昆虫。

1 竹尖胸沫蝉

Aphrophora borizontalis Kat

A

A. 成虫停息在毛竹小枝叶柄上（图示：叶柄被沫蝉危害，1叶及中心叶已被害枯死。现成虫停息在此，很有可能选择在此产卵）

B. 初孵化若虫在一嫩叶尖处停息危害（初孵化的若虫爬行寻找膨大的叶芽或嫩叶，头向下，6足立起，将口器刺入竹叶内取食，同时排出无色透明的液体，浸润虫体，尾部在液体中左右频繁摆动，搅拌使液体形成若干个小气泡，或者将排泄物由肛门一张一合地排出1个个小气泡，聚集形成一个泡沫团，掩盖若虫虫体）

B

分类地位： 同翅目HOMOPTERA沫蝉科Cercopidae尖胸沫蝉属*Aphrophora*。

分布： 中国安徽、江苏、浙江、福建、台湾、江西、湖南、广东、广西等地。

寄主及危害： 危害毛竹、乌芽竹、黄槽竹、黄秆京竹、京竹、五月季竹、斑竹、白夹竹、寿竹、篌竹、甜竹、早竹、红竹、刚竹、衢县红壳竹、淡竹、角竹、白哺鸡竹、台湾桂竹、雷竹、早园竹、富阳乌哺鸡竹、石竹、水竹、乌哺鸡竹及苦竹、衢县苦竹。以若虫、成虫在被害竹的小枝、嫩梢、叶柄上取食汁液，被害竹轻者，常见竹叶枯黄、萎蔫、脱落；重者落叶、枝枯、材质干脆，并影响下年度出笋及竹材质量。近年来该虫虫口密度猛增，危害加重，如湖南邵阳地区、广西柳州地区均有大面积毛竹林受害，浙江省莫干山风景区毛竹林被害严重，引起人们的注意。该虫若虫从孵化起到羽化前均潜入自身排出的白色的泡沫中生活、危害，泡沫日益增大，颇似痰唾液，密集粘附挂在竹枝上，若虫转移，泡沫干后留下白色痕迹，并带蓝色闪光，亦似痰迹，令人恶心，尤其在风景旅游区，使游客生厌。

主要识别点：

成虫　体长7.5～9.8mm，头宽3.8～4.0mm。翅长过腹。初羽化体淡黄色，渐变为黄褐色，有刻点。颊中有黑点1个。复眼烟黑色，有黄斑，单眼2枚，鲜红色；单、复眼间隐约可见黑斑1个。前胸背板两侧有黑斑4个，有的个体隐约或无。前胸后缘正中有较大黑斑1个，前翅为黄白色，翅基、翅尖烟黑色，或翅基部前缘1/4处和1/2处黑色，两者间有黄白色横带，在臀角处有1个黑斑，在翅尖部2/3处有1个月牙形白斑，后缘色浅。后足径节有刺2根，末端内侧有刺2列。第1、2跗节末端有刺1列，均为黑色。

卵　长圆柱形，长径1.5mm，短径0.4mm，一头略尖。乳白色，光洁无斑。孵化前卵略增粗，上端破裂，露出一梭形黑疤，卵体灰色略显红，可见深灰色的复眼。

若虫　初孵若虫体长1.4mm左右，头宽0.6mm左右，体淡肉红色，半小时后头、胸部黑色，腹部仍为淡肉红色。头突出，前端圆球形；触角黑色，9节，第3～9节呈梭形；复眼突出，黑色。足黑色，后足胫节末端内侧有刺1列。腹部膨大，以第2～5腹节最甚，末节截状。尾部突出微上翘。若虫5龄，从第2龄起，各龄若虫体长分别为2.0～2.8、3.5～4.2、4.5～6.5、6.7～8.2mm；各龄若虫头宽分别为0.8、1.1、1.5、2.9mm。3龄触角鞭状，4、5龄触角丝状；3、4龄复眼红褐色。老熟若虫触角、复眼、前中胸、前翅芽、背线及胸腹部两侧均为黑色。

发生期： 在浙江1年发生1代，10月中旬到11月上中旬产卵于竹子枯枝、梢中越冬。下年4月上中旬卵开始孵化，到5月初终止，孵化期约1个月。若虫5龄，每龄若虫约生活1个月，到6月上旬若虫老熟羽化成虫，6月中旬若虫终见。成虫羽化后即爬或飞到竹梢嫩枝、梢上进行补充营养，在若虫发生处难以见到成虫，9月中旬成虫交尾，10月又飞回若虫发生处产卵，成虫期为6月上旬到11月中旬。

天敌： 竹尖胸沫蝉若虫隐于泡沫中，天敌较少，仅见1种小鸟剥抹开泡沫取食幼虫，同时在泡沫中见到1种盲蛇蛉的幼虫捕食沫蝉若虫；在成虫期有线纹猫蛛、松猫蛛取食成虫。

A

C

B

A. 3龄若虫在竹子叶柄上转移（3龄若虫体长3.5～4.2mm，前后翅芽初显，中、后胸深红褐色，腹部淡肉红色。为拍照需要，此若虫是从泡沫里取出来的）

B. 沫蝉若虫泡沫团在竹子小枝上相互连接（此处明显有3个泡沫团，有若虫3条，虽然泡沫团已连接成1个大泡沫团，长达6.6cm，最大的泡沫团长可达9cm，但若虫各自在自己的泡沫团中生活）

C. 老熟若虫羽化前爬出泡沫团（老熟若虫体长8mm左右，体淡黄色，前胸、后胸黄色，前、后翅芽黑色，背线黑色。老熟若虫爬出泡沫团寻适宜处脱皮羽化）

D. 浙江余杭一竹林泡沫团分布场面（5月竹子发嫩枝、叶，正为取食期，虫口密度大时，竹枝上泡沫星星点点，白沫一片，也算一“景”）

D

2 居竹伪角蚜

Pseudoregma bambusicola (Takahashi)

Oregma bambusae Buckton, 1893. Indian Mus.Notes , 3 :87

Oregma bambusae Van den Goot, 1917. Contr.Faune Indes.Neerl., 1,3: 177

Oregma bambusicla Takahashi,1921. Agr.Exp.Sta.Gov,t Formosa Rept., 20: 87

Oregma cantonensis syn.n. Takahashi,1936, Lingnan Sci .J., 15: 605

Pseudoregma bambusicola (Takahashi), 1936. Quarterly Journaal of The Taiwan Museum, 29 (3～4): 542～544

A

B

A. 夏季无翅孤雌蚜在竹嫩秆上取食（无翅孤雌蚜体长1.65～3.12mm，宽卵圆形。浅或深褐绿色，略被蜡质分泌物。密集在嫩竹秆上危害，无论大小蚜，喙刺入嫩竹秆后，长期固定在秆上不拔出，而且均将足抬起、晃动。图示：除见蚜体外，还有足）

B. 越冬前无翅孤雌蚜在竹嫩秆上蛰伏（越冬前无翅孤雌蚜体深紫黑褐色，尾腹部周边密围白色蜡粉，不活跃。蚜喙虽仍刺在竹嫩秆内，但足已不高举晃动了）

C. 有翅孤雌蚜在竹秆爬动（有翅孤雌蚜体长2.01～3.86mm，卵圆形，黑色；体、翅合长4.5～5.0mm。前翅长2.81～3.82mm，无色透明，中脉一分叉，后翅具2条倾斜脉和2～3个小钩。足细长。有翅孤雌蚜隐居于无翅蚜群中，一般不易发现。图示：有翅孤雌蚜是从无翅孤雌蚜中挑出来的）

D. 受害的孝顺竹感染的煤污病状（危害孝顺竹，无翅、有翅孤雌蚜均能分泌蜜液，排撒于竹叶及地被物上。随之，蜜液粘到之处，均被感染煤污病，有的部分堆积很厚，烟煤干硬之后，翘起、脱落。被污染竹叶，影响光合作用，也污染环境）

俗名： 竹伪角蚜。

分类地位： 同翅目HOMOPTERA扁蚜科Hormaphididae伪角蚜属*Pseudoregma*。

分布： 中国浙江、福建、台湾、江西、湖南、四川、广东、广西、云南等地。

寄主及危害： 危害孝顺竹、大佛肚竹、小佛肚竹、观音竹、绿竹、大眼竹、单竹、甲竹、凤尾竹、龙头竹、乌叶竹。若蚜、成蚜群聚在当年出笋后已拔节的嫩竹竹梢、竹秆上取食，少见在竹叶上危害，终身不离去，被害竹上近节处大小蚜密集，长年不减，蚜虫分泌蜜露致竹叶上感染煤污病。

主要识别点：

无翅孤雌蚜　体长1.65～3.12mm，宽卵圆形。浅或深紫褐色，被蜡质分泌物。头与前胸合并，前部高度骨化，具小齿状突起，约有刚毛20根，额突顶端削尖。复眼由3个小眼组成，黑色，无单眼；喙短，触角短，4节，浅黑色，末节较黑，第3节2/3处有时有不完全的分裂，末节具端生刚毛5根。前胸背板两侧向内凹陷，与后缘分离；中、后胸各具2对大晶刺，腹部背面具许多小晶刺。足短，浅黑色。

有翅孤雌蚜　体长2.01～3.86mm，体翅合长4.5～5.0mm。卵圆形，黑色。头部光滑，额突极短或无额突。复眼大，红色，具眼疣，单眼3枚。触角短，5节。前翅2.81～3.82mm，中脉1分叉，后翅具2条倾斜脉和2～3个小钩。足细长。

发生期： 在福建、台湾全年均有发生，以夏季繁殖最盛。在浙江省以前没有此蚜的存在。近年来，由于气候变暖及引种频繁，此蚜随引种带入。在浙江富阳1年发生20代左右，到12月，气温下降，此蚜越冬，在竹秆上消失，2002年，虽然12月气温下降到－1℃，此蚜仍群聚在嫩竹秆上，仅欠活跃而已。12月中旬气温下降时，产生有翅孤雌蚜，但数量不多，隐于无翅孤雌蚜群中，不易发现。2月底多雨，对该蚜虫虫口下降影响极大。

C

D

3 竹宽缘伊蝽

Aeneria pinchii Yang

Aeneria pinchii Yang, 1977. 中国蝽类昆虫鉴定手册（半翅目异翅亚目）第一册. 147

A

俗名： 秉氏蝽。

分类地位： 半翅目 HEMIPTERA 蝽科 Pentatomidae 伊蝽属 *Aeneria*。

分布： 中国河南、安徽、江苏、浙江、福建、江西、湖北、湖南、广东、广西、四川、贵州等地。

寄主及危害： 危害毛竹、黄秆乌哺鸡竹、五月季竹、白哺鸡竹、白夹竹、寿竹、京竹、衢县红壳竹、篌竹、台湾桂竹、甜竹、石竹、早竹、水竹、淡竹、刚竹、雷竹、早园竹、红竹、乌哺鸡竹、撑篙竹、粉箪竹、青皮竹、大眼竹等。以成虫、3龄以上的大若虫在竹秆、大枝的节上，3龄前小若虫在竹小枝的节上、竹嫩枝枝叉处及竹叶上吸取竹子汁液，造成竹子落叶及部分小枝、大枝枯死。虫口密度特别高时，亦能使被害竹子全株枯死。1992年浙江省原余杭县南山林场，靠近杭钢厂附近的隆昌林区，近13 hm^2毛竹林中虫情危害特重，造成林中毛竹枯死率高达25%，并影响下年度竹林出笋数量和新竹成材质量，连续数年危害，可致竹林荒芜。

主要识别点：

成虫　体长9.5～12.4mm，宽5.5～6.2mm，体淡绿色，密布均匀的黑色刻点。头为等边三角形，复眼黑褐色；触角5节，棕黄色，末节黑色。前胸背板侧缘白色，体、翅侧缘有白色的边。前翅硬片淡紫褐色，径脉以外的区域为淡黄白色，膜片淡烟黑色。

卵　桶形，直径1.2～1.3 mm，卵盖直径1.0 mm，高1.4～1.6 mm，初产淡绿色，随即变为乳白色，孵化前卵盖上出现6个红斑，4个呈正方形排列，2个为倒"V"形纹，列在正方形的一侧。同时，在倒"V"形纹处显出1个三角形黑色纹。

若虫　体长8.8～10.7 mm，宽5.4～6.2 mm，体翠绿色。头为等边三角形；触角4节，棕色，末节黑色；复眼黑褐色。前胸背板侧缘白色，体、翅芽侧缘有白色边，腹部每节白边内有黑色长条纹。

发生期： 在浙江省宽缘伊蝽为1年发生1代。以成虫在枯枝、落叶下地被物中越冬，下年3月中下旬、4月上旬成虫上竹活动取食，4月中下旬交尾。每次交尾后，雌成虫可产卵1～2块，5月中旬为产卵高峰。卵经7～12天可以孵化，若虫经50天左右老熟羽化成虫，若虫期为55～65天。成虫夏天少活动，7月底到11月成虫落地越冬。

天敌： 捕食性动物鸟类有杜鹃、竹鸡等，蜘蛛有丽园蛛、宽条狡蛛、黄褐狡蛛、浙江豹蛛等捕食成虫、若虫，捕食昆虫有广腹螳螂、蠋蝽、黄足猎蝽、黑红猎蝽、双斑青步甲、虎甲、日本黑褐蚁、双齿多刺蚁捕食若虫，卵期有黑卵蜂寄生，寄生率高达25%，成虫、若虫均有白僵菌寄生。

B

A. 在毛竹大枝上取食的成虫（成虫平均体长11.5mm；羽化不久的成虫体鲜，头为等边三角形，复眼黑褐色，触角5节，前胸背板侧缘白色，背板、小盾片鲜绿色。前翅硬片淡紫褐色，径脉以外的区域为淡黄白色，膜片淡烟黑色）

B. 成虫正在毛竹叶背面产卵（成虫产卵时不食不动，六足站稳，触角微颤动，每产卵2粒，虫体略向前移动一点儿，初产卵洁白、光亮，产完1个卵块可以活动、取食或交尾）

A

B

C

D

A. 发育完成近孵化的卵（卵块呈2排交错排列，每排7粒，1个卵块有卵14粒。发育完成近孵化的卵，卵盖上出现鲜红色的斑纹，在卵盖一侧显出1个三角形黑色纹）

B. 2龄若虫围于卵壳四周（初孵若虫经8个小时左右脱皮，体增大，体长平均3.2mm，头胸部仍为暗黑色，腹部淡红色。图示：为14条2龄若虫整齐排列地围于卵壳四周，待分散爬行）

C. 正在毛竹枝桠处取食的3龄若虫（平均体长5.5mm，短卵圆形，多分散在竹子节上、枝桠处取食，亦有3～5条群聚取食。若虫善爬行，多隐蔽）

D. 停息于毛竹秆上的若虫（老熟若虫在羽化前，喜爬行，寻适宜羽化地点。图示：在毛竹秆上爬行的老熟若虫，翅芽已为淡橙色）

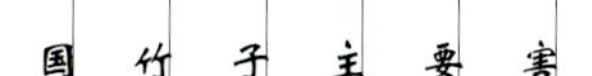

4 薄蝽

Brachymna tanuis Stål 异名 Balsa extenuata Walker

Brachymna tanuis Stål, 1977. 中国蝽类昆虫鉴定手册（半翅目异翅亚目）. 第一册. 122

Brachymna tanuis Stål, 1985. 中国经济昆虫志. 第31册. 半翅目（一）. 80

A

B

俗名： 扁体蝽。

分类地位： 半翅目 HEMIPTERA 蝽科 Pentatomidae 薄蝽属 *Brachymna*。

分布： 中国河南、安徽、江苏、上海、浙江、福建、江西、湖南、四川、广东、广西、贵州、云南等地。

寄主及危害： 危害毛竹、黄古竹、乌芽竹、黄槽竹、五月季竹、斑竹、白夹竹、寿竹、白哺鸡竹、甜竹、花皮淡竹、淡竹、贵州刚竹、方秆毛竹、篌竹、富阳乌哺鸡竹、石竹、刚竹、红竹、早竹、乌哺鸡竹、早园竹。3龄前小若虫在竹小枝的节上、竹嫩枝枝叉处及竹叶上吸取竹子汁液，虫口密度大时造成竹子落叶和部分小枝、大枝枯死。3龄以上的大若虫在竹秆、大枝的节上取食，虫口密度特别高时，亦能使被害竹子全株枯死。并影响下年度竹林出笋数量，和新竹成材质量，连续数年危害，可致竹林荒芜。

主要识别点：

成虫　体长14.0～17.5mm，宽5.5～7.5mm。体很扁，淡黄褐色至灰褐色，有灰色刻点，头为锐三角形前端缺口状。触角深黄色，第4节末端渐黑，第5节基半部白色、末端黑色。前胸背板前缘呈凹字形，两侧角锯齿状。小盾片基缘有横列的小黑点4个，中间有黑点2个。膜翅片色淡、透明。足黄白色，有较多的大小不一的褐色圆斑。腹面淡黄色第3、5腹节腹面中央有“V”形黑纹。

卵　淡黄至黄色，孵化前在卵盖正中出现一列3枚鲜红斑，下方出现2个淡红斑，上方有1个三角形的黑色纹。卵块有卵14粒，多数呈4行交错排列，卵粒排列方式为3–4–4–3；也有3行交错排列，卵粒排列方式为4–5–5。

若虫　初孵若虫体长2.5mm，淡黄白色。老熟若虫体长10.5～12.7mm，体宽5.0～5.5mm，体枯黄色，窄长，很扁。头侧叶前端尖，前端缺口状，中叶缩进、中叶沟黑褐色；复眼黑色；触角黄白色，第1、2节略灰，第3、4节白色，第4节末端黑色；复眼前方有1对尖角。前胸背板侧角处突出呈1较大的尖角，侧缘黑色，背面有黑色刻点，翅芽同体色。腹部背面臭腺痕黑色，气门黑色，具红色、黑色刻点。腹部侧缘黑色，末节后端内陷。

发生期： 1年1代，以成虫越冬，下年4月上旬气温略高，成虫即开始活动，在竹枝上进行补充营养，天阴落雨、气温下降，爬入落叶下隐蔽休息，4月中下旬开始交尾产卵，卵产于竹叶背面，经8～12天孵化，初孵若虫围于卵壳四周停息、不取食，2龄若分散危害，若虫需经50～60天老熟羽化成虫，7月下旬8月上旬爬入箨内、落叶下越夏，9月下旬到10月上旬上竹取食，11月中下旬于地面落叶下越冬。

天敌： 捕食性动物鸟类有大杜鹃、画眉等，蜘蛛有横纹金蛛、浙江红螯蛛、黄褐狡蛛、黑腹狼蛛、拟环纹狼蛛等捕食成虫、若虫；捕食性昆虫有中华大刀螂、广腹螳螂、黄足猎蝽、茶褐猎蝽、黑红猎蝽，双斑青步甲、虎甲、日本黑褐蚁、双齿多刺蚁捕食成虫、若虫。卵期有黑卵蜂寄生，寄生率高达22%，成虫、若虫均有白僵菌寄生。

A. 停息在早竹秆上的成虫（成虫体灰褐色，有灰色刻点，头为锐三角形，前端缺口状，两侧角锯齿状。小盾片基缘有横列的小黑点4个，中间有黑点2个，足黄白色）

B. 产于毛竹竹叶背面的卵（卵桶形，淡黄至黄色，每卵块有卵14粒，大多呈4行交错排列，每行卵粒数分别为3–4–4–3粒；有少数呈3行交错排列，每行卵粒排列方式为4–5–5粒）

C. 爬行在竹小枝上的3龄若虫（体长6mm，淡黄色，头侧叶前端尖，前端缺口状；前胸特别狭，复眼前方、前胸背板侧角处均有尖角）

D. 爬行于毛竹小枝上的老熟若虫（体窄长、很扁。头侧叶前端尖，前端缺口状，中叶缩进，复眼黑色，触角黄白色，第4节末端黑色；复眼前方有1对尖角。前胸背板侧角处突出呈一较大的尖角，侧缘黑色）

E. 被黑卵蜂寄生的卵（卵被黑卵蜂寄生后，卵块中卵粒发黑，随蜂幼虫的发育，卵色不断加深，1个卵块中卵粒色深浅不同，因每卵粒中蜂数不同而异）

C

D

E

5 竹卵圆蝽

Hippotiscus dorsalis (Stål)

Plexippus dorasalis Stål, 模式种

Hippota dorasalis Stål, 1977. 中国蝽类昆虫鉴定手册（半翅目异翅亚目）. 第一册. 157

Hippota dorasalis Stål, 1985. 中国经济昆虫志. 第31册. 半翅目（一）. 98

A. 爬行在毛竹大枝上的成虫（体长平均14.5mm，初羽化成虫体被白粉，触角黄褐至黑褐色，末节基半部黄白色，体腹面黄色，气门黑色，足淡黄色）

B. 在毛竹主秆节上下取食的成虫（成虫在补充营养时，常在毛竹主秆、主枝节的上下群聚危害取食、交尾。交尾时成虫仍在取食。尤以老龄竹、风折竹上成虫群聚更多，虫口密度大时，1个竹节上有虫149头，1株竹上有成虫千余头、数千头，竹子被害干枯而死。图示：竹基1、3节下方右侧均可见有交尾成虫在取食）

C. 产于毛竹叶上的卵（卵淡黄色，均以2行交错排列产于竹叶背面，偶见产于竹叶正面。卵块有卵6～28粒，以14粒为多，占80%以上）

D. 已发育将近孵化的卵（产卵后3天，在卵盖一侧出现1个深色的三角形，在三角形两底角下方各有一椭圆形红点；当三角形产生黑色的边，中间被一黑线垂直均分为二时，卵即孵化）

B

A

分类地位： 半翅目HEMIPTERA蝽科Pentatomidae卵圆蝽属*Hippotiscus*。

分布： 中国河南、安徽、江苏、上海、浙江、福建、江西、湖南、四川、广西、贵州、西藏；印度。

寄主及危害： 危害毛竹、尖头青竹、黄古竹、京竹、毛环水竹、五月季竹、斑竹、寿竹、白哺鸡竹、甜竹、淡竹、花皮淡竹、红竹、刚竹、篌竹、富阳乌哺鸡竹、石竹、早竹、雷竹、早园竹、乌哺鸡竹、台湾桂竹、云和哺鸡竹等。以若虫、成虫在竹子大小枝条的节上、主秆节的上下群集吸取汁液，造成竹子被害枝节以上的枝条落叶枯死，虫口密度大时，竹子上出现大量枯枝，或竹子全株死亡。1977年在浙江省莫干山风景区初见此虫，1983年扩大13hm²的毛竹林被该虫严重危害，当年被害致死毛竹1.2万株，4年间在40hm²的毛林内被害致死毛竹7.2万株。据湖州市、杭州市的5县1区在1987年调查，被害毛竹林1.24×10⁴hm²，仅湖州市的安吉县，被害严重的竹林，毛竹枯死率高达76%，据安吉、德清、余杭、富阳县统计被害枯死毛竹80万株多。被害竹林下年度出笋减少或不出笋，新竹减少，新竹眉围下降，最多下降50.78%，竹林荒芜。此虫当时已被控制，但近年在浙江全省各竹区普遍又有抬头趋势。

主要识别点：

成虫　体长13.5～15.5mm，体宽7.5～8.0mm，背面隆起颇高。初羽化成虫为乳黄色，经3～4天为灰青色，略具光泽，后变为灰黄色、灰褐色、青褐色，密布黑色刻点，被白粉。头为钝三角形，前端缺口式，中叶短于侧叶；复眼暗红色，内侧有一无刻点光滑小区；触角5节黄褐至黑褐色，末节基半部黄白色。前胸背板前侧缘稍向外伸，呈弓形，黑色，胝深乳黄色，刻点少。小盾片末端有黄白色月牙形斑，无刻点。前翅膜翅片淡黑色，革翅片基部黑色。体腹面黄色，气门黑色。足淡黄色。

卵　桶形，高1.4mm，直径1.2mm，卵盖直径1.0mm。淡黄色，块产，每卵块有卵14粒，以2行交错排列产于竹叶背面，偶见有28粒者，也是以2行交错

C

D

排列，为2个卵块产于一处。卵近孵化前，在卵盖一侧出现1个三角形的黑边，中间被1条黑线垂直均分为二。在三角形两底角下方各有1个椭圆形红点。

若虫　若虫5龄，1龄若虫体长1.8～2.0mm，体宽1.4～1.6mm，短椭圆形，黄白色。头三角形，中叶与侧叶等长；复眼圆形，暗红色；触角4节，基节与末节端半部浅黑色。前胸背板浅灰色，足跗节浅黑色。从2龄若虫起体长分别为2.8～3.5、4.6～5.3、7.0～9.1、9.5～13.0mm，体宽分别为2.0～2.2、3.2～3.8、4.5～5.2mm。2龄若虫体灰黄色，有黑色刻点，头侧叶长于中叶，4龄若虫体棕黄色，触角乳黄色，末节浅黑色，复眼褐色，中后胸侧缘黑色，并延伸到腹末形成黑色"V"字形斑。老熟若虫体棕黄色，有黑色刻点，触角4节，灰黑色，翅芽黑色，从胝到翅芽为弧形黑斑，并延伸到腹末形成"V"字形黑斑，腹部侧缘浅黄色。

发生期：在浙江1年发生1代，以2～4龄若虫于10月底、11月上旬，即日平均气温下降到10℃左右时坠落地面，爬入地被物下越冬，以4龄若虫为主，约占95%以上，2～3龄若虫越冬者，死亡率较高。下年4月上中旬，越冬若虫开始活动，待天气变暖时，从竹子基部爬行上竹，在竹节处取食，遇湿度太大或落雨时，停止上竹；若气温下降，已爬行上竹的若虫会再坠落地面隐息，待气温上升时再爬行上竹。5月底至6月上旬羽化成虫，6月中旬交尾，6月下旬为交尾高峰，7月中旬为产卵高峰，成虫10月上旬绝迹。

天敌：捕食性动物鸟类有长尾蓝雀、大山雀、杜鹃、大杜鹃、画眉等，蜘蛛有盗蛛、猫蛛、斜纹猫蛛、宽条狡蛛、武夷豹蛛、浙江红螯蛛捕食成虫、若虫；捕食性昆虫有中华大刀螂、广腹螳螂、黄足猎蝽、茶褐猎蝽、双斑青步甲、虎甲、日本弓背蚁、双齿多刺蚁捕食成虫、若虫；卵期有黑卵蜂2种，产卵初期寄生率仅5%，产卵盛期寄生率达45%，产卵末期寄生率高达75%，对抑制竹卵圆蝽的虫口起到重要作用。另有长脉卵跳小蜂 *Ooencyrtus longivenosus* Xu et He 寄生卵，白僵菌寄生成虫、若虫，寄生率4.8%左右。

A

B

C

D

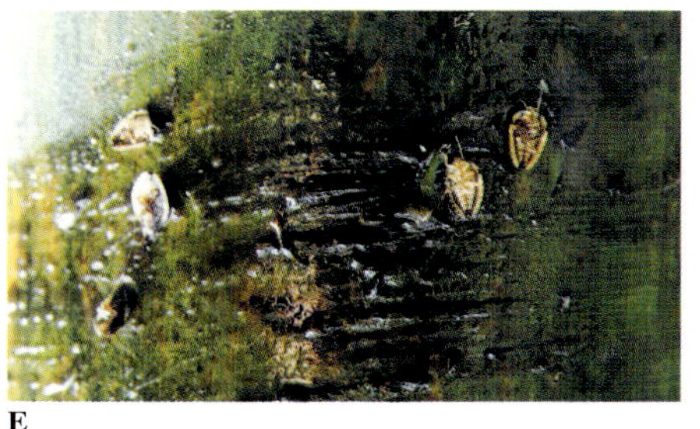
E

A. 3龄若虫（体长约5mm，中、后胸背板侧缘黑色，腹部背面侧缘黄白色，胸部、腹部黑色纹已成"V"字形。3龄若虫需经20～45天取食后、停食2～4天脱皮为4龄若虫。在虫口密度小时，若虫喜隐于竹节枝叉处取食）

B. 4龄若虫聚集在毛竹主秆节上取食（4龄若虫体长约8mm。越冬前需经35～50天的取食。在取食时，停于竹秆节的上下可数天不动，集中精力吸取竹子汁液，随后停食、排除体内臭液、以备越冬）

C. 5龄若虫群聚在毛竹秆、枝节上取食（老熟若虫体长约11.5mm。在竹林中若虫虫口密度特别大时，老熟前若虫可群集转移到竹秆径较细的新竹的秆、枝上取食，食性很猛，被害新竹大多死亡。大量近老熟的若虫密集在毛竹上部秆、枝节处取食，被害竹竹叶枯落，被害部位以上竹枝、秆枯黄，很快竹子全株干枯而死，伐倒被害死竹，手摸感觉很干燥。若虫在取食同时排出很臭的液体，人体接触、皮肤会发黄、起泡，严重者可溃疡；根据臭味，可以测定竹林被害程度）

D. 竹基部涂刷粘着剂是防治很好的方法（粘着剂配比为：1份复合钙基润滑油——黄油、1份机油、0.1%触杀性农药，调匀；涂刷在竹秆基部，宽约15cm密封一圈）

E. 若虫强行爬上涂刷粘着剂的竹子被粘着情况（涂刷粘着剂的毛竹，卵圆蝽若虫爬行上竹均被阻拦，再下竹转移，多次不成，因无食物饥饿而死；有强行上竹若虫，即被粘着，若虫争执翻身，背部被粘而死）

F. 粘着剂防治区对照竹株被害情况（涂刷粘着剂防治的毛竹没有见到若虫能爬行上竹。图示：对照植株，从下到上几乎每个竹节均群集数十个若虫，多达百余只若虫危害）

F

6 山竹缘蝽

Notobitus montanus Hsiao

Notobitus montanus Hsiao, 1977. 中国蝽类昆虫鉴定手册（半翅目异翅亚目）. 第一册. 224

Notobitus montanus Hsiao, 1985. 中国经济昆虫志. 第31册. 半翅目（一）. 120

A

A. 在竹秆上取食的成虫（体长21mm，体黑褐色，触角长11mm，第1节短于或等于头宽，眼突出，黄褐色，后足腿节粗大，端部2/5处有一较大的刺，刺的前后各有数枚小刺，后足胫节近基部稍向内弯曲）

C

C. 在竹秆取食的各龄若虫（图示：除蚂蚁外，若虫头向下者为4龄，向上者为5龄若虫）

B

B. 产于竹上的卵（卵为扁椭圆形，长径1.7 mm，短径1.12mm，淡褐色，有古铜色光泽。卵块产，卵块纵向排列成条状。图示：孵化后留下的卵壳）

分类地位： 半翅目HEMIPTERA 缘蝽科Coreidae 竹缘蝽属*Notobitus*。

分布： 中国浙江、台湾、福建、江西、四川、广东、广西、云南等地。

寄主及危害： 危害白夹竹、斑竹、寿竹、白哺鸡竹、甜竹、实心竹、花毛竹、水竹、毛竹、红竹、篌竹、紫竹、芽竹、金竹、刚竹、乌哺鸡竹，簕竹、坭簕竹、小簕竹、小佛肚竹、鱼肚腩竹、龙头竹、油竹、苦竹、衢县苦竹等竹种，偶见危害玉米、小麦。若虫、成虫在当年未硬化的新竹上群聚取食，一般危害新竹，节间缩短、高度降低、竹材材质硬脆、产量下降，利用价值大减；虫口密度大时嫩竹枯萎，竹子死亡。

主要识别点：

成虫　体长19.6～23.5mm，体宽5.2～5.8mm，雄虫略小，体黑褐色，被灰黄色细毛。触角长10～12mm，第1节短于或等于头宽，第4节基半部锈黄色；复眼突出，黄褐色；喙达中胸腹板前缘，前胸背板梯形，中后部色淡，后足腿节粗大，端部2/5处有1较大的刺，刺的前后各有数枚小刺；后足胫节近基部稍向内弯曲。腹部背面基半部红色。

卵　扁椭圆形，长径1.65～1.78 mm，短径1.1～1.2mm，淡褐色，有古铜色光泽，卵块产，卵块纵向排列成条状，以2排成人字形相互交错产于竹小枝、竹叶背面，还有少数产于竹秆或杂草上，每卵块有卵18～38粒。

若虫　初孵若虫体长2.5mm，粉红色，稍后变为灰黑色。胸小，腹大。触角、足细长。老熟若虫体长14～17mm，体略柔软，翅芽明显，胸、翅芽黑褐色，腹部略粗大，色浅。腹第3、4节间和第4、5节间具臭腺略突起。

发生期： 在浙江1年发生1代，在广西为1年1～2代，均以成虫越冬。4月中下旬越冬成虫开始活动，4月下旬、5月上旬开始产卵，卵经12～19天孵化，5月上中旬出现若虫，若虫期30～45天，6月下旬7月上旬老熟若虫羽化为成虫。在广西部分成虫可以交尾产卵，第2代若虫于9月下旬10月上旬老熟羽化为成虫。第1代成虫在7月底到9月初越冬；第2代成虫11月越冬。

天敌： 在山竹缘蝽小若虫时有猫蛛、盗蛛、黑腹狼蛛捕食，若虫期有黄足猎蝽、红缘猛猎蝽*Sphedanolestes gularis*捕食。

7 黑竹缘蝽

Notobitus meleagris (Fabricius)

Cimex meleagris Fabricius, 1787. Mant.2:297

Notobitus meleagris (Fabricius), 1977. 中国蝽类昆虫鉴定手册（半翅目异翅亚目）. 第一册. 223

Notobitus meleagris (Fabricius), 中国经济昆虫志. 第31册. 半翅目（一）.120

A

B

分类地位：半翅目 HEMIPTERA 缘蝽科 Coreidae 竹缘蝽属 *Notobitus*。

分布：中国浙江、台湾、福建、江西、四川、广东、广西、云南等地；印度，缅甸，越南，新加坡。

寄主及危害：危害尖头青竹、白哺鸡竹、甜竹、实心竹、花毛竹、篌竹、金竹、芽竹、东阳青皮竹等刚竹属中较细竹种，箣竹、坭簕竹、小簕竹、小佛肚竹、鱼肚腩竹、藤枝竹、孝顺竹、撑篙竹、青皮竹、崖州竹、龙头竹、油竹等箣竹属中大多竹种，龙竹、吊丝竹、麻竹、牡竹等牡竹属中大多竹种，绿竹、大绿竹、花头黄竹、黄麻竹等绿竹属及苦竹属中一些竹种。若虫、成虫取食嫩竹汁液，被害竹生长缓慢。在浙江危害苦竹，虫口密度高时1株嫩竹上有虫数百只，被害嫩竹干瘪，甚至枯死。

C

A. 在嫩竹秆上爬行的成虫（体长22mm，黑褐色至黑色。头短，触角基部3节几乎等长，第4节基半部黄色，余为黑色。前胸背板具“领”，黄白色；复眼突出，黑褐色；腹部侧接缘外缘鲜黄棕色，节间处黑色）

B. 在竹秆上取食的成虫侧面（成虫性活跃，见人即行躲藏竹笋背人一面，只有在取食时，才不易受惊）

C. 产于竹叶背面的卵（卵扁椭圆形，长径1.5～1.7mm，短径1.2～1.3mm。初产时金黄色，具金属光泽，呈暗铜黄色。图示：卵以2排交错相嵌，纵向产于竹叶背面）

D. 在竹叶上爬行取食的2龄若虫（体长6mm，头、触角、胸部背面黑色，触角与体等长；腹部饱满，卵形，暗红色；足细长暗黑色）

D

主要识别点：

成虫　体长18～25mm，宽6.5～7.0mm，黑褐色至黑色。被黄褐色短毛，头短，长宽比2∶3；触角基部3节几乎等长，第4节基半部淡色，余为黑色。复眼突出，黑褐色；喙黑褐色，伸达中足基节间。前胸背板、小盾片密布粗刻点；前胸背板具"领"，黄褐色，有浅横皱纹，前缘内凹，后缘中央内凹，侧角圆，不突出；前翅革片黑褐色，膜片烟褐色，超过腹末。腹部侧接缘外缘鲜黄棕色，节间处黑色，气门黑色，其周围色浅。

卵　扁椭圆形，长径1.48～1.64mm，短径1.16～1.32mm。初产时金黄色，具金属光泽，后光泽渐暗，颜色加深，呈暗铜黄色。卵以2排交错相嵌、纵向产于竹小枝上、竹叶背面及杂灌木上。

若虫　初孵若虫体长3.5mm，黑褐色，触角长于体，足细长。老熟幼虫体长19～21mm，黑褐色或淡灰褐色，触角黑色，第4节基半部锈黄色。前胸背板中区、小盾片、翅芽基部黑褐色，臭腺孔黄色，其周围黑色。腹部侧缘黄色。

发生期：在浙江1年发生1～2代，在广东省1年发生5代，均以成虫越冬。在浙江越冬成虫于4月下旬5月初上笋取食，约5月中旬到6月上旬产卵，若虫5月下旬到6月中下旬取食，6月底开始羽化成虫，进行补充营养，进入越夏、越冬；其中少数于7月上旬产卵，7月中旬第2代若虫开始危害8月产生成虫越冬。在广东省越冬成虫于3月底开始活动，4月上旬上竹取食并交尾，4月中旬开始产卵，4月下旬若虫孵化并上竹危害，约经30～40天，第1代若虫老熟并羽化成虫。以后各代发生期依次为6月中旬至7月中旬、7月中旬至8月中旬、8月中旬至9月中旬、9月中旬至次年4月中旬。基本上为1个月1代，但世代重叠。

天敌：捕食性动物鸟类有杜鹃、画眉等几种小鸟捕食成虫、若虫，在黑竹缘蝽小若虫时有黄足猎蝽、宽条狡蛛、猫蛛、盗蛛捕食，若虫期有广腹螳螂、红缘猛猎蝽捕食。

A

A. **在嫩竹秆上取食的3龄若虫**（体长8mm，头、胸部背面黑色，触角黑褐色，第4节端半部黄色；足黄褐色，后足腿节近红色，胫节后为黑色）

B

B. **在嫩竹秆上爬行的老熟若虫**（5龄若虫体长19mm，头黑色；触角黑色，第4节基部淡黄色；具领、黄白色；前胸背板、小盾片黑色；腹部背面淡灰色，臭腺黄色，周围深黑色。腹部侧缘淡黄色）

8 竹后刺长蝽

Pirkimerus japonicus (Hidaka)

Pirkimerus japonicus (Hidaka), 1985. 中国经济昆虫志．第31册．半翅目（一）．153

俗名：竹斑长蝽。

分类地位：半翅目 HEMIPTERA 长蝽科 Lygaeidae 后刺长蝽属 *Pirkimerus*。

分布：中国江苏、浙江、福建、江西、湖南、四川；日本。

寄主及危害：取食罗汉竹、斑竹、白夹竹、寿竹、白哺鸡竹、甜竹、角竹、淡竹、实心竹、毛竹、强竹、红竹、金竹、篌竹、紫竹、石竹、早竹、刚竹、黄纹竹等。以成虫、若虫在竹腔中取食危害。成虫从竹秆部被笋期害虫如竹笋夜蛾、竹秆害虫如木蠹蛾等危害的虫孔及各种兽害、机械伤口的小孔洞钻入，在竹秆竹腔内产卵、孵化若虫在竹腔内取食，直到羽化成虫。成虫在竹腔内补充营养，并交尾、产卵，继续危害，或部分成虫从原孔口爬出交尾后另找有虫孔的竹钻入产卵危害。竹后刺长蝽自身不能穿透竹节，只能在一个竹节的竹腔中、或原害虫已打通的几个竹节中危害，被害竹在有虫节以上竹材枯脆，竹材利用率下降，被害严重者有虫节以上竹梢、竹秆会被害枯死。

主要识别点：

成虫　体长7.3～9.5mm，初羽成虫体乳白色，后变为黑色，略有光泽。头黑色；复眼棕黑色，单眼棕黄色；触角4节，末节最长，纺锤形，黑褐色，2、3节等长，第1节最短；第3节浅褐色，余为淡黄色。前胸背板正中略凹陷，后部稍隆起，密布大小不一的刻点，后缘向前弯曲呈弧形。前翅黑色，翅基部为三角形的黄白色斑，翅中雄虫为一较宽的横带，雌虫为2个黄白色斑。腹部黑色，末节背面平截，露于翅外。足淡黄色，各足胫节末为淡黑色。后足腿节腹面有刺2排，每排数不一。头、触角、胸、足、前翅基部及腹侧均具淡黄色长绒毛。

卵　长卵圆形，长径1.15～1.40mm，短径0.32～0.45mm，两端稍尖，不弯曲。乳白色，表面光滑，细腻，有光泽，渐变为乳黄色，孵化前一端出现淡黑色。

A

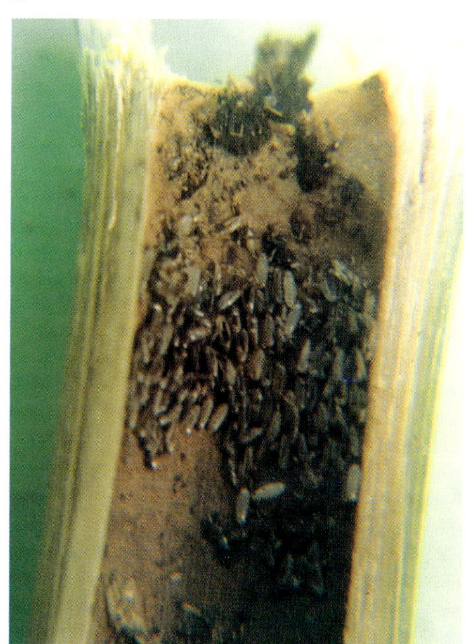

B

A. 栖于竹秆内壁的成虫（成虫平均体长8.4mm，头、胸部黑色；复眼棕黑色，触角4节、棕黄色，第1节最短，末节最长、纺锤形、黑褐色；前胸背板后缘向前弯曲呈弧形；前翅黑色，翅基部为三角形的黄白色斑，翅中雄虫为一较宽的横带、雌虫为2个黄白色斑。成虫从竹秆上虫孔、伤孔钻入秆内，在竹腔中隐蔽，产卵危害）

B. 产于竹秆中的卵（卵长卵圆形，平均长径1.26mm，两端稍尖、不弯曲。卵以不规则、块状产于被害竹竹腔内壁，产卵部位在竹秆虫、伤孔上方，以免雨水入竹后，被水浸淹。卵初产乳白色，表面光滑、细腻、有光泽，渐变为乳黄色，孵化前一端出现淡黑色。图示：浅白色有光泽为正常卵，浅黑色为近孵化卵，卵壳上有干瘪皱纹者为已孵化卵壳）

A

A. 在竹秆中危害的2、3龄若虫（2龄若虫体长3.3～3.8mm，3龄若虫体长4.5～5.0mm。乳白色，后胸以前至头、足淡黄色，复眼鲜红色、稍突出。3龄若虫翅芽初显，长达第1腹节中部。均在竹腔内取食危害）

B. 在竹秆中危害的5龄若虫（老熟若虫体长7.5～7.9mm，长柱形；头、胸部淡黄色，腹部乳白色，复眼暗红色、突出，两单眼鲜红色。触角4节，末节最长、纺锤形。前胸背板两侧正中各有一圆形斑，前翅芽达第3腹节前缘。后足腿节内侧有2排小刺）

若虫　初孵若虫体长1.6mm，体最宽处在腹6～8节，宽0.6mm，长卵圆形，乳白色；中胸以前到头部略显淡黄白色，复眼淡黄色，略突出；触角3节，各节等长，1龄末体长可达1.8mm，体被淡黄色绒毛。2龄若虫体长3.3～3.8mm，体最宽处在腹部，宽0.9～1.2mm，乳白色；触角3节，各节等长，末节纺锤形。3龄若虫体长4.5～5.0mm，中胸以后体两侧较平行，宽1.8～2.0mm，乳白色；后胸以前至头、足淡黄色；复眼鲜红色，稍突出。翅芽初显，长达第1腹节中部。4龄若虫体长5.8～6.2mm，头、胸部淡黄色，腹部乳黄色。头顶正中呈圆形隆起，复眼鲜红色，触角4节，前翅芽达第2节中部。老熟若虫体长7.5～7.9mm，长柱形，头、胸部淡黄色，腹部乳白色，头顶正中呈"Y"隆起，复眼暗红色、突出，两单眼分布"Y"下部两侧，鲜红色。触角4节，末节最长，纺锤形。前胸背板两侧正中各有1个圆形斑，前翅芽达第3腹节前缘。后足腿节内侧有2排小刺。

发生期：竹后刺长蝽在竹腔中营隐蔽生活，年发生世代报道不一，有称浙江为1年4代，有称江西为1年2代，详细生活史有待观察。据不完整的记载，在浙江发生1年约为2～3代，以卵、各龄若虫及成虫越冬，次年3月下旬开始活动，各虫态发生极不整齐，随时剖开竹腔，几乎都能见到成虫、卵和各龄若虫。曾于4、6、8、10月份剖开被害竹的竹腔，都能观察到卵、1～5龄若虫和成虫。各虫态发育时间，卵需15～25天孵化，若虫需60～80天老熟，成虫寿命约6个月。以成虫越冬者，有可能年发生3 代。

天敌：见有爬出竹腔的成虫，被黄足猎蝽、双斑青步甲、日本弓背蚁、双齿多刺蚁捕食。

B

竹瘿广肩小蜂

Aiolomorphus rhopaloides Walker

Aiolomorphus rhopaloides Walker, 1987. 中国经济昆虫志．第 34 册．膜翅目小蜂总科（一）．106

Aiolomorphus rhopaloides Walker, 2002. 林业科学研究，15（4）：445

俗名： 竹广肩小蜂。

分类地位： 同翅目 HYMMENOPTERA 广肩小蜂科 Eurytomidae 竹瘿广肩小蜂属 *Aiolomorphus*。

分布： 中国安徽、江苏、浙江、福建、江西、湖南、湖北；日本。

寄主及危害： 危害毛竹，迄今还未发现该虫危害其他竹种。在毛竹当年的小年竹老叶脱落完毕、新叶芽萌动膨大成型后，成虫在叶芽基部产卵，每芽被产卵 1～3 粒，最终 1 个叶柄内能保存 1 头幼虫，成虫产卵较集中，1 个竹小枝的叶芽基本上都能被产卵。幼虫在叶柄中取食，被害叶柄受刺激逐渐增生，增长、增粗、畸形膨大，幼虫在虫瘿中取食叶柄内壁。在虫口密度大时，毛竹叶柄大多被害，造成竹枝负重过大、弯梢、落叶、竹枯。竹材利用率下降，竹林下年出笋减少。

主要识别点：

成虫　体长 7.5～8.52mm，黑色，有光泽，散生灰黄白色的长毛。头横置，略宽于胸，上颚、下唇须红褐色；复眼黑色，单眼呈钝三角形排列，黑褐色；触角长，11 节，鞭状，着生颜面中部，柄节、梗节、棒节末端红褐色。胸部厚实略膨起，背板密刻点，前胸大，宽为长的1.5倍，中胸盾纵沟明显；并胸腹节平坦下凹有中纵沟。翅透明，淡黄褐色，翅基片、翅脉红褐色，前翅痣脉长约为缘脉一半，后缘脉略短于缘脉，为痣脉 1.6～1.7 倍。腹面橙黄色。

卵　长蝌蚪形，卵体为短梭形，两端生出柄，1端短似头，1端很长似尾，乳白色。全体长2.22mm，卵体长0.45mm，卵体宽 0.18mm。

幼虫　初孵幼虫体长0.8～1mm，乳白色。幼虫5龄，各龄幼虫头壳宽分别为 0.04、0.17、0.29、0.42、0.54mm。老熟幼虫体长7～9mm，体乳白色，被短绒毛，口器黑褐色。

蛹　体长 7.5～9.5mm，初化蛹乳白色，羽化前头、胸及腹部背面黑色。

发生期： 1 年发生 1 代，在浙江以蛹越冬，下年 2 月中旬，开始羽化成虫，3 月中下旬为羽化盛期、4 月中旬羽化完毕，羽化后成虫在虫瘿中静息。3月中下旬、日均气温持续稳定在10℃以上，成虫开始出瘿，3 月底 4 月初出瘿最盛，5 月上旬终见。卵期出现于3月底到5月上旬。幼虫 4 月初始见，4 月下旬至 5 月初盛发，9月上中旬幼虫老熟，并开始化蛹越冬。

天敌： 在竹瘿广肩小蜂的虫瘿中，最长见的是竹瘿歹长尾小蜂 *Diomorus aiolomorphi* Kamijoyyg，其他还采集到点腹刻腹小蜂*Ormyrus punctiger* Westwood、竹瘿长角金小蜂*Norbanus aiolomorphi* Yang et Wang、中华大痣小蜂 *Megastigmus sinensis* Sheng、纹黄枝瘿小蜂 *Homoporus japonicus* Ashmead、栗瘿旋小蜂*Eupelmus urozonus* Dalman 等这些都是寄生性的小蜂。

A

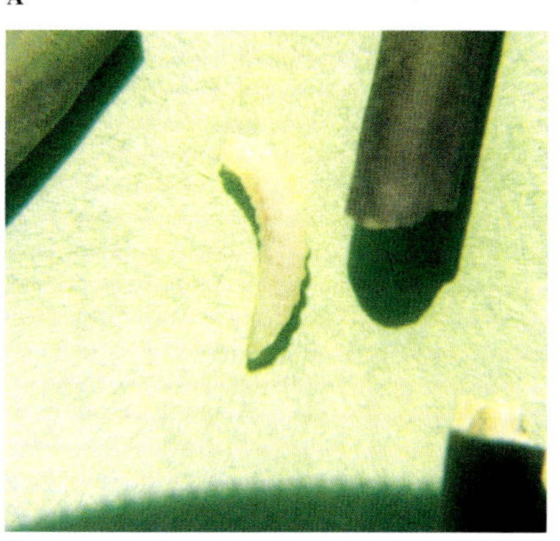

B

A. 在毛竹小枝上爬行的成虫（成虫体长 8mm，体黑色，有光泽，腹面橙黄色。成虫羽化后在竹小枝上爬行，交尾。图示：已交尾后的雌成虫正寻找萌动的叶芽，等待产卵）

B. 从被害的竹叶柄中剥出的幼虫（从虫瘿竹叶柄中剥出的 4 龄幼虫，体长 6mm，乳白色，体软，体壁薄）

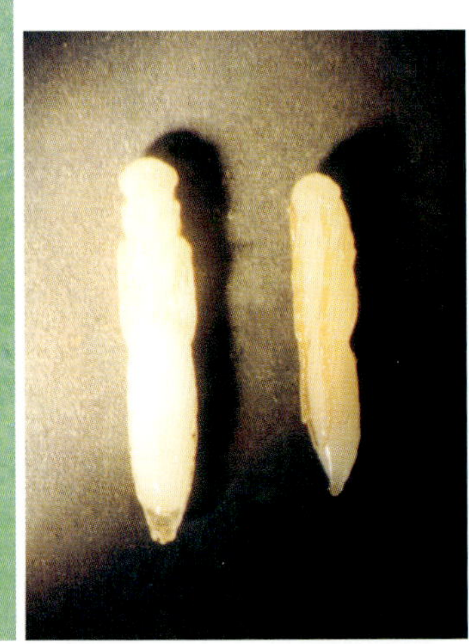

A

B

A. 被危害的毛竹叶柄及蛹（蛹长8mm，已发育完成，待羽化，头、胸、腹背黑色。左为增长膨大的叶柄，正中为增长膨大叶柄的内壁，被瘿蜂幼虫剥食得很薄。在毛竹1个叶柄内只有1个瘿蜂，这是与其它瘿蜂的重要区别）

B. 幼虫危害后小枝膨大状（在毛竹换叶后潜芽萌发成新的叶片，成虫在嫩叶柄上产卵，幼虫取食后，刺激叶柄增长膨大。图示：正中5个膨大的叶柄，每个柄内有幼虫1条；左右两侧很细的叶柄，为正常生长的叶柄。毛竹叶柄被危害后，不仅叶柄增长膨大，裹包叶柄的竹叶干枯脱落，仅留干枯的叶鞘裹包着叶柄。特征非常明显）

刚竹泰广肩小蜂

Tetramesa phyllostachitis Gahan

Tetramesa phyllostachitis Gahan, 2002. 林业科学研究，15（4）：448

分类地位：同翅目 HYMMENOPTERA 广肩小蜂科 Eurytomidae。

分布：中国安徽、江苏、浙江、福建、江西；日本、美国。

寄主及危害：危害刚竹、大节刚竹、长沙刚竹、金镶玉竹、淡竹、浙江淡竹、早竹、早园竹、毛环水竹、斑竹等。在春季刚竹属竹子换叶时、老竹叶脱落后、竹小枝上新竹叶潜芽刚萌发时，成虫羽化从小枝的叶柄中爬出，竹叶抽出，成虫产卵于新竹叶的叶柄内。幼虫在叶柄内取食，刺激叶柄增长、膨大、增粗，竹叶逐渐脱落，光合作用减弱。幼虫老熟后，竹叶叶柄虽粗、长，柄壁很薄、脆，在成虫羽化后从叶柄上咬孔飞出，叶枯死。被害竹子生长欠佳、竹材干脆，材质下降，利用率低。在杭州植物园竹类植物区，竹子株被害率 75% 以上，被害严重的竹种新叶叶柄 40% 以上。

主要识别点：

成虫　雄虫体长7.0mm，雌虫7.6～8.2mm，黑色，有光泽，散生黄白色长毛。头横置，宽大于长；触角生于颜面中部，鞭状，较长，几乎与头、胸合并等长，柄节、梗节大部黄至红褐色；复眼突出，银灰黄黑色，光滑无毛，单眼呈钝三角形排列。前胸大，宽为长的1.5倍，中胸盾纵沟前端明显，后方消失。翅透明，脉淡黄褐色，被褐色毛，前翅缘脉粗大，长为翅痣的2.3倍，后缘脉略短于缘脉，约为翅痣2.0倍。胸部与腹部等长，这个特征是与本属竹泰广肩小蜂的重要区别。

幼虫　初孵幼虫体长1.5mm，乳白色，体节分辨不清。老熟幼虫体长7.5mm，乳黄色。

蛹　体长5.2～6.2mm，乳白色。头横置；复眼大，突出。中胸背沟深，腹部长于头胸部，为头胸部1.6倍。后足跗节在第4腹节末。

发生期：在杭州1年发生1代，以蛹越冬，3月底4月上旬羽化成虫，4月下旬5月上旬成虫在换叶后新萌发的竹叶叶柄上产卵，5月上旬出现幼虫，幼虫取食竹叶柄内壁，促使叶柄增长、增粗，1个叶柄有幼虫3～5条，各自封密有各自的虫室，10月下旬幼虫老熟化蛹越冬。

A

B

A. 成虫在刚竹嫩叶柄上爬行（体长8mm，黑色，有光泽，散生黄白色长毛。头横置，宽大于长；触角黑色，复眼突出、黑色，胸部与腹部等长，翅透明。交尾后的成虫在叶柄上爬行，用触角探敲嫩叶柄，寻找适宜产卵处）

B. 正在产卵的成虫（已将产卵器刺入竹嫩叶叶柄内产卵，此时成虫前足、中足垫起，腹部与叶柄垂直，产卵1粒，一处偶见产卵2粒）

A

B

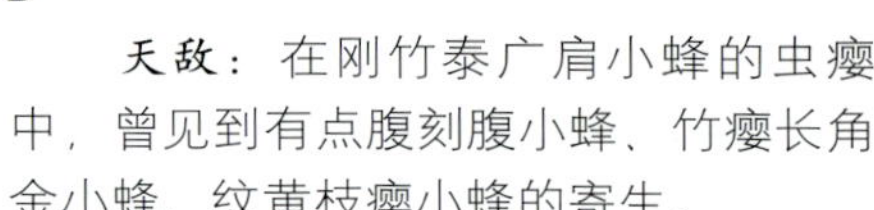
天敌：在刚竹泰广肩小蜂的虫瘿中，曾见到有点腹刻腹小蜂、竹瘿长角金小蜂、纹黄枝瘿小蜂的寄生。

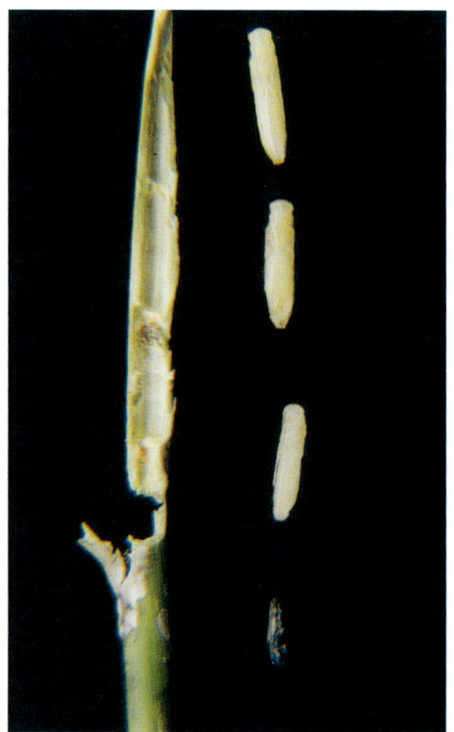
C

D

A. 刚竹嫩叶柄被危害膨大状（刚竹嫩叶柄被幼虫危害后，刺激叶柄增长膨大。图示：膨大的叶柄为被危害的叶柄，每个柄内有幼虫3～5条；叶柄细者为健康的叶柄）

B. 在嫩叶柄中取食的大幼虫（图示：幼虫体长4.5mm，估计为4龄幼虫，乳黄色，嫩叶柄壁被食得更薄。右为剥开叶鞘的叶柄，明显看到中间4个浅色环，每一浅色处有幼虫1条，1个叶柄有幼虫3～5条。是与瘿广肩小蜂的重要区别点）

C. 蛹（体长6mm，乳白色。头横置，复眼大、突出。中胸背沟深，腹部长于头胸部，后足附节在第4腹节末）

D. 成虫羽出孔（成虫4月上中旬羽化，在4月中下旬晴天中午爬出叶柄，留有羽出孔，1叶柄有多个蜂，右边叶柄尚未出蜂）

五、竹花实害虫

中　国　竹　子　主　要　害　虫

竹亚科植物生长、移植多以无性繁殖，很少开花，在开花、结实后，竹子地上部分枝、秆，地下部分根、鞭大多死亡。但竹子生长多年后仍然要开花、结实，这是竹子保持物种的需要。竹子在开花、结实后，自然落种或收获种子以繁育后代。就是在竹子很多年才开花1次时，仍有昆虫钻入危害，在红壳竹开花时能发现大量的长蝽成虫、若虫的危害，其他还有花蝇、谷盗类鞘翅目昆虫的幼虫危害，采种后在贮藏期有麦蛾等粮食害虫的危害。

1 竹巨股长蝽

Macropes bambusiphilus Zheng

Pirkimerus japonicus (Hidaka), 1985, 中国经济昆虫志．第31册．半翅目（一）．153

分类地位： 半翅目 HEMIPTERA 长蝽科 Lygaeidae 巨股长蝽属 *Macropes*。

分布： 中国安徽、江苏、浙江、江西、四川、云南。

寄主及危害： 危害五月季竹、甜竹、淡竹、水竹、花毛竹、毛竹、红竹、浙江淡竹、刚竹、乌哺鸡竹、苦竹、青皮竹、粉箪竹等。成虫、若虫多隐蔽于各种开花竹的苞叶、颖、稃或鳞被中，吸食雌蕊的汁液，使种子结实不丰或瘪子。成、若虫还在竹子叶舌内、叶苞及广肩小蜂危害后的枯叶中危害，使竹材干枯。

主要识别点：

成虫　雄虫体长4.2～5.1mm，雌虫体长5.2～6.1mm，体宽1.3mm。体狭长，两侧平行。头黑色，有光泽；触角4节，黑色，第2节端部和第3、4节基部略带红褐色，第4节纺锤形。复眼着生头前方，单眼红色。前胸背板长大于宽，黑色，有光泽，具细纤毛。小盾片正三角形，黑色。前翅达第7腹节中，爪片端部2/3及革片内半淡黄白色，无光泽，其他区域淡褐色；膜片淡烟褐色有光泽，半透明，基部内角处不透明白色。前足腿节发达，三角形，黑色，具2列刺。

卵　长卵形，长径1.25～1.45mm，短径0.28～0.31mm，黄白色，卵壳光滑。

若虫　初孵若虫体长1.2mm，乳白色，渐变为淡褐色。老熟若虫体长4.05～4.94mm，头宽0.45～0.55mm，黑褐色，被浅色斑点，翅芽明显。

发生期： 在浙江1年发生1代，以成虫于地面落叶中越冬，下年3月底到4月上旬爬行上竹取食。4月中下旬到5月下旬交尾，交尾于晴天中午进行，成虫在竹枝、秆上爬行，寻偶后双双爬入竹苞叶下隐蔽，受惊后双双爬行逃走，再逃到隐蔽处，久久不散。5月上中旬开始产卵，卵以块产于竹叶叶舌或苞叶内，每卵块4～18粒，卵约10天孵化，在竹林中6月中下旬越冬成虫终见。若虫善爬行，经40～60天老熟，约于6月上中旬出现成虫，在竹林一年四季均可见到成虫，约11月底12月初成虫下地越冬。

天敌： 仅见有食蚜蝇捕食成虫。

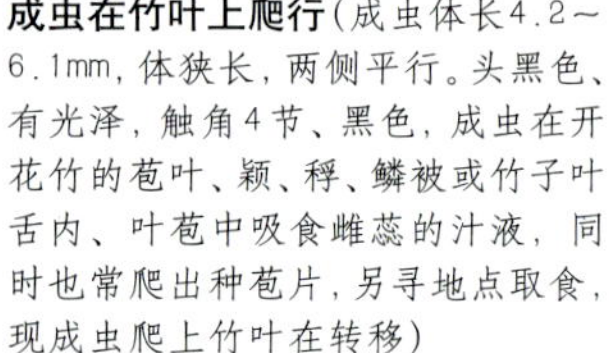

成虫在竹叶上爬行（成虫体长4.2～6.1mm，体狭长，两侧平行。头黑色、有光泽，触角4节、黑色，成虫在开花竹的苞叶、颖、稃、鳞被或竹子叶舌内、叶苞中吸食雌蕊的汁液，同时也常爬出种苞片，另寻地点取食，现成虫爬上竹叶在转移）

六、竹材害虫

危害伐倒竹及以竹为原材料加工的产品、工艺品的害虫。在生产上，有些竹材害虫也能危害活的立竹，如竹紫天牛，此处竹材害虫仅借习惯用法。危害竹材及竹制器的害虫有3目10科80余种，最常见的有长蠹、粉蠹、天牛、白蚁等。此类害虫危害方式均为钻蛀性危害，如天牛、蜂类、蚁类及长蠹中大多种类，以成虫产卵在竹材表面、表面伤口或成虫咬穿竹壁钻入产卵，幼虫孵化后取食危害；部分长蠹及粉蠹产卵于竹子的纵、横断面甚至纤维的导管中，幼虫孵化后钻入危害。伐倒竹、工厂堆集待加工的原材料、农家日用的圆竹农具和家具等、大型竹材建筑的体育训练场地、竹制亭台、长廊及工艺品等常被害蛀空倒塌。

1 竹绿虎天牛

Chlorophorus annularis (Fabricius)

Chlorophorus annularis (Fabricius), 1959. 中国经济昆虫志．第1册．鞘翅目天牛科．61

A

A. 雌、雄成虫标本（图示：亚林所昆虫标本室藏标本。左雄、右雌，成虫背板从前向后射出4条黑长斑，中间2条在基部合并，外面2条从两侧向后至胸中间，鞘翅端半部有一占翅3/8的黑色长圆环，向后有一较宽的黑横斑，再后占翅3/8处有一近圆形黑斑，末端约1/8无斑）

B

B. 产于竹秆上的卵（卵长卵圆形，长径1.2mm，乳白色，卵壳光滑、有光泽。卵产于竹秆节的上下，产卵时先用产卵器将竹表面的蜡质层或沉灰挖起，再产卵1粒，卵隐藏于下，图示已将蜡层剥开露出卵）（吴钜文、徐天森摄）

俗名：竹虎天牛。

分类地位：鞘翅目 COLEOPTERA 天牛科 Cerembycidae 绿虎天牛属 *Chlorophorus*。

分布：中国东北，河北、河南、陕西、山东、安徽、江苏、浙江、台湾、福建、江西、湖南、湖北、四川、广东、广西、贵州、云南；日本，泰国，越南，缅甸，印度，马来西亚，印度尼西亚。

寄主及危害：取食京竹、寿竹、淡竹、水竹、实心竹、毛竹、花毛竹、红竹、台湾桂竹、篌竹、石竹、斑竹、早竹、毛金竹、刚竹、光箨篌竹、芽竹、乌哺鸡竹等刚竹属，衢县苦竹、苦竹等苦竹属，孝顺竹、青皮竹等箣竹属，麻竹等牡竹属中较细的种类。幼虫在竹青下取食竹肉（中心材），造成竹子外形没有什么变化，但竹子在竹青与竹黄间蛀道纵横，内充满蛀屑、粪便，失去支撑能力。

主要识别点：

成虫　体长8.5～18.2mm，前翅基宽2.4～4.2mm。初钻出竹外，体底色为黄绿色，渐变为黄棕色。头绿色，头顶、额密被黄绒毛；两颊为白色绒毛，复眼深褐色，两颊在复眼外侧有4枚小黑斑，触角11节，棕黄色。前胸近圆球形，前后缘有卷边，黑色，背面密被黄色绒毛，两侧密被黑色绒毛，腹面密被白色绒毛，并从前缘绕过两侧到背面；背板从前向后射出4条黑长斑，中间2条在基部合并，外面2条从两侧向后至胸中间，两侧基部各有1个黑色圆斑，前足基节窝外有1个黑圈。鞘翅密被黄、黑色绒毛，端半部有1个占翅3/8的黑色长圆环，向后有1个较宽的黑横斑，再后占翅3/8处有1个近圆形黑斑，末端约1/8无斑，翅中宽的黑横斑外侧向上弯，尖端与长圆环相接，向下弯尖端与圆形斑相连，内侧向上弯至后缘上方，中间也拖出一角直达后圆形斑。腹面黑色，中胸两侧、腹部大部密被白色绒毛，足棕黑色，前、中足胫节末端有1距，后足有2根距，1长1短。

卵　长卵圆形，长径1.2mm，短径0.5mm，乳白色，卵壳光滑，有光泽。

幼虫　初孵幼虫体长2.6mm，乳白色，半透明。老熟幼虫体长13.5～21.0mm，前胸宽3.0～4.5mm，乳白色，圆筒形，略扁，头微黄色，大颚黑色，触角黄白色。前胸背板布刻点，正中微见1纵沟痕将背板分为2块，前缘深黄色，前胸最宽，以后各节渐细。

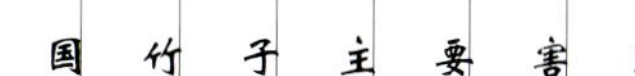

A

蛹　体长9.5～16.8mm，黄白色，第2腹节起背中线两侧及后缘1/4处有棕红色鬃，腹末1、2节鬃更长，呈钩状，色也深。翅芽尖端抵达第3腹节末，后足腿节抵达第5腹节末。

发生期：在浙江富阳1年发生1代，少数2年发生1代，以老熟幼虫及未成熟幼虫越冬。在浙江4月底、5月上旬化蛹，5月中旬羽化成虫，成虫多在晴天中午飞行，寻偶交尾，成虫交尾时多双双停息在竹秆上，受惊可双双飞去，在飞行中交尾，5月下旬至6月上旬产卵，卵产于新伐竹或隔年伐竹的竹秆节的上下蜡质层或污物下，仅略有外露，卵约经12～20天孵化，并即蛀入竹皮下食。2000年6月发现从伐倒2年苦竹秆内飞出成虫，同时发现仍有幼虫未化蛹，经饲养到2001年5月底羽化成虫。

天敌：偶见有两色刺竹茧蜂*Zombrus bicolor*(Enderlein)和1种肿腿蜂*Sclero-derma* sp.寄生。

B

C

A. 老熟幼虫在竹秆内取食（体长13.5～21.0mm，前胸宽3.0～4.5mm。乳白色，圆筒形、略扁；头微黄色，大颚黑色，前胸正中有浅沟将背板分为两块，密布刻点）

B. 在竹秆内蛀道中化蛹（蛹体长9.5～16.8mm，黄白色，翅芽尖端抵达第3腹节末，后足腿节抵达第5腹节末）

C. 在竹秆内已羽化成虫咬好的出孔（成虫羽化后，咬破竹表皮2～3个孔，在竹秆蛀道中停息，待气温合宜、晴天中午，成虫需爬出竹秆时，会用力冲破竹盖，会一冲而出，飞行而去）

2 竹拟吉丁天牛

Niphona furcata (Bates)

Niphona furcata (Bates), 1959. 中国经济昆虫志．第1册．鞘翅目天牛科．90

俗名：叉尾吉丁天牛。

分类地位：鞘翅目 COLEOPTERA 天牛科 Cerembycidae 吉丁天牛属 *Niphona*。

分布：中国河南、山东、安徽、江苏、浙江、台湾、福建、江西、湖北、湖南、广东、四川、云南、贵州；日本。

寄主及危害：危害尖头青竹、黄古竹、毛环水竹、淡竹、水竹、实心竹、毛竹、强竹、红竹、台湾桂竹、篌竹、紫竹、高节竹、金竹、刚竹、乌哺鸡竹、黄纹竹、苦竹、川竹、秋竹、云和苦竹、观音竹、孝顺竹、凤尾竹、崖州竹、马甲竹等。竹拟吉丁天牛取食寄主颇多，但因其成虫喜爱在直径2cm以下、较细的当年伐竹上产卵，故被害的竹材并不多，一般多危害以竹为瓜、豆、蔬菜做支撑的棚架，竹篱及竹的大型纺织物中的小结构物的材料等。初孵幼虫在竹腔内壁取食，逐渐蛀入竹黄内，蛀道很浅，随幼虫长大，蛀入竹材，蛀道及竹腔内充满蛀食细屑及粪便，竹材被蛀空，造成瓜豆棚架倒塌、工艺品损坏。

主要识别点：

成虫　体长12.5～22.8mm，鞘翅基宽3.2～4.8mm。灰褐色，被灰白、浅黄色绒毛。头密被灰白、灰黄色绒毛，无中沟；复眼圆形，漆黑色，触角着生于复眼上方，11节，被灰白和灰黄色绒毛，各节下缘具缨毛。前胸长大于宽，无侧刺突，背板中央有纵形脊纹，约占长1/2，鞘翅在基部近中缝处有一脊状隆起，其上有一丛竖立的长绒毛，两脊突之后，常有“八”字形的淡色毛斑，鞘翅基部纵形隆起，尾端外侧向后延伸，呈叉尾状。

卵　长卵圆形，长径2.8～3.4mm，短径0.6～0.7mm，乳白色，半透明，有光泽；卵壳极薄，柔软。

幼虫　初孵幼虫体长2.5mm，乳白色，半透明。老熟幼虫体长22～34mm，前胸宽3.4～5.2mm，白色。头白色，大颚深褐色，额中沟浅棕色。前胸乳黄色，无背中沟，背板后半部乳白色，具凸字形纹。

蛹　体长15～22mm。头顶平，黄白色，具额中沟。

发生期：在浙江1年发生1代，以成虫在被害竹秆内蛹室中越冬。4月中下旬成虫在晴天中午爬出飞行，并交尾，4月下旬开始产卵，约经12～18天孵化。初孵幼虫即蛀入竹皮下取食，幼虫约10月中下旬老熟并化蛹，11月中旬开始羽化成虫越冬。

竹拟吉丁天牛（成虫体长12.5～22.8mm。灰褐色，被灰白、浅黄色绒毛。头无中沟；复眼圆形，漆黑色；触角11节，各节下缘具缨毛。前胸长大于宽，无侧刺突，背板中央有纵形脊纹，鞘翅在基部、近中缝处各有一脊状隆起，上有1丛竖立的长绒毛，两脊突之后常有八字形的淡色毛斑，鞘翅基部纵形隆起，尾端外侧向后延伸，呈叉尾状）

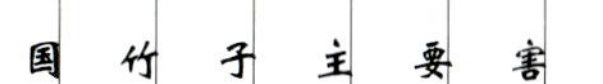

3 竹紫天牛

Purpuricenus temminckii Guerin-Meneville

Sternoplistes temminckii Guerin-Meneville, 1959. 中国经济昆虫志. 第1册. 鞘翅目天牛科. 64

俗名：竹红天牛。

分类地位：鞘翅目 COLEOPTERA 天牛科Cerembycidae紫天牛属*Purpuricenus*。

分布：中国东北，河北、河南、山东、安徽、江苏、浙江、台湾、福建、江西、湖南、湖北、四川、广东、广西、贵州、云南；朝鲜，日本。

寄主及危害：危害黄古竹、黄槽竹、毛环水竹、京竹、斑竹、寿竹、实心竹、角竹、淡竹、毛竹、强竹、红竹、台湾桂竹、篌竹、紫竹、高节竹、石竹、芽竹、刚竹、金竹、乌哺鸡竹等刚竹属，箣竹、孝顺竹、撑篙竹、粉箪竹、青皮竹等箣竹属，衢县苦竹、苦竹等苦竹属中粗秆种类。危害活立竹是春天成虫在竹上部飞绕，寻适宜立竹产卵，卵产于竹节上下10cm范围内秆上，幼虫孵化后直接钻入竹秆内取食危害。落雨时，雨水延竹秆下流，可从幼虫侵入孔进入竹腔内，长期受雨水浸泡，秆内竹黄发黑，竹叶发黄、脱落，伐竹检查1株10m高的毛竹竹腔内全部蓄有积水并发臭，每节竹材均被危害呈孔洞，无一完好，1 株毛竹中有幼虫60余条，仅下部2m有幼虫20条。2002年在浙江龙游有约13 hm^2毛竹林，竹子被害株率高达60%以上，竹林衰败；浙江龙泉雷竹新造林受竹紫天牛危害，被害率高达58%，严重被害致新种竹枯死率高达33.7%，使造林失败。危害伐倒竹，成虫于竹秆上产卵或在竹秆伤口处产卵，初孵幼虫从竹秆蛀入竹青下危害，取食竹肉，被害竹竹材内纵横被蛀成孔洞，蛀屑、虫粪堆于竹腔内，竹材失去利用价值。

主要识别点：

成虫　体长11～19mm。头黑色，唇基黄色；复眼在触角外方，黑色；颊部被白色茸毛；触角黑色，11节，雄虫为体长1.5倍，雌虫长达鞘翅后缘。前胸横置，背板红色，两侧以下黑色，背板上有5个黑斑，前2、后3，后缘正中黑斑处可见一瘤状突起，两侧有瘤状侧刺突。小盾片黑色。鞘翅红色，肩部有纵向突起。胸、腹部腹面黑色。

卵　长2.5mm，长卵圆形乳白色，卵面光洁。

幼虫　初孵幼虫体长3mm，乳白色，侵入竹秆孔约2mm。老熟幼虫体长25.5～34.5mm，幼虫前胸背板宽5.8～7.5mm，体淡黄色，头浅橙黄色，大半缩于前胸内，大颚黑色，前胸背板白色，硬皮板占背板约1/3，棕黄色，被背线平分为二，侧面也各有1块硬皮板，硬皮板后有颗粒状刻点。

爬出被害竹的雄成虫（体长18mm，复眼在触角外方，黑色；触角黑色，11节，长于体长1.5倍）

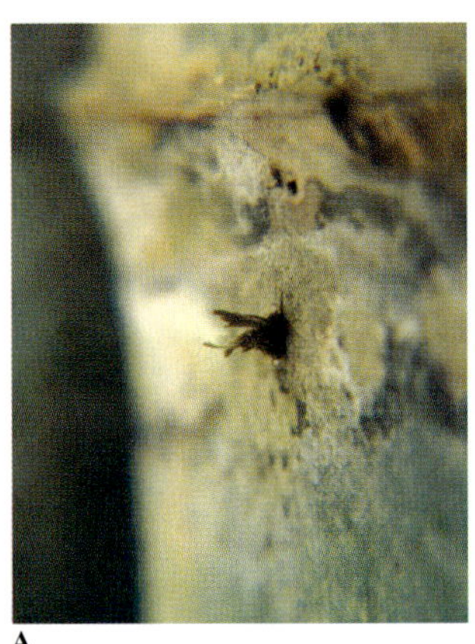
A

A. 幼虫在竹秆上的侵入孔（成虫一般产卵于竹秆节的上下，初孵幼虫即钻入竹秆内取食危害。图示：图中下方有纤维外露处是初孵幼虫钻入竹秆后的遗迹；上有一小黑洞，是初孵幼虫钻入竹秆时留下的，纤维已经失落）

B. 4龄幼虫腹面（体长18～20mm，乳白色、微黄，幼虫在竹壁内取食竹肉，幼虫蛀道大、片状，蛀屑、粪便似经压缩积于蛀道中）

C. 老熟幼虫（体长25.5～34.5mm，前胸背板宽5.8～7.5mm，体淡黄色；头浅橙黄色，大半缩于前胸内，大颚黑色，前胸背板白色，硬皮板占背板约1/4，棕黄色，被背线平分为二，侧面也各有1块硬皮板，硬皮板后有颗粒状刻点）

D. 雄蛹（雄蛹长20mm，体扁、乳白色。触角从复眼内侧中部伸出，触角沿体侧下沿至第4腹节末，再似回形针绕向上，末端达触角基部；翅芽达第3、4腹节间，后足腿节末达第4、5节间）（吴钜文摄）

E. 被姬蜂寄生的蛹（化蛹于毛竹竹节处幼虫蛀道中，将蛹从幼虫蛀道中剥出时，正好姬蜂幼虫爬出蛹体）

蛹　长17～22mm，体扁、初化蛹乳白色，后为黄白色。头向前倾斜，前胸将头遮去大半。复眼长卵圆形，竖置。触角从复眼内侧中部伸出，雄虫触角沿体侧下沿至第4腹节末，再似回形针绕向上，末端达触角基部；雌虫触角沿体侧下沿至第2腹节末，或达第3腹节上端回旋绕向上，末端达中足附节末端。前胸侧观为倒三角形，后缘正中有一瘤状突起，两侧有瘤状侧刺突。腹部背中线清晰，翅芽达第3、4腹节间，后足腿节末达第4、5节间。

发生期：竹紫天牛多数为1年1代，少数2年1代，以成虫在竹材中越冬，也有以幼虫越冬的。据调查：在浙江龙泉竹紫天牛危害雷竹者为2年1代，以成虫与幼虫在竹枝秆内越冬。成虫寿命长达210～230天，春天当旬平均气温在15℃以上时，约4月中旬，成虫开始从竹秆蛀道中蛀孔钻出，并交尾、产卵，4月下旬至5月上旬为产卵盛期。卵经15～25（21）天孵化，5月中下旬至6月初出现成虫，幼虫期需270天以上，8月中下旬开始化蛹，9月中下旬开始羽化成虫。羽化期为20～30天。以成虫与幼虫在竹枝秆内越冬。成虫寿命长达210～230天，春天当旬平均气温在15℃以上时，约4月中旬，成虫开始从竹秆蛀道中蛀孔钻出，并交尾、产卵，4月下旬至5月上旬为产卵盛期。卵经15～25（21）天孵化，5月中下旬至6月初出现成虫，幼虫期需270天以上，8月中下旬开始化蛹，经14～18天于9月中下旬开始羽化成虫。羽化期为20～30天。

天敌：偶见有1种茧蜂 *Iphiaulax* sp. 和1种姬蜂寄生。

C

D

B

E

参考文献

中国竹子主要害虫

蔡荣权主编．1979．中国经济昆虫志．第16册．鳞翅目舟蛾科．北京：科学出版社，83，89，93，95
长野菊次郎．1909．竹笋蛀虫之研究．昆虫世界，(13)：135～137，179～180
陈昌杰，王贵成．1959．黄脊竹蝗蝻期各龄外部形态上的变化．森林昆虫论文集第一集，15～23。
陈振耀．1989．广东竹类半翅目昆虫．竹子研究汇刊，8（3）：56～60
陈广源．1966．赤足木蜂生活习性和防治试验初报．昆虫知识，10（3）：172
陈汉林．1980．刚竹毒蛾生活习性观察初报．浙江林业科技，(3)：17～20
陈家开．1995．竹节虫在我省的发生与危害．林业病虫防治（四川），(19)：20
陈世骧，谢蕴真，邓国藩．1959．中国经济昆虫志．第1册．鞘翅目天牛科．北京：科学出版社，64
陈树椿，何允恒．1994．中国短肛棒䗛属二新种（竹节虫目䗛科．昆虫学报，37（2）：196～198
陈天琳．竹笋泉蝇研究初步报告，华东昆虫学会学术讨论会会刊：147～149
陈文杰等．1989．异歧蔗蝗的生物学观察．森林病虫通讯，(2)：14，25
陈秀枚等．1993．竹小蜂发生发展与环境因子关系研究初报．闽北林业，(2)：30～34
陈阳春等．1982．刚竹毒蛾的初步研究．林业科学，18（3）：343～346
陈一心编著．1985．中国经济昆虫志．第32册．鳞翅目夜蛾科（四）．北京：科学出版社：29，30
陈贻金．1967．竹笋夜蛾防治研究．林业快报，(5～6)：18～19
陈贻金．1980．竹笋夜蛾观察及防治．河南省林学会1980年年会（1）：144
陈贻金．1982．笋秀禾夜蛾的研究．林业科学，18（2）：151～159
陈贻金．1991．笋秀禾夜蛾的生活特性及防治．河南农林科技，(5)：31
陈永胜．1981．竹木蜂为害架空电缆及其防治研究．昆虫知识，18（2）：76～79
陈振耀．1989．黑竹缘蝽的生物学研究．昆虫知识．26（4）：226～228
陈植．1919．竹笋夜盗虫之预防及驱除法．中华农学会会刊，(8)：26～35
程量．1983．欧洲粉蠹的初步研究．林业科学昆虫专辑，126～128
程振衡．1964．竹粉蠹的生物学特性及其防治研究．昆虫知识，8（4）：162
戴礼元．1983．应用远红外线防治竹制品害虫．科学技术成果公报，29（9）：4
丁道模等．1956．江西竹蝗的发生及防治概况．昆虫知识，2（5）：217～220。
丁锦华．1987．我国竹飞虱科名录．竹子研究汇刊，6（4）：70～84
范滋德，等编著．1988．中国经济昆虫志．第37册．双翅目花蝇科．北京：科学出版社，361
范滋德．1964．华东地区为害竹笋泉蝇属二新种．昆虫学报，3（4）：615～616
冯桂一．1940．闽西之黄脊竹蝗．福建农报，1（2～3）：33～38
傅德保．1982．竹蝗及其防治．湖南林业，(4)：31
赣州林科所．1979．应用白僵菌孢竹瘟防治竹蝗初见成效．赣南林业科技，(1)：27
赣州森防站．1978．积极行动起来消灭毛竹主要害虫—黄脊竹蝗．赣南林业科技，(3)：4
赣州森防站．1978．应用烟剂防治竹蝗的意见．赣南林业科技，(3)：3
高兆蔚．1978．毛竹白斑长蝽危害情况的初步观察．浙江科技简报，(11)
葛钟麟．1966．中国经济昆虫志．第十册．同翅目叶蝉科．北京：科学出版社，55
龚乃培等．1988．鄂南两种竹小蜂生物学特性观察．林业科技通讯，(北京)，(9)：21～22
苟国谦．1993．四川省黄脊竹蝗预测预报方法．林业病虫防治（四川），(16，17)：63～65
广宁县林业科学研究所．1975．竹笋象鼻虫及其防治研究小结．（肇庆）林业科技简讯，(2)：17
广宁县林业科学研究所．1977．防治竹笋象鼻虫的新途径．广宁林业科技，(1)：1
郭培德．1988．黄脊竹蝗防治技术探讨．衡阳林业科技，(3)：7～14
郭培德．1989．黄脊竹蝗诱捕笼．湖南林业科技，(1)：45～46
郭守桂．1951．竹蝗与防治．中国林业，(5)：30～33。
何俊华．1980．我国小室姬蜂属二新种及一新记录（膜翅目姬蜂科）．浙江农业大学学报，6（2）：79～83
何兆熊．1934．竹的害虫．道村生活，3（8）
湖北省荆州桃花山林场．1978．竹笋夜蛾生物学特性和防治方法．林业科技通讯，(12)：14～16
湖南常德林科所．1975．灰顶竹毒蛾的防治试验．林业科技通讯，(6)：15
湖南林业厅经济处．1959．怎样防治竹象鼻虫．湖南林业，(9)：22
湖南省林科所．1973．异镂舟蛾的研究．昆虫知识，(3)：88～89
湖南省林业厅编．湖南森林昆虫图鉴．长沙：湖南科学技术出版社，269
黄焕华等．1998．黄脊竹蝗孵化期预测研究．广东林业科技，14（2）：23～26
黄金水，林庆源，林际朗．1991．竹褐弄蝶．见：福建省林业科学研究所．福建森林昆虫．北京：中国农业科技出版社，189～190
黄日宗等．1963．竹红天牛调查初报．昆虫知识，7（1）：26～27
黄增和，等．1982．异歧蔗蝗的生物学特性及其防治试验．竹子研究汇刊，1（2）：62～71
稽保中等．1993．竹织叶野螟越冬幼虫的真菌病．竹子研究汇刊，12（3）：13～19
江苏老山林场．1975．竹笋夜蛾防治初报．林业科技资料（江苏），(2)：44～49
江苏林科所．1975．桂竹象鼻虫的防治．（江苏）林业科技资料，(1)：34
江苏林科所．1979．利用内吸传导法防治竹螟．林业科技通讯，(3)：19～20
江西森防站等．1979．刚竹毒蛾的初步研究．林业科技通讯，(4)：5～8
江泽慧主编．2002．世界竹藤．沈阳：辽宁科学技术出版社
蒋德骥等．1994．白僵菌防治一字竹象试验初报．安徽林业科技，(2)：32～33

金长乐等. 1980. 利用赤眼蜂大面积防治竹螟探讨. 浙江林业科技, (2): 29~33
金孟肖. 1937. 杭州竹斑蛾之生活观察. 昆虫与植病, 5 (17): 336~345
赖怀江等. 1991. 华竹毒蛾生物学与防治研究初报. 江西林业科技, (4): 19~20
兰林富. 1980. 竹腔注射内吸性农药防治竹螟办法好. 浙江林业科技, (1): 15
李凤荪.1958.竹长蠹的发生为害及防蠹研究.林业部林科所湖南研究室研究报告.第一集
李凤荪.1963.竹小弹蠹的发生为害及防蠹的研究.湖南林学院科学研究报告选集.第二集: 165
李国平等. 2001. 奉化水竹一字竹笋象的初步研究. 中国森林病虫, 20 (4): 9~11
李建华等. 1989. 利用尿粉药剂诱杀竹蝗试验. 湖南林业科技 (益阳专辑): 53~54
李涛等. 2000. 长足大竹象生物学特性的初步研究. 四川林业科技, 21 (3): 49~51
李志轩. 1979. 竹斑蛾的观察和防治试验初报. 林业部毛竹栽培技术培训班材料之4
李宗顺等. 1995. 华竹毒蛾生物学特性及防治方法的初步研究. 江西林业科技, (2): 23~25
练佐明等. 1992. 黄脊竹蝗防治指标研究. 林业科学研究, 5 (6): 717~721
梁锦英.1981.竹编品害虫霉菌的发生与防治研究初报.广西农学院科学研究资料, (1): 37~42
梁铭球等. 1995. 广东省的黄脊竹蝗及其防治研究. 广东林业科技, 11 (1): 6~9
梁永奇. 1988. 预防竹象为害的套套保笋法. 广东林业科技, (2): 37~38
廖定西, 李学骝, 庞雄飞等. 1985. 中国经济昆虫志. 第34册. 膜翅目小蜂总科 (一). 北京: 科学出版社, 106
林兴. 1987. 重庆市竹蝗消长情况及防治意见. 重庆林业科技, (3~4): 64~67
林毓银. 1990. 蠕须盾蚧的观察研究. 竹子研究汇刊, 9 (2): 72~77
林毓银等. 1997. 竹小蜂发生发展的数量化预测模型. 福建林学院学报, 17 (1) 56~59
刘云.1982.竹制品真菌和蛀虫为害问题.四川林业科技, (12): 24~25
刘长寿. 1998. 刚竹毒蛾活体性诱在防治中的应用. 上饶林业科技通讯 (3): 18~21
刘立春等. 1990. 竹小斑蛾的研究. 昆虫知识, 27 (1): 34~35
刘南欣等. 1988. 线虫防治竹象的初步试验. 广东林业科技, (4): 32~33
刘南欣等. 1989. 应用昆虫病原线虫防治竹直锥大象虫的研究. 昆虫天敌, 11 (1): 44~50
刘永正. 1978. 竹大象虫初步观察. 昆虫学报, 21 (2): 204
刘云等.1982.竹长蠹生活史的初步研究. 四川林业科技, (12): 26~28
刘志平等. 1987. 竹蝗幼蝻期药剂防治试验. 宜春林业科技, (1): 30~31
柳晶莹.1956.竹材蠹虫.昆虫知识, 2 (1): 221~224
柳晶莹.1957.中国长蠹科和扁蠹科昆虫名录.福建农学院学报, (5): 97~116
娄慎修等.1986.黄带蓝天牛生物学特性初步观察.山东林业科技, (3): 21~23
卢圣煌. 1979. 用插管烟剂防治竹蝗. 林业病虫通讯, (): 32
吕长青. 1987. 尿草把诱杀竹蝗效果显著. 中国林业, (11): 42
吕若清, 徐天森. 1992. 竹尖胸沫蝉生物学特性及防治.林业科学研究, 5 (6): 687~692.
罗联峰. 1988. 刚竹毒蛾的防治技术, (2): 20~21
罗禄怡.1981.林木、竹材蠹虫浅谈及例述.黔南林业科技, (3、4): 9~19
马骏超. 1933. 杭州竹象虫之初步观察. 浙江省昆虫局年刊, (3): 171
马骏超. 1934. 杭州笋蛀虫之初步观察. 昆虫与植病, 2 (36): 709
马骏超. 1942. 福建森林害虫略. 福建农业, 3 (1~2): 122
马骏超.1935. 大竹象鼻虫之国内分布及其前胸背片之色斑变异. 昆虫与植病, 3 (8): 364~365
马先戌等. 1990. 竹笋夜蛾发生规律及防治技术. 河南林业科技, (1): 36
莫建初等.1992. 竹小蜂幼虫空间分布型及其抽样技术研究. 中南林学院学报, 12 (2): 116~123
南京林业研究所 (徐天森). 1960. 竹笋夜蛾的防治. 林业科技快报, (11): 12~13
彭华安.1981.竹制品害虫防治.北京: 中国财政经济出版社
彭建文. 1958. 湖南竹蝗生物学特性初步考查. 应用昆虫学报, 1 (2): 197~200
邱宗海. 1995. 毛竹半球链蚧防治初探. 林业病虫防治 (四川), (19): 16
屈邦选等. 1988. 竹笋夜蛾生物学观察及药效试验. 西北林学院学报, 3 (1): 37~45
阮甘棣. 1980. 竹大象虫的发生规律及防治. 林业科技简讯, (1): 19~25
沈集增. 1964. 青脊竹蝗的初步观察. 林业科学, 9 (3): 272~274
沈集增. 1965. 闽西黄脊竹蝗生物学特性初步观察. 昆虫知识, 11 (2): 84。
沈友爱. 1988. 刚竹毒蛾生活习性观察初报. 闽西林业科技, (2): 17~22
石敬夫等. 1993. 速灭菊酯油雾剂防治一字竹象甲试验. 安徽林业科技, (2): 28~29
石首县林业科学研究所. 1979. 竹笋夜蛾生物学特性观察和防治研究. 湖北省林学会1979年年会
四川永川病虫防治站. 1974. 竹刺蛾的发生及防治. 四川林业科技通讯, (1): 26
宋全文等. 1990. 竹笋禾夜蛾的生物学特性及其防治试验. 山东林业科技, (2): 35~37
宋志坚. 1934. 湖南益阳之蝗患. 昆虫与植病, 2 (14): 368~370
宋志坚. 1936. 湖南黄脊角蝗各期形态及习性. 昆虫与植病, 4 (10): 191~198
苏星等. 1979. 东海林场木麻黄防护林害虫—棉蝗的初步研究. 林业科学, 15 (3): 171~177
孙永春. 1982. 一字竹象甲防治研究. 南京园林, (1): 31~32
孙永春等. 1978. 利用黑光灯诱杀竹螟试验. 林业科技资料, (3): 4~6
谭中逸.1984.竹长蠹生活史的观察.竹类研究, (1): 83~84
汤铎. 1995. 淡竹笋夜蛾的防治技术. 植物医生 (四川), (2): 17
唐叔富. 1937. 湖南各县志中之害虫记载. 湖南省私立修业高级农业职业学校农林服务社校友昆虫研究会创刊号
童雪松主编. 1993. 浙江蝶类志. 杭州: 浙江科学技术出版社, 22, 23, 27, 75
万伏红. 1990. 竹织叶野螟的生物学特性及防治. 太子山林业科技, (湖北), (1): 42
王必元等. 1998. 刚竹毒蛾测报与防治. 浙江林业, (4): 27
王恩军. 1995. 竹沫蝉的习性观察. 林业病虫防治 (四川), (19): 68, 56

王贵成，陈昌杰．1959．湖南耒阳黄脊竹蝗生物学特性的研究．森林昆虫论文集第一集，1～14。
王浩杰，吕若清，林长春，徐天森．1995．一字竹笋象寄主范围及其受害类群划分．林业科学研究，8（3）：309～313
王浩杰，吴智勇，徐天森．2000．竹箩舟蛾的研究．林业科学研究，13（6）：583～588
王浩杰，徐天森，林长春．1996．两种竹瘿小蜂的生物学特性研究．林业科学研究，9（1）：52～57
王浩杰，徐天森，郑国华．1993．甲胺磷对一字竹笋象的毒杀作用．林业科学研究，1993，6（3）：337～340
王焕元．1981．桃江竹镂舟蛾发生与竹林环境关系初探．湖南林业科学，（1）：48～55
王克毅．1981．竹笋夜蛾的初步观察及防治试验小结．四川省森林保护学会学术讨论会会刊，45～50
王克毅．1985．竹笋夜蛾防治技术探讨．重庆林业科技，（3）48～49
王克毅等．1985．竹笋夜蛾生物学特性及防治研究．林业病虫防治，（总9）：35～38
王林瑶，郑建佳，陈建寅．1999．浙江栉蝠蛾幼期形态特征．昆虫知识，36（4）：205～206
王林瑶，郑建佳，陈建寅．2001．中国栉蝠蛾属一新种（鳞翅目蝙蝠蛾科）．昆虫学报，44（3）：348～349
王茂芝，徐思善，朱志建，等．1998．竹叶蜂初步研究．林业科技通讯，(1)：24～27
王茂芝等．1989．甲胺磷在竹笋中的残留动态研究．浙江林业科技，9（6）：48～49
王茂芝等．1989．竹叶蜂初步研究．林业科技通讯（北京），（1）：24～27
王茂芝等．1990．毛竹黑叶蜂对毛竹生长的影响及防治．浙江林学院学报，7（4）：329～333
王淑芬．1990．黄脊竹蝗的发生周期及马氏预测．中南林学院学报，10（1）：1～6
王问学等．1995．竹长尾小蜂寄生习性研究．林业科学研究，8（专刊）：109～110
韦善群．1966．竹斑蛾防治试验初报．林业科学，（3）：230～231
魏候监．1984．华竹毒蛾的研究．竹子研究汇刊，3（1）：64～77
文定元，赵时胜，邓星耀．1984．桂林、柳州、南宁竹类害虫名录．中南林学院学报，4（2）：177～184
吴佳茂等．1980．应用白僵菌防治黄脊竹蝗初步试验．闽西林业科技，（1）：13～15
吴启契．1935．民国二十四年湖南各县患之调查．农报，1（4）
吴启契．1936．黄脊竹蝗之生活史及防治方法．农报，3（3）：133～143
吴世钧．1982．竹釉盾蚧的初步研究．昆虫知识，(4)：163～164
吴世雄．1979．两种竹大象虫生活习性的初步观察．昆虫知识，16（6）：256
吴天赐等．1988．枯草芽孢杆菌防治竹蝗试验初报．江西林业科技，（3）：19～21
吴玉洲．1936．广州之灰黑细斑蛾及红黑斑蛾．昆虫与植病，4（6）：100～101
伍建芬，王淑芬．1980．竹斑蛾初步研究．林业科学增刊：77～83
伍建芬．1984．两色绿刺蛾的初步研究．竹子研汇刊，3（2）：120～124
伍建芬等．1986．竹长蠹初步研究．竹子研究汇刊，5（1）：112～119．
席客．1988．淡竹笋夜蛾——中国新记录．昆虫分类学报，4（1～2）：101～102
席客等．1988．拟除虫菊酯防治竹笋夜蛾试验．江苏林业科技，（3）：27～29
夏载深．1988．竹大象虫生活习性初步观察及防治意见．重庆林业科技，（1）：40～41
萧采瑜．1977．中国蝽类昆虫鉴定手册．半翅目异翅亚目．第1册．北京：科学出版社
萧刚柔．1951．666粉剂毒杀竹蝗工作经过．湖南农学院院刊创刊号，20～28
萧刚柔．1954．竹蝗发生规律及其防治．新科学，（2）：38～43
萧刚柔．1958．两种杀虫烟剂对马尾松毛虫和黄脊竹蝗的防治研究．林业部林业科学研究所研究报告1957年营林部分第1号
萧刚柔．1959．竹蝗研究与防治．昆虫学集刊，北京：科学出版社，39～45
萧刚柔．1993．危害竹子的真片胸叶蜂属一新种（膜翅目叶蜂科）．林业科学研究，6（专刊）：51～52
萧刚柔主编．1992．中国森林昆虫．第二版（增订本）．北京：中国林业出版社，1141
谢卿楣．1982．刚竹毒蛾核多角体病毒的分离和观察．福建林学院科技，（2）：9～11
邢陇平．1980．刚竹毒蛾形态发生规律及防治．林业科技通讯，（7）：26～28
幸兴球．1993．蝉花活性物质的研究动向．昆虫知识，30（4）：251
徐福元．1982．竹两色绿刺蛾的研究．林业科技通讯，（7）
徐国栋．1934．浙江重要害虫目前救治法．昆虫与植病，2（12）：222～229
徐国栋等．1922．竹笋象鼻虫防治法．浙江省立植物病虫害防治所丛刊第5号
徐起．1984．竹两色绿刺蛾初步研究．浙江林业科技，（1）：49～50
徐思善．1988．竹卵圆蝽为害对毛竹生长的影响．林业科技通讯，（5）：22～25
徐天森，林四四，吕若清．1988．竹卵圆蝽的研究1．生物学特性．林业科学研究，1（6）：633～640
徐天森，吕若清．1987．短翅佛蝗生物学特性研究．竹子研究汇刊，6（2）：69～75
徐天森，吕若清．1987．竹镂舟蛾的研究．亚热带林业科技，15（3）：194～203
徐天森，吕若清．1988．竹笋绒茎蝇的研究．林业科学研究，1（3）：278～283
徐天森，吕若清．1990．竹篦舟蛾的研究．林业科学研究，3（6）：568～572
徐天森，吕若清．1991．竹蒙链眼蝶生物学习性研究．竹子研究汇刊，10（2）：47～53
徐天森，吕若清．1995．竹织叶野螟幼虫生物学补充研究．竹子研究汇刊，14（1）：46～51
徐天森，孙永春．1962．竹笋夜蛾防治研究．林业科学，7（4）：283～291
徐天森，王浩杰，吕若清．1993．中国竹子害虫修订名录．浙江森林病虫，总（4）：4～34
徐天森，王浩杰，徐企尧．2001．竹蝉生物学特性的研究．林业科学研究，14（4）：396～402
徐天森，林四四，吕若清．1988．竹卵圆蝽的研究1．生物学特性．林业科学研究，1（6）：633～640．
徐天森，王浩杰，吕若清．1993．中国竹子害虫修订名录．浙江森林病虫，（4）：4～34．
徐天森，赵锦年．1975．竹子害虫名录初报．亚林科技，（1～2）
徐天森，吕若清．1988．白钩雕蛾的初步研究．森林病虫通讯，(4)：13～14
徐天森，吕若清．1989．竹绒野螟的初步研究．森林病虫通讯，(1)：21～23
徐天森．1964．杭州竹笋象初步研究．浙江农业科学，(2)：75～78
徐天森．1979．竹子害虫名录增补．亚林科技，（3）：1～6
徐天森．1984．谈谈竹灰斜枯叶蛾．亚林科技，(4)：44～45

徐天森．1984．浙江的黄脊竹蝗．森林病虫通讯，(4)：20～22
徐天森．1985．华竹毒蛾的研究．林业科学，(4)：439～440
徐天森．1985．华竹毒蛾生物学特性研究．竹子研究汇刊，4 (1)：66～76
徐天森．1985．竹赭翅双叉端环野螟的初步研究．亚林科技，3)：55～57
徐天森．1987．为害竹子的三种蚧．森林病虫通讯，(4)：33～35
徐天森．1988．防治竹卵圆蝽的策略与方法．林业科技通讯，(3)：27～28
徐天森．1988．再谈竹卵圆蝽的防治策略与方法．林业科技通讯，(8)：封 2、29
徐天森.1983.竹制品害虫综合防治.亚林科技，(3)：50～53.
徐天森.1984．中国竹子害子害虫名录．中国林科院亚热带林业研究所情报资料室印，P.1～30
徐天森主编．1987．林木病虫防治手册．北京：中国林业出版社
徐宜良等．1989．溴氰菊酯防治竹笋夜蛾试验．江苏林业科技，(4)：34～36
徐元福．1981．竹两色绿刺蛾的初步观察．江苏林业科技，(4)：9～12
徐志宏，胡国良，等．2002．育自竹子虫瘿的10种小蜂及一中国新纪录种记述.林业科学研究， 15 (4)：444～449.
徐志宏等．1996．竹类害虫六种寄生蜂及2新种记述．昆虫分类学报（陕西），18 (1)：69～73
许德钰等．1988．纵褶竹舟蛾观察及防治试验．江苏林业科技，15 (1)：28～29
亚热带林业研究站等（徐天森、孙永春）．1978．竹织叶野螟生物学特性防治方法．中国林业科学，(1)：49～55
烟剂药效试验组．1991．杀竹蝗烟剂防治黄脊竹蝗试验报告．林业病虫防治，(15)：41～42
严敖金．1985．中国竹子蚧虫名录
杨国荣等．1992．一字竹笋象回归预测技术研究．竹子研究汇刊，11 (4)：85～89
杨国荣等．1992．一字竹象虫防治方法试验研究．浙江林业科技，12 (1)：23～26
杨集昆．1988.竹子新害虫竹笋绒茎蝇的鉴定．林业科学研究，1 (3)：342～344
姚康等.1986.应用远红外线烘烤防治竹长蠹的初步试验．昆虫知识，23 (2)：64～66
永川病虫防治试验站．1988．花虫敌防治黄脊竹蝗跳蝻的试验．林业病虫防治，(总 12)：33～34
余华星等．1990．不同方法防治毛竹卵圆蝽效果评析．杭州林业，(1)：25～27
曾赐添．1966．怀集县大力除治茶秆竹斑蛾．昆虫知识，10 (2)：114
曾林．1981．山竹缘蝽生物学特性及其防治方法．昆虫知识，18 (1)：23～24
曾林等．1987．川东的竹绒野螟．昆虫知识，24 (2)：101～102
詹旺新．1984．毛竹林害虫－－刚竹毒蛾折研究．竹类研究，(1)：64～67
詹仲才.1983.中华粉蠹习性观察与防治试验.森林病虫通讯，(3)：25～28
张广学，钟铁生编著．1983．中国经济昆虫志．第25册．同翅目蚜虫类（一）．北京：科学出版社，245
张丽峰等.1979.日本竹长蠹的生物学及其他防治.昆虫学报，(2)：127～132
张贤开，左玉香．1988．拟吉丁天牛的初步研究．昆虫知识，25 (4)：218～220
张玉珍．1986．台湾省竹子害虫．18th Iufro World congress Division 2.vol.I.216～252
章士美，等编著．1985．中国经济昆虫志．第31册．半翅目（一）．北京：科学出版社，153
章世美等.1980．竹斑长蝽的考察.林业病虫通讯，，(1)：8～10.
赵萍等．1993．对竹篦舟蛾的观察．安徽林业科技，(2)：38～39，23
赵萍．1983．纵褶竹舟蛾初步观察．昆虫知识，20 (3) 125～127
赵星等．1991．华竹毒蛾种群数量变动模型及大发生预测的研究．竹类研究，(2)：53～56
赵星等．1992．竹镂舟蛾越冬蛹密度的动态分析．昆虫知识，29 (4)：204～205
赵星等．1995．黄脊竹蝗危害毛竹的损失分析．湖南林业科技，(22)：50～52
赵仲苓．竹毒蛾属一新种（鳞翅目毒蛾科）．昆虫学报，20 (3)：329～330
赵仲苓编著．1978．中国经济昆虫志．第12册．鳞翅目毒蛾科．北京：科学出版社，62
赵仲苓编著．1994．中国经济昆虫志．第42册．鳞翅目毒蛾科（二）．北京：科学出版社，73
郑国华，汪国华，陈顺发．1994．毛竹林改制后竹笋禾夜蛾的危害及防治对策．林业科学研究，7 (1)：111～115
郑汉业．1962．竹笋夜蛾防治研究．江苏农学报，(4)：84~89
郑积微等．1981．竹舟蛾的生物学特性与防治．林业病虫通讯，(1)：11～13
郑乐怡．1982．云南竹类半翅目昆虫记述．动物学研究，3 (增刊)：113～120
中国林业科学研究院林业科学研究所森林保护室昆虫组编著．1959．森林昆虫论文集．第一集．北京：科学出版社
中国林业科学研究院亚热带林业研究站（徐天森，葛振华）．1966．毛笋泉蝇与毛竹退笋的关系．林业科学，11 (3)：188～195
钟锦标．1993．试论龙岩市竹蝗发生与气象因子的关系．竹子研究汇刊，12 (2)：87～89
钟壬模．1935．湖州两种竹笋害虫之调查．昆虫与植病，3 (26)：525
周道三．1992．浅谈使用烟剂防治竹蝗．闽北林业，(2)：31～32
周芳纯．1998．竹林培育学．北京：中国林业出版社
周尧主编．1994．中国蝶类志．郑州：河南科学技术出版社，329
朱弘复，杨集昆，陆近仁.1964，中国经济昆虫志．第6册．鳞翅目夜蛾科（二）．北京：科学出版社，11
朱石麟等．1994．中国竹类植物图志．北京：中国林业出版社
朱志建等．1996．德清真片胸叶蜂幼虫空间分布型的参数特征及应用．竹子研究汇刊，15 (1)：39～44
Chen H T.1928．Notes on a Bamboo-borer (Cyrtotrachelus longimanus Fabricius)，Lingnan Sci．.J.6:353～363
Hoffman W E．1928．Notes on lava of Cyrtotrachelus longimanusF．,Lingnan Sci．.J.6:364
Liao huey—tarn．1976．Bamboo aphids of Taiwan Quarterly Journaal of The Taiwan Museum，29 (3～4)：502～503

中文名称索引

中国竹子主要害虫

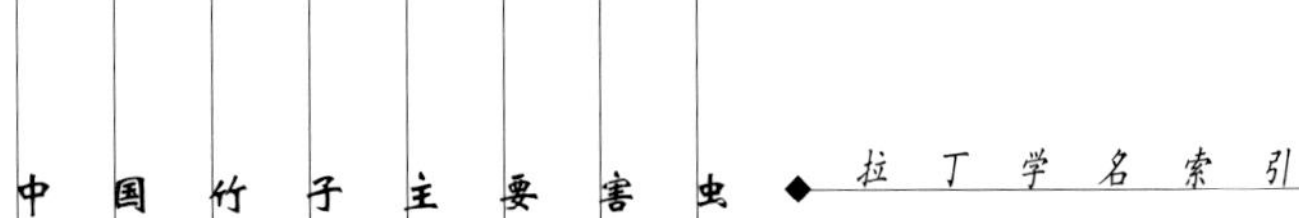

拉丁学名索引

中国竹子主要害虫

寄主－害虫索引

天敌－害虫索引

中国竹子主要害虫

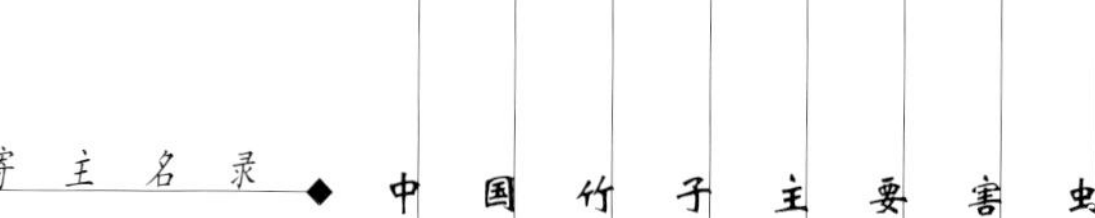

寄主名录

中国竹子主要害虫

A

安吉金竹 Phyllostachys parvifolia

B

白哺鸡竹 Phyllostachys dulcis
白夹竹 Phyllostachys bissetii
白皮淡竹 Phyllostachys decora
斑竹 Phyllostachys bambusoides f. lacrima-deae
笔杆竹 Pseudosasa guanxianensis

C

箣竹 Bambusa blumeana
箣竹属 Bambusa
茶秆竹 Pseudosasa amabilis
长沙刚竹 Phyllostachys verrucosa
撑篙竹 Bambusa pervariabilis
川竹 Pleioblastus simony
椽竹 Bambusa textilis var. fasca
慈竹 Neosinocalamus affinis
慈竹属 Neosinocalamus

D

大佛肚竹 Bambusa vulgaris cv. Wamin
大节刚竹 Phyllostachys lofushanensis
大节竹 Indosasa crassiflora
大节竹属 Indosasa
大绿竹 Dendrocalamopsis daii
大木竹 Bambusa wenchouensis
大头典竹 Dendrocalamopsis beecheyana var.pubescens
大眼竹 Bambusa eutuldoides
单竹 Bambusa cerosissima
淡竹 Phyllostachys glauca
吊丝单竹 Dendrocalamopsis vario-striata
吊丝球竹 Dendrocalamopsis beecheyana
吊丝竹 Dendrocalamopsis minor

F

方秆毛竹 Phyllostachys heterocycla cv. Pubescens
粉箪竹 Bambusa chungii
凤尾竹 Bambusa multiplex cv. Fernleaf
奉化水竹 Phyllostachys heterolada var.funhuaensis
富阳乌哺鸡竹 Phyllostachys nigella

G

刚竹 Phyllostachys sulphurea cv. Viridis
刚竹属 Phyllostachys
高节竹 Phyllostachys prominens
观音竹 Bambusa multiplex var. riviereorum
光竿青皮竹 Bambusa textilis var. glabra
光箨篌竹 Phyllostachys nidularia f. galbro-vagina
贵州刚竹 Phyllostachys guizhouensis

H

海竹 Yushania qiaojiaensis
红边竹 Phyllostachys rubromarginata
红壳雷竹 Phyllostachys incarnata
红舌唐竹 Sinobambusa rubroligula
红竹（红壳竹） Phyllostachys iridescens
篌竹 Phyllostachys nidularia cv.Smoothsheath
花哺鸡竹 Phyllostachys glabrata sinobambusa
花秆早竹 Phyllostachys praecox f. viridisulcata
花毛竹 Phyllostachys heterocycla cv. Tao
花皮淡竹 Phyllostachys glauca
花头黄竹 Dendrocalamopsis oldhami f. revolute
花竹 Bambusa albolineata
滑竹 Yushania polytricha
黄槽斑竹 Phyllostachys bambusoides f. mixta
黄槽毛竹 Phyllostachys edulis f. gimmei
黄槽石绿竹 Phyllostachys arcane f. luteosulcata
黄槽竹 Phyllostachys aureosulcata
黄秆京竹 Phyllostachys aureosulcata f. aureocaulis
黄秆乌哺鸡竹 Phyllostachys vivax f. aureocaulis
黄古竹 Phyllostachys angusta
黄间竹 Sinobambusa edulis
黄金间碧玉 Bambusa vulgaris cv. Vittata
黄麻竹 Dendrocalamopsis stenoaurita
黄毛竹 Neosinocalamus affinis cv.Chrysotrichus
黄皮刚竹 Phyllostachys viridis f.youngii
黄皮绿筋竹 Phyllostachys sulphurea cv. Houzeau
黄纹竹 Phyllostachys vivax f. huanvenzhu
灰水竹 Phyllostachys platyglossa

J

甲竹 Bambusa remotiflora
假毛竹 Phyllostachys kwangsiensis
尖头青竹 Phyllostachys acuta
角竹 Phyllostachys fimbriligula
金丝毛竹 Phyllostachys pubescens f.gracillis
金镶玉竹 Phyllostachys aureosulcata f. spectabilis
金竹 Phyllostachys sulphurea
京竹 Phyllostachys aureosulcata f. pekinensis
巨县苦竹 Arundinaria hsienchuensis
筠竹 Phyllostachys glauca f. yuozhu

K

苦竹 Pleioblastus amarus
苦竹（大明竹）属 Pleioblastus

L

雷竹 Phyllostachys praecox f. provernalis
丽水苦竹 Pleioblastus maculosoides
龙头竹 Bambusa vulgaris
龙竹 Dendrocalamopsis giganteus
绿槽毛竹 Phyllostachys edulis f.viridisulcata
绿粉竹 Phyllostachys viridi-glaucescens
绿竹 Dendrocalamopsis oldhami
绿竹属 Dendrocalamopsis
罗汉竹 Phyllostachys aurea

M

麻竹 Dendrocalamopsis latiflorus
马甲竹 Bambusa tulda
马来甜龙竹 Dendrocalamopsis asper
毛环水竹 Phyllostachys aurita
毛环唐竹 Sinobambusa incana
毛金竹 Phyllostachys nigra var. henonis
毛壳花哺鸡竹 Phyllostachys circumpilis
毛簕竹 Bambusa dissemulator var. hispida
毛龙竹 Dendrocalamopsis tomentosus
毛竹 Phyllostachys heteroclada var. pubescens
米筛竹 Bambusa pachinensis
绵竹 Bambusa intermedia
牡竹 Dendrocalamus strictus
牡竹属 Dendrocalamus
木竹 Bambusa rutila

N

坭黄竹 Bambusa ramispinosa
坭簕竹 Bambusa dissimulator

Q

强竹 Phyllostachys heterocycla cv. Obliquinoda
青皮竹 Bambusa textilis
秋竹 Pleioblastus gozadakensis
衢县红壳竹 Phyllostachys rutila
衢县苦竹 Pleioblastus juxianensis

S

石绿竹 Phyllostachys arcana
石竹 Phyllostachys nuda
实心竹 Phyllostachys heteroclada f. solida
矢竹属 Pseudosasa
寿竹 Phyllostachys bambusoides f. shouzhu
水竹 Phyllostachys heteroclada

T

台湾桂竹 Phyllostachys makinoi
唐竹 Sinobambusa tootsik
唐竹属 Sinobambusa
藤枝竹 Bambusa lenta
天目箬竹 Indosasa migoi
天目早竹 Phyllostachys tianmuensis
甜笋竹 Phyllostachys elegans
甜竹 Phyllostachys flexuosa

W

乌哺鸡竹 Phyllostachys vivax
乌芽竹 Phyllostachys atrovaginata
乌叶竹 Bambusa utilis
五月季竹 Phyllostachys bambusoides

X

乡土竹 Bambusa indigena
小佛肚竹 Bambusa ventricosa
小簕竹 Bambusa flexuosa
孝顺竹 Bambusa multiplex
肖山早竹 Phyllostachys sp.

Y

芽竹 Phyllostachys robustiramea
崖州竹 Bambusa textilis var. gracilis
宜兴苦竹 Pleioblastus yixingensis
硬头青竹 Phyllostachys rigida
油竹 Bambusa surrecta
鱼肚腩竹 Bambusa gibboides
玉山竹 Yushania niitakayamensis
玉山竹属 Yushania
云和哺鸡竹 Phyllostachys yunhoensis
云和苦竹 Pleioblastus hsienchuensis
云南龙竹 Dendrocalamopsis yunnanicus

Z

早园竹 Phyllostachys propinqua
早竹 Phyllostachys praecox
浙东四季竹 Semiarundinaria lubrica
浙江淡竹 Phyllostachys meyeri
紫秆竹 Bambusa textilis cv. Purpurascens
紫蒲头石竹 Phyllostachys nuda f. localis
紫竹 Phyllostachys nigra

天敌名录

中国竹子主要害虫

A

暗翅三缝茧蜂 *Triraphis fuscipennis*

B

白跗柄腹姬小蜂 *Pediobius ataminensis*
白僵菌 *Beauveria* sp.
斑蛾赤眼蜂 *Teichogramma artonae*
斑管巢蛛 *Clubiona maculata*
变异温寄蝇 *Winthemia diversa*
步甲 *Calathus* sp.

C

侧黑点瘤姬蜂指名亚种 *Xanthopimpla pleuralis pleuralis*
茶毒蛾黑卵蜂 *Teienomus euproctidis*
茶褐猎蝽 *Isyndus obscurs*
长茧蜂 *Myrmarachne japonica*
长距茧蜂 *Macrocentrus* spp.
长尾蓝雀 *Cissa ergtyrorhyncha*
齿腿姬蜂 *Pristomerus vulnerator*
赤眼蜂 *Trichogramma*
次生大腿小蜂 *Brachymeria secundaria*
刺蛾寄蝇 *Chaetexorista* sp.

D

大草蛉 *Chrysopa septempunctata*
大杜鹃 *Cuculus canorus*
大红瓢虫 *Rodolia rufopilosa*
大山雀 *Parus major*
盗蛛 *Pisaura* sp.
稻苞虫柄腹姬小蜂 *Pediobius mitsukurii*
稻苞虫黑瘤姬蜂 *Coccygomimus parnarae*
点腹刻腹小蜂 *Ormyrus punctiger*
毒蛾赤眼蜂 *Teichogramma ivelae*
杜鹃 *Cuculus canorus canorus*

E

二星瓢虫 *Adalia bipunctata*

F

菲岛黑蜂 *Ceraphron manilae*
粉质拟青霉 *Paecilomyces farinosssus*

G

格氏线虫 *Steinernema glaseri*
牯岭草蛉 *Chrysopa kulingensis*
广赤眼蜂 *Trichogramma evanescens*
广大腿小蜂 *Brachymeria lasus*
广腹螳螂 *Hierodula patellifera*
广黑点瘤姬蜂 *Xanthopimpla punctata*
龟纹瓢虫 *Propylaea japonica*
蜾蠃蜂 *Rhynchium* sp.

H

褐蛉 *Hemerobius* sp.
黑腹狼蛛 *Lycosa coelestris*
黑红猎蝽 *Haematoloecha nigrorufa*
黑卵蜂 *Teienomus* spp.
黑缘红瓢虫 *Chilocorus rubidus*
横脊姬蜂 *Stictopisthus* sp.
横带瓢虫 *Coccinella trifasciata*
横带驼姬蜂 *Goryphus basijaris*
横纹金蛛 *Argiope bruennichii*
红点唇瓢虫 *Chilocorus kuwanae*
红头芫菁 *Epicauta ruficeps*
红缘猛猎蝽 *Sphedanolestes gularis*
虎甲 *Cicindela* sp.
画眉 *Garrulax canorus*
黄褐狡蛛 *Dolomedes sulfureus*
黄足猎蝽 *Sirthenea flavipes*
蝗单枝虫霉 *Entomophthora grylli*
灰喜鹊 *Cyanopica cyana*
混腔室茧蜂 *Aulacocentrum cofusum*

J

姬小蜂 *Necremnus* sp.
家蚕追寄蝇 *Exorista sorbillans*
甲腹茧蜂 *Chelonus* spp.
尖蛾姬小蜂 *Cotterellia* sp.
尖蛾瘤姬蜂 *Itoplectis alternaus spectabilis*
茧蜂 *Meteorus* sp.
金小蜂 *Pasteon* sp.

K

宽条狡蛛 *Dolomedes pallitarsis*

L

丽草蛉 *Chrysopa formosa*
丽园蛛 *Araneus mitificus*
栗瘿旋小蜂 *Eupelmus urozonus*
两色刺足茧蜂 *Zombrus bicolor*
菱室姬蜂 *Mesochorus* sp.
绿点益蝽 *Picromerus virdiipunctatus*
卵跳小蜂 *Ooencyrtus* sp.

M

麻蝇 *Boettcherisca* sp.
满点黑瘤姬蜂 *Coccygomimus aethiops*
盲蛇蛉 *Inocellia crassicornis*
猫蛛 *Oxyopes* sp.
毛圆胸姬蜂指名亚种 *Colpotrochia (Colpotrochia) pilosa pilosa*
锚盗蛛 *Pisaura ancora*
螟蛾顶姬蜂 *Acropimpla persimilis*
螟黑点瘤姬蜂 *Xanthopimpla stemmator*
螟黄绒茧蜂 *Apanteles flavipes*
螟卵啮小蜂 *Tetrastichus schoenobii*

N

内茧蜂 *Rhoga* spp.
拟环纹狼蛛 *Lycosa pseudoannulata*
拟青霉 *Paecilomyces baini*
柠黄姬小蜂 *Cirrospilus ogimae*

P

盘脉茧蜂 *Colesia* sp.

Q

七星瓢虫 *Coccinella septempunctata*
球孢白僵菌 *Beauveria bassiana*

R

日本弓背蚁 *Camponotus japonicus*
日本黑褐蚁 *Formica japonica*
日本跳蛛 *Myrmarachne japonica*
日本追寄蝇 *Exorista japonica*
绒茧蜂 *Apanteles* spp.

S

伞裙追寄蝇 *Exorista civilis*
勺猎蝽 *Cosmolestes* sp.
十斑大瓢虫 *Anisolemnia dilatata*
食蚜蝇 *Epistrophe* sp.
瘦姬蜂 *Campoplex* sp.
双斑青步甲 *Chlaenius bioculatus*
双齿多刺蚁 *Polyrhachis dives*
松猫蛛 *Peucetia* sp.
松毛虫匙鬃瘤姬蜂 *Theronia (Poecilopimpla) zebra diluta*
松毛虫赤眼蜂 *Teichogramma dendrolimi*
松毛虫黑点瘤姬蜂 *Xanthopimpla pedator*
松毛虫黑卵蜂 *Telenomus dendrolimusi*
松茸毒蛾黑卵蜂 *Telenomus dasychili*

W

纹黄枝瘿小蜂 *Homoporus japonicus*
乌鸦 *Corvus* sp.
武夷豹蛛 *Pardosa wuyiensis*
舞毒蛾黑瘤姬蜂 *Coccygomimus disparis*

X

细线细颚姬蜂 *Enicospilus lineolatus*
细纹猫蛛 *Oxtopes macilentus*
狭颊寄蝇 *Carcelia* sp.
夏威夷美丽姬小蜂 *Melittobia hawaiiensis*
线虫 *Steinernema* sp.
线纹猫蛛 *Oxyopes lineatipes*
斜纹猫蛛 *Oxtopes sertaus*
悬小蜂 *Meteorus* sp.

Y

蚜茧蜂 *Diaeretiella* sp.
蚜茧蜂 *Ephedrus* sp.
蚜小蜂 *Aphelinus* sp.
野蚕黑瘤姬蜂 *Coccygomimus luctuosus*
异色瓢虫 *Leis axyridis*
隐斑瓢虫 *Ballia obscurosignata*
蝇茧蜂 *Opius* sp.
油茶枯叶蛾黑卵蜂 *Telenomus lebedae*
黏虫广肩小蜂 *Eurytoma verticillata*

Z

浙江豹蛛 *Pardosa tschekiangensis*
浙江红螯蛛 *Chiracantium zhejiangensis*
真猎蝽 *Harpactor* sp.
中华草蛉 *Chrysopa sinica*
中华大刀螂 *Paratenodera sinensis*
中华大痣小蜂 *Megastigmus sinensis*
中华显盾瓢虫 *Hyperaspis sinensis*
肿腿蜂 *Scleroderma* sp.
舟蛾赤眼蜂 *Teichogramma closterae*
舟蛾啮小蜂 *Tetrastichus* sp.
竹蝉履甲 *Sandalus* sp.
竹蝉旋小蜂 *Eupelmus* sp.
竹刺蛾小室姬蜂 *Scenoharops parasae*
竹毒蛾细颚姬蜂 *E.pantanae*
竹鸡 *Bambusicola thoracica*
竹尖蛾寡脉茧蜂 *Oligoneurus cosmopterygivorus*
竹瘿长角金小蜂 *Norbanus aiolomorphi*
竹瘿歹长尾小蜂 *Diomorus aiolomorphi*
蠋蝽 *Arma custos*
祝氏鳞跨茧蜂 *Meteoridea chui*
追寄蝇 *Exorista* sp.
紫姬蜂 *Chlorocryptus* sp.